M. Krischke Ramaswamy

Ethnologie für Anfänger

Meiner Mutter mit Dank gewidmet

M. Krischke Ramaswamy

Ethnologie für Anfänger

Eine Einführung aus entwicklungspolitischer Sicht

Springer Fachmedien Wiesbaden GmbH

CIP-Kurztitelaufnahme der Deutschen Bibliothek

Ramaswamy, Mohan Krischke:
Ethnologie für Anfänger: e. Einf. aus entwicklungs-
techn. Sicht / M. Krischke Ramaswamy. —
Wiesbaden: Westdeutscher Verlag, 1985.
ISBN 978-3-531-11621-1   ISBN 978-3-322-93582-3 (eBook)
DOI 10.1007/978-3-322-93582-3

© 1985 Springer Fachmedien Wiesbaden
Ursprünglich erschienen bei Westdeutscher Verlag GmbH, Opladen 1985.
Umschlaggestaltung: Horst Dieter Bürkle, Darmstadt

Inhalt

0. Was ist Ethnologie? − Wer ist ein Ethnologe   7

1. Die Grundlagen   15

1.0. Von ‚ethnos‘ zur Entwicklungspolitik   15
1.1. Werden und Wesen der Ethnologie   20
1.2. Zur Geschichte des Kulturbegriffes   25
1.3. Was ist Kultur?   33

2. Themen − Thesen − Theorien   45

2.0. Richtungen und ‚Schulen‘ der Ethnologie   45
2.1. Kulturelle Evolution   46
2.2. Diffusionstheorien − Kulturkreislehre − Kultur-
      historische Schule   54
2.3. Vom Funktionalismus zum Strukturalismus   61
2.4. Die britische ‚Social Anthropology‘   74
2.5. Die ‚Cultural Anthropology‘ in den USA   84
2.6. Wertbegriff und Wertpositionen in der Ethnologie .   90

3. Methoden der Forschung   95

4. Arbeitsbereiche und Anwendungsgebiete
   der Ethnologie 106

4.1. Sozioökonomie 106
4.1.1. Gesellschaft 106
4.1.2. Wirtschaftsführung 145
4.1.3. Religion 158
4.1.4. Recht und Norm 163
4.2. Kulturaustausch 170
4.2.1. Kulturwandel und Kulturpolitik 170
4.2.2. Ethnomedizin 184

4.2.3. Medienethnologie 192

4.3.   Technologie-Transfer und Entwicklung 201

5. *Literatur* 211

6. *Personenregister* 245

7. *Sachregister* 249

„If we involve ourselves in portentious activities fateful for the lives of others, we can claim no immunity from the responsibility for their consequences".

G. D. Berreman

0. Was ist Ethnologie ? – Wer ist ein Ethnologe

Eine 1969 in den USA erschienene Sammlung von Fachaufsätzen zum Thema Ethnologie setzt sich mit dem derzeitigen Standort dieser Wissenschaft und ihrer Aufgabenstellung auseinander (Hymes, 1969). In der Einleitung zu diesem Buch stellt der Herausgeber die Frage, ob Ethnologie, wenn es sie nicht gäbe, „erfunden" werden müßte, und ob diese Wissenschaft, wenn sie jetzt „entdeckt" würde, in ihrer Konzeption das wäre, was sie heute ist. Die Frage drückt mehr aus als nur das Nachdenken über eine festgestellte Krise innerhalb der Ethnologie. Sie fordert ganz bewußt die Neuformulierung des Aufgabenbereiches einer seit Mitte des vorigen Jahrhunderts selbständigen und anerkannten Wissenschaft heraus.

Wer ein Ethnologe ist, das legt nicht allein und ausschließlich der Abschluß eines Fachstudiums fest, der dann zur Ausübung eines fest umrissenen „Berufes" legitimiert. Ethnologie ist nicht etwas, das man „tut" oder „ausübt"; der Ethnologe arbeitet in einem Bereich, dessen Wissensinhalte vielmehr verbreitet und weitergegeben (bzw. in manchen Fällen direkt angewandt) werden (sollen).

Was also ist Ethnologie? Von dem Zeitpunkt an, da sich Ethnologie als selbständige Wissenschaft etablierte — als Beginn gilt allgemein die Gründung der Pariser Ethnologischen Gesellschaft im Jahre 1839 —, war ihr zentrales Thema die Erforschung des Phänomens Kultur. Ganz vereinfacht formuliert wird unter

7

Kultur die Gesamtheit menschlich-intelligenter Leistungen verstanden: all das, was der Mensch der eigenen biologischen Ausrüstung und seiner primären Umwelt, der Natur, hinzufügte beziehungsweise hinzufügt. Kultur ist das charakteristische Merkmalbündel für Menschen einer bestimmten Gruppe, deren Zusammenleben sie regelt; in dem Maße, in dem sie die Angehörigen eines Sozialgebildes verbindet, trennt sie diese von Gruppen mit anderen Kulturen.

Ethnologie ist die Wissenschaft von den menschlichen Kulturen; ursprünglich und grundsätzlich gehören in ihren Forschungsbereich die Kulturen aller Völker der Erde. Der Ausdruck ‚Volk‘ wird in dieser Definition verallgemeinernd verwendet, das heißt ohne Berücksichtigung von Kriterien wie Zusammenwachsen einzelner Stämme, Bildung einer gemeinsamen Schriftsprache, Bewußtsein der Zusammengehörigkeit und Herausbildung eines ‚Wir‘-Gefühls. In dieser Hinsicht ist die Beziehung Völkerkunde für Ethnologie irreführend, denn als die Ethnologie an Bedeutung gewann, lag der Schwerpunkt ihrer Forschung auf größtenteils schriftlosen Kulturen. Nach der Definition von W. E. Mühlmann (einem der bedeutendsten Völkerkundler im deutschsprachigen Raum) waren es „Völker mit geringen Mitteln zur Naturbeherrschung, d. h. geringen technischen Mitteln". Sie wurden unter dem Begriff „Naturvölker" erfaßt. Die Völkerkunde beschäftigt sich auch mit kleinen regionalen/nationalen Einheiten, sofern sie eine eigene, für sie charakteristische Kultur haben, die ihnen Verhaltensmuster, Wertvorstellungen und die normative Ordnung des Zusammenlebens vorgibt. Mit der Bezeichnung ‚Völkerkunde‘ ist allerdings eine klare Abgrenzung gegenüber der Erforschung von Brauchtum, Erzählergut, handwerklicher Kunst, Wohnformen und Geräten der eigenen Kultur bzw. der europäischen Kulturen beabsichtigt, für die sich der Name ‚Volkskunde‘ eingebürgert hatte.

Generell läßt sich der traditionelle Aufgabenbereich der Ethnologie nach drei Gesichtspunkten aufgliedern:

1. Sie versucht durch ihre Forschung Menschen zu einer Gruppe zusammenzufassen und die Möglichkeiten zu ermitteln, die dieser Gruppe und den einzelnen Individuen innerhalb der Gruppe eigen sind, Schwierigkeiten in spezifischer Weise zu lösen, — im Rahmen der Kultur, die sie sich geschaffen haben.

2. In die ermittelten Fakten muß eine gewisse Ordnung gebracht werden; das beinhaltet nicht nur die systematische Beschrei-

bung von Verhaltensweisen und Werthaltungen, sondern auch das Hinterfragen des Sinngehaltes bestimmter kultureller Erscheinungsformen. Im weiteren Verlauf führt das unter anderem auch zur Erforschung der regionalen Verteilung einzelner Kulturgüter.

3. ,Bestandsaufnahmen' dieser Art müssen auf der Einsicht basieren und bewertet werden, daß sie in doppeltem Sinn zeitbedingt sind: Einmal im Hinblick auf den, durch den jeweiligen Stand der Forschung ,vorbelasteten' Wissenschaftler und dessen Persönlichkeit (wobei Zeitströmungen nicht ganz außer Acht gelassen werden können); zum anderen ist im Hinblick auf Wandlungsprozesse die Erfassung einer Kultur zeitabhängig.

Auch fallen unter diesen Aufgabenbereich kulturvergleichende Überlegungen.

Schließlich ist die Ethnologie gefordert, die aus der Forschungsarbeit gewonnenen Erkenntnisse auf ihre praktische Bedeutung zu prüfen und die Ergebnisse in die kultur- und gesellschafts-politische Diskussion einzubringen. Das ist für diese Wissenschaft ein neuer Aspekt, den sie lange vernachlässigt hat und der zur Selbstverständlichkeit werden sollte.

Die Zielsetzung der wissenschaftlichen Arbeit in der Ethnologie ergibt sich weitgehend aus dem jeweiligen zeitbedingten Eigenverständnis dieser Disziplin. Demgemäß änderten sich die Perspektiven, unter denen Kultur im Verlauf des Bestehens der Ethnologie untersucht wurde:

Sie begann mit der deskriptiven Erfassung fremder – nach der damaligen Konzeption nur außer-europäischen Kulturen, in die bewußt oder unbewußt Werturteile mit eingingen, so daß die frühe völkerkundliche Literatur in den seltensten Fällen vorurteilsfrei und sachlich war oder sein konnte.

Sie befaßte sich in der nächsten Phase mit weiteren Aspekten des Gesamtkomplexes: warum und wie Kulturen zu dem wurden/werden, wie sie sich zu einem bestimmten Zeitpunkt darstellen, und wie Kulturen funktionieren. Daraus ergab sich eine weitere Fragestellung, die für längere Zeit das Kernproblem der Ethnologie bildete, nämlich ob sich für die verschiedenen Kulturen Zusammenhänge und Gemeinsamkeiten oder Gesetzmäßigkeiten erkennen lassen, ob und inwieweit es bei Wandlungsprozessen und deren Verlauf Parallelen gibt, die für Kulturen allgemein gültig sein können.

Wenngleich in der historischen Entwicklung der Ethnologie als Wissenschaft solche Forschungsakzente festzustellen sind, läßt sich doch für keine Phase eine einheitliche Orientierung angeben.

Die Beschäftigung mit fremden Kulturen war, seit es Kotakte und Berichte über Begegnungen gab — sei es durch Kaufleute, Seefahrer und Reisende in historischer Frühzeit oder infolge kriegerischer Auseinandersetzungen —, immer mit einer ambivalenten Einstellung gegenüber der ‚anderen‘ Kultur behaftet; auch die Ethnologie als Wissenschaft war lange Zeit nicht frei von dieser Zwiespältigkeit: In ihr kam einerseits eine — oft nur romantische — Idealisierung zum Ausdruck, andererseits äußerte sie sich in Reaktionen, die vom (amüsierten) Staunen bis zu Überlegenheitsdenken und Mißachtung reichten. Diese Ambivalenz erreichte einen traurigen Höhepunkt mit der Einteilung der Menschen in ‚Kulturvölker‘ und ‚Wilde‘ oder ‚Primitive‘. Der Eurozentrismus, der von dem Gefühl eigener kultureller Höherwertigkeit ausgeht, ist zwar in der Ethnologie selbst bewußt verringert worden; in vielen Bereichen der Zusammenarbeit zwischen Industrienationen und den Ländern der sogenannten Dritten Welt ist er, wenn auch in neuem Gewand und nicht offen erkennbar, auch weiterhin nur allzu bestimmend.

Allerdings kann die Ethnologie von einem gewissen Maß der Mitverantwortung für diese Sachlage nicht freigesprochen werden. Sie hat bislang versäumt, die Öffentlichkeit über Aufgaben und Ziele, vor allem aber über den Nutzen der Erkenntnisse aus ihrer wissenschaftlichen Tätigkeit ausreichend zu informieren. Ihre Forschungsergebnisse blieben weitgehend eine Angelegenheit der Wissenschaftler unter sich. Die traditionelle Berufskonzeption des Ethnologen, der das durch Feldforschung ermittelte Fakten- und Datenmaterial in der Abgeschlossenheit seines Elfenbeinturms für seinen Fachbereich auswertet, bearbeitet und daraus Theorien — nicht selten um ihrer selbst willen — entwickelt, bedarf dringend der Revision.

Es gibt Ansätze, doch die Ergebnisse enttäuschen. So endet das Interesse an traditionellen Heilverfahren und deren wünschenswerte Einbeziehung in die Schulmedizin oft beim Gegenteil der ursprünglichen Intention, z. B. im Sammeln pharmazeutischer Kuriositäten.

Eine in der praktischen Auswirkung ähnliche Problematik liegt im Bereich der ethnologischen Filme vor, die in letzter Zeit relativ häufig in das Fernsehprogramm aufgenommen werden. Es gibt in der Tat nur sehr wenige Filme, aus denen der Zuschauer auch etwas über Sinn und Zweck des gezeigten Forschungsprojektes oder über das breite Spektrum des Arbeitsfeldes eines Ethnologen erfahren kann. Dokumentationen über traditionelle Kulturen sind für das Fach Ethnologie wichtig; es scheint jedoch wenig sinnvoll zu sein, sie ohne Einführung einem Zuschauerkreis zu zeigen, dem jegliche Hintergrundinformation fehlt; dieser mag sich — je nach Inhalt — in seinem Wunsch bestätigt finden, aus der unpersönlichen technisierten Wirklichkeit zu entfliehen, oder er ‚verkonsumiert‘ solche Filme — vielleicht mit amüsiertem Staunen — als Abwechslung. Die Distanz der breiten Öffentlichkeit zur Ethnologie kann durch diese Filme kaum abgebaut werden. Ob sie zum besseren Verständnis anderer Kulturen beitragen können, ist ebenfalls zweifelhaft.

Ein wirkungsvoller Einfluß hinge wohl von der Wandlung des Selbstverständnisses der Ethnologie ab. Sie führte den Ethnologen aus der Haltung des unbeteiligten Beobachters und Berichterstatters über die engagierte Teilnahme am Leben der zu studierenden Gruppe in der Feldforschungssituation auf eine Ebene, die ihn häufig zum Sprecher und Anwalt von Gruppen machte, die nur begrenzte oder keine Möglichkeiten hatten, sich gegen fremden politischen Druck zu behaupten.

Ein anderer Aspekt, der in diesem Zusammenhang nicht unerwähnt bleiben sollte, ist die Unterstützung, die der Ethnologe ethnischen Gruppen bei ihrer Identitätsfindung geben kann, indem er ihre Kulturleistungen aufnimmt und darstellt. Das ist einer der kritischen Arbeitsbereiche, denn die Tätigkeit ausländischer Ethnologen wird in den ‚jungen‘ Staaten Afrikas und Südostasiens mit viel Skepsis betrachtet und ist durchaus nicht immer erwünscht. Sie ist auch heute nocht mit den Hypotheken der kolonialen Vergangenheit schwer belastet; die sich daraus ergebenden Schwierigkeiten sollen hier nicht unerwähnt bleiben. Es ist nicht vergessen, daß sich Feldforscher vielfach von den Kolonialmächten verdingen ließen, indem sie diesen aufgrund ihrer Erkenntnisse halfen, fremde Machtstrukturen wirksam aufzubauen und zu verfestigen. Das hatte den Verlust oder zumindest die Erschütterung der kulturellen Identität der beherrschten Gruppen zur Folge und erschwert nun diesen Ländern, einen ‚eigenen‘ Weg zu finden. Daraus resultierende Haltungen erstrecken sich über eine breite Skala: von Rückbesinnung auf Tradition bis zum extremen Traditionalismus auf der einen Seite und kritikloser Bewunderung für die Errungenschaften der ehemaligen Kolonialmächte und heute scheinbar so erfolgreichen Industrienationen auf der anderen Seite. Die Wurzeln des Mißtrauens liegen tief, und es kann nicht verwundern, wenn der Forschungsarbeit ausländischer Ethnologen zunächst mit Abwehr begegnet wird. Die territorialen Grenzen dieser selbständig gewordenen Staaten berücksichtigen in den seltensten Fällen ethnische Gegebenheiten, sondern wurden weitgehend aufgrund machtpolitischer Erwägungen gezogen. Bevölkerungsgruppen mit mehr oder weniger großen kulturellen Unterschieden wurden zu einem Staatsgebilde zusammengewürfelt; eine einheitliche Ausrichtung wird mit Hilfe von Integrationsmaßnahmen angestrebt. In kulturpolitischen Situationen dieser Art muß sich der Ethnologe bewußt die Frage stellen, inwieweit solche Maßnahmen im Interesse der betroffenen Ethnien verantwortbar sind. Auch der ausländische Ethnologe, der bei seiner Feldforschung mit derartigen Gegebenheiten konfrontiert wird, kann nicht unbeteiligter Beobachter sein oder bleiben und wird sich möglicherweise mit seiner Ansicht in Gegensatz zur Administration des Gastlandes bringen. Er muß sehr genau und kritisch abwägen, ob es sich in der Gesamtschau der Problematik nur um kleinliche oder egoistische Gruppen-(Stamm-)interessen handelt, oder ob eine kulturelle Bedrohung vorliegt, so daß er die Anliegen ,seiner' Gruppe vorbehaltlos vertreten kann.

Auf dem Gebiet der internationalen Zusammenarbeit müssen nicht nur Mißverständnisse und Vorurteile ausgeräumt werden, sondern der ,Nutzen' ethnologischer Forschungstätigkeit ist unter Beweis zu stellen, indem diese Disziplin einen deutlichen Beitrag zum besseren gegenseitigen Verständnis leistet.

Die Vorstellung, daß sich die Probleme der sogenannten Dritten Welt oder Entwicklungsländer durch Wirtschaftshilfe, technischen Transfer oder einzelne industrielle Großprojekte lösen ließen, sind durch die offenkundigen Fehlschläge der bisherigen Entwicklungspolitik und die konkrete Wirklichkeit längst zur Illusion geworden. Entwicklungsruinen (im weitesten Sinn des Wortes) in fast allen Regionen der Welt zeugen von Gedanken- und Rücksichtslosigkeit, mit der an den eigentlichen Bedürfnissen der Bevölkerung vorbeigeplant und deren Kultur vergewaltigt wurde.

Der Ethnologe hat auf dem Sektor der Entwicklungspolitik/Entwicklungshilfe eine entscheidende Rolle zu übernehmen. Der Forschungsgegenstand, der Kultur als Gesamtkomplex aufeinander abgestimmter und ineinander greifender Komponenten konzipiert, versetzt den Ethnologen in die Lage, alle Aspekte der zu erforschenden Kultur zu erfassen und darüber informiert zu sein: wie die Menschen leben und arbeiten, was, wo und unter welchen Bedingungen sie produzieren, wie sie sich ernähren, kleiden, wie sie wohnen und wie sie ihre Freizeit verbringen; wie der einzelne in der jeweils gegebenen Kultur seine körperlichen und geistigen Fähigkeiten entwickeln kann, welche Bildungseinrichtungen ihm zur Verfügung stehen, welches Bildungsziel sich seine Gesellschaft setzt, welche Glaubenssätze und Wertvorstellungen, welches Daseins- und Weltverständnis die zwischenmenschlichen Beziehungen sowohl gruppenintern als auch zu Angehörigen anderer Kulturen bestimmen. Derartige umfassende Kenntnisse des kulturellen Hintergrunds und die ihm immanenten Zusammenhänge sind nötig und müssen berücksichtigt werden, wenn ‚echte Entwicklungshilfe' geleistet werden soll.

So kann z. B. die Frage, welches Verhältnis die Mitglieder einer Kultur zu ihrer natürlichen Umwelt haben, ob diese ausgebeutet oder bewahrt wird, Annahme und/oder Erfolg eines landwirtschaftlichen Produkt entscheidend beeinflussen. Für Maßnahmen der Gesundheitsfürsorge ist das Wissen über die Auffassung von Körper und Krankheit wie auch Kenntnisse von traditionellen Heilmethoden und -mitteln ein unverzichtbarer Faktor. Für jede Art der Zusammenarbeit sind Verstehen und Achtung der Wertvorstellungen, Sozialstrukturen und Verhaltensnormen der anderen Kultur(en) von grundlegender Bedeutung.

Hier wird dem Ethnologen eine Verantwortung übertragen, der er sich bewußt sein muß, die er jedoch nicht allein übernehmen kann; er muß seine Grenzen erkennen und kann nicht „Mädchen für alles" sein oder werden. „Was man vom Ethnologen nicht erwarten kann, ist, daß er seinen bisherigen Lehr- und Forschungsbereich aufgibt und sich nach ‚Ausflügen' in die Soziologie, Statistik, Politische Ökonomie oder Agrarsoziologie bewegt. Man kann aber vom Ethnologen erwarten, daß er – wenn möglich – Beiträge zu diesem sozialwissenschaftlichen Grenzgebiet leistet und alle Initiativen, die eine solide Behandlung der Gegenwartsprobleme der Dritten Welt anstreben, verständnisvoll fördert" (Schlesier, 1974: 70).

Wer ist nun ein Ethnologe?

Die Beantwortung dieser gestellten Frage scheint auf der Hand zu liegen: derjenige, der sich mit seinem Studium für die Berufslaufbahn des Ethnologen entschieden hat.

Da ein wesentlicher Aspekt der Tätigkeit das Bemühen sein muß, mit dem Wissen von der Verschiedenheit der Kulturen zur gegenseitigen Verständigung beizutragen, kann im weitesten Sinn jeder, der verstehend mit Angehörigen anderer Kulturen zusammenarbeitet, deren Eigenart achtet und für ihre Eigenständigkeit eintritt, durch und in seiner Arbeit als Ethnologe wirken.

1. Die Grundlagen

1.0 Von ‚ethnos‘ zur Entwicklungspolitik

Die Fachbezeichnung Ethnologie ist von dem griechischen Wort
‚ethnos‘ (= 'έϑνος) abgeleitet; der Begriff bezog sich in der An-
tike auf „andere" (nicht-griechische) Menschengruppen, deren
Daseinsformen (Sprache, Sitten, Wirtschaftssysteme, Glauben,
Werte, Institutionen) sich von der eigenen Lebenswelt unter-
schieden. Daraus ergibt sich als Gegenstand der Ethnologie die
Beschreibung und Untersuchung von „Menschengruppen und
Kultur in ihren spezifischen Zusammenhängen" (W. Rudolph).
In dieser Formulierung kommt eine begriffsinhaltliche Verän-
derung zum Ausdruck: Sie schließt die ursprünglich mit dem
Ethnos-Begriff verhaftete Konnotation der Diskriminierung des
‚Fremden‘ aus, die auf der ausschließlichen und bewertenden
Orientierung an der eigenen Daseinsform beruhte.
   Hinsichtlich der Frage, welche „Menschengruppen" und
Kulturen zu untersuchen sind, herrscht keine begriffliche Über-
einstimmung, auch nicht innerhalb des Faches selbst.
   In ihrer Entstehungs- und Anfangszeit unterschied die Ethnologie zwischen kulturell homogenen, im wesentlichen schrift-
losen (kleinen) Gruppen mit meist geringer Naturbeherrschung
(„Naturvölkern" im Gegensatz zu sogenannten Hochkulturvöl-
kern), die sie als ihren Gegenstand betrachtete und großen, kulturell heterogenen Gesellschaften. Die Zweiteilung ist — ganz
abgesehen von den weltgeschichtlichen Entwicklungen — nicht

15

haltbar; in der Forschungspraxis kann sie auch als überwunden angesehen werden. Die in der Fachliteratur vorhandene terminologische Vielfalt zur Beziehnung der zu erforschenden Gruppen dürfte hingegen noch längere Zeit weiterbestehen, was zum Teil auch damit zusammenhängt, unter welchem jeweiligen Gesichtspunkt eine Untersuchung erfolgt; so wird von Stämmen (tribes), schriftlosen (pre-literate) Kulturen, geschichtslosen Kulturen, vorindustriellen Gesellschaften/Kulturen, Ethnien (ethnic units) gesprochen. Gezielte Bemühungen, den Begriff ‚ethnic unit' zu präzisieren, sind bislang erfolglos geblieben (Naroll, 1964).

Wenn man von der Bezeichnung ‚Ethnie' ausgeht, deutet sich darin eine bestimmte Perspektive der Forschung im Vergleich zu anderen Humanwissenschaften an: Soziologen studieren ‚Gesellschaft/Sozialgebilde', Historiker sprechen von ‚Völkern', die politische Wissenschaft von ‚Nationen/Staaten', Biologen von ‚Rassen' und Geographen von ‚Bevölkerung/Regionalgruppen'.

Die Abgrenzung der Ethnologie zu Nachbarwissenschaften bestimmt sich durch die präzise Definition ihres Forschungsgegenstandes; daraus wird bereits eine für bestimmte Fragestellungen notwendige, fachübergreifende Zusammenarbeit erkennbar.

Die Geschichtswissenschaft erfaßt historische Abläufe, wohingegen die Ethnologie historische Daten einbeziehen kann. Sie ist primär auf die Untersuchung der verschiedenen Gestaltungsformen des Daseins, ,,welche menschlichen Möglichkeiten in jeweils einer Kultur verwirklicht worden sind'' (W. Mühlmann) ausgerichtet. Ihre Dokumente muß sie sich in Form von Feldforschungsprotokollen, Berichten, Fotos, Filmen usw. erst selbst beschaffen, und sie ist durch das Ringen um ‚Verstehen' gekennzeichnet, das immer ein gewisses Potential des ‚Unverstandenen' beinhaltet.

Kulturgeschichte wird als die ,,Wissenschaft von der kausalen Entwicklung alles dessen, was das geistige Leben und die äußere Lebensführung jetzt oder einst lebender Völker ausmacht'', definiert; sie geht davon aus, mit der kulturhistorischen Methode (F. Graebner) das rezente ,,Nebeneinander'' der ethnographischen Erscheinungen in ein zeitliches, d. h. historisches ,,Nacheinander'' aufgliedern zu können (Hirschberg, 1965: 244).

Die Trennung von Ethnologie und Soziologie wird oft als nur formal/historisch angesehen, die sich in der Verselbständigung der Disziplinen durch die Einrichtung eigener Lehrstühle

16

manifestiert. Die soziologische Forschung stützte sich lange Zeit auf ethnographisches Material, und umgekehrt beeinflußten (z. B. von Frankreich nach England) ihre Theorien die Ethnologie, ein Trend, der heute wieder zu beobachten ist. Die wesentliche wissenschaftslogische Unterscheidung zwischen diesen beiden Fachrichtungen liegt — bei der gleich umfassenden Kulturdefinition — darin, daß aus ethnologischer Sicht ‚Gesellschaft' (je nach Denkansatz) als Element, Institution, Funktion oder Komponente, immer aber als integrierter Bestandteil von Kultur verstanden wird, während die Soziologie von ‚Gesellschaft' als eigentlichem Phänomen und Träger der Kultur ausgeht. Was ihre Fragestellung betrifft, ist Soziologie gegenwartsbezogen und befaßt sich in erster Linie mit Problemen in der eigenen Gesellschaft.

Der im Rahmen, innerhalb dessen sich die Ethnologie und ihre Nachbarwissenschaften in den einzelnen Ländern bewegen, ist unterschiedlich abgesteckt. In den USA war Anthropology immer eine integrative Wissenschaft vom Menschen und dessen Verhalten im weiten Sinne des Wortes. Demnach wird dort Archaeology als Zweig der Anthropologie gesehen, der sich mit „der historischen Rekonstruktion von nicht mehr existierenden Kulturen" beschäftigt und von Funden materieller Kulturprodukte ausgeht (Dictionary of Anthropology, 1977). Ethnographische Analogie ist eine Methode, die nicht mehr beobachtbares Verhalten (der Bewohner ausgegrabener Siedlungen und Angehörigen von Frühkulturen) aufgrund der Ähnlichkeiten von Artefakten mit denen lebender Kulturen zu ermitteln sucht, um Rückschlüsse auf versunkene Kulturen zu ziehen.

Die derzeitige Aufspaltung der Ethnologie in Spezialbereiche mit bestimmter Schwerpunktorientierung beruht einerseits auf besonderen Aufgabenstellungen („urgent" oder „salvage" anthropology, angewandte Ethnologie, Aktionsethnologie) und resultiert andererseits aus besonderen Interessenlagen oder der Anwendung spezieller Untersuchungsmethoden (Ethnolinguistik); diese Spezialisierung ist in gewisser Weise ein Ergebnis der Anhäufung von Detailwissen und wird dadurch begünstigt und vielleicht auch notwendig.

Damit reicht die Ethnologie nicht nur in andere Wissenschaftsbereiche hinein, sondern dringt zum Teil in bereits besetzte Forschungsgebiete vor, untersucht die aber mit spezifisch ethnologischen Methoden. Die „Urban and Industrial Anthropology" überträgt das holistische Feldforschungsmodell auf moderne Industriegesellschaften. Wenn sich die Ethnologie verstärkt in dieser Richtung weiterbewegen sollte, so bringt das zwar neue Aspekte in der Gesellschaftsforschung, aber darin liegt auch die Gefahr, zu einer Art „Hilfswissenschaft" oder „Ergänzungswissenschaft" zu werden.

Zur Zeit ist keine andere Wissenschaft so umstritten wie die Ethnologie; angesichts der allgemeinen Profitorientierung in den Industriegesellschaften erstaunt es nicht, wenn die Daseinsberechtigung einer Wissenschaft weitgehend nach dem konkreten Nutzwert ihrer Tätigkeit beurteilt wird, obwohl niemand bestreiten wird, daß das nicht der Maßstab sein kann. Schwerwiegender ist in diesem Zusammenhang jedoch die von Unsicherheiten gekennzeichnete Situation innerhalb der Ethnologie selbst; von einer „Krise" wird inzwischen nicht nur in Deutschland ge-

sprochen. Daher ist es von entscheidender Bedeutung, daß die Ethnologie ihr Arbeitsfeld neu absteckt, ihren Standort neu bestimmt und klar formuliert, wie und wo sie ihre zukünftigen Aufgaben sieht. Ihr traditioneller Tätigkeitsbereich ist in dieser Form nicht mehr gegeben. Die Voraussetzungen der ethnologischen Praxis haben sich verändert, wenngleich es noch relativ „unberührte" Menschengruppen gibt, und wenn das vorliegende Untersuchungs- und Datenmaterial über außereuropäische Gesellschaften keinesfalls lückenlos ist, so daß die „Fortsetzung einer soliden ethnologischen Berichterstattung über die sich wandelnde Welt traditioneller Kulturen" (Schlesier, 1974) weiterhin ein notwendiger Teil der Forschungstätigkeit sein wird. Geblieben sind die wissenschaftsimmanenten Aufgaben der Ethnologie: Die aktive Rolle in der Forschung, Theorien anzuregen, zu formulieren, zu prüfen und zu klären. Der engen internationalen Zusammenarbeit auf allen Ebenen und in jeder Hinsicht wird zukünftig ein höherer Stellenwert einzuräumen sein, als es bislang der Fall war. Die Beantwortung der Frage, wie eine Neukonzeption der Ethnologie als Wissenschaft aussehen soll und kann, dürfte ihre derzeit dringendste Aufgabe sein; das ist jedoch Sache der wissenschaftsinternen Diskussion, die hier nicht aufgerollt zu werden braucht.

Ich möchte aber wiederholen, was R. Schott (1981: 61) am Ende seiner Ausführungen über „Aufgaben der Ethnologie heute" sagt: „Es mag sein, daß die Ethnologie bislang lauter Irrwege bei dem Versuch gegangen ist, etwas über fremde Völker und ihre Kulturen zu erfahren und mitzuteilen. Diese Aufgabe bleibt jedoch bestehen, so lange es überhaupt Völker mit verschiedenen Kulturen gibt, die einander kennen und verstehen wollen".

Der „Wunsch zu verstehen" beinhaltet — wie ich meine — einen zweiten Aspekt, der über das aus wissenschaftlicher Sicht notwenidge Erfassen von Zusammenhängen, Strukturen und Mechanismen kultureller Systeme hinausreicht: Es ist das „menschliche Element" (s. dazu Ramaswamy, 1978). Wir arbeiten unter Menschen und nicht mit einer ‚Ansammlung von Merkmalsträgern'. Unsere Tätigkeit kann und muß dazu beitragen, das Mißtrauen der jungen Generation in den Ländern der Dritten Welt gegen den „akademischen Kolonialismus" abzubauen, dessen diskriminierende Erfahrung sich in dem bitteren Satz „Sociology for you, anthropology for us" nur allzu deutlich widerspiegelt. Die Ethnologie, die relativ genaue Kenntnisse über eine Vielzahl von Kulturen besitzt, wird nur zögernd in den Bereichen eingeschaltet, die unter dem Oberbegriff ,Entwicklungshilfe' zusammengefaßt werden; das ist bedauerlich, wenn damit eine aktive Beteiligung der Wissenschaftler an Entscheidungen und Planungen gemeint ist. Die Angelegenheit sieht aber völlig anders aus, wenn es sich nur um Verfügbarkeit und Auswertung von Forschungsergebnissen handelt, ohne daß wir wissen, welche Ziele (oder rein wirtschaftliche Interessen) verfolgt werden.

Ohne diesen Fragenkomplex zu emotionalisieren, glaube ich, daß wir für unser Tun Verantwortung tragen, von der wir uns nicht drücken können; wir müssen die Frage im Auge behalten, die überall dort gestellt wird, wo wir „Feldforschung" betreiben: „What has been the effect of your work among us? Have you contributed to the solution of the problems you have witnessed? ... If not, then you are part of those problems ... If you are not part of the solution, you are part of the problems" (Zit. n. Berreman, 1974).

> „Völkerkunde ist sowohl eine systematische wie historische, immer aber empirische Wissenschaft, welche den Menschen aus seinen in Raum und Zeit wechselnden gruppenhaften Lebensäußerungen verstehen will."
>
> *H. Trimmborn*, 1958

1.1 Werden und Wesen der Ethnologie

Ethnologie als selbständige Disziplin universitärer Forschung und Lehre ist eine relativ junge Wissenschaft. In Deutschland gelten zwei Gelehrte von internationaler Bedeutung als Begründer der Völkerkunde: Adolf Bastian (1826—1905) und Friedrich Ratzel (1844—1904).

Die Vorläufer der Museen für Völkerkunde waren die „Kuriositätenkabinette" der Fürsten im 16. und 17. Jahrhundert, die mit dem Material, das von den großen Expeditionen des 18. Jahrhunderts mitgebracht wurde, zu sogenannten „Naturalienkabinetten" erweitert wurden. Die Gründung des ersten deutschen Museums für Völkerkunde 1868 in Berlin geht auf die Initiative Bastians zurück.

Die deutschen Ethnologen sind in der Deutschen Gesellschaft für Völkerkunde zusammengeschlossen, die seit 1869 die Zeitschrift für Ethnologie herausgibt; der alle fünf Jahre stattfindende Internationale Kongroß für Anthropologie und Ethnologie ist ein Forum weltweiten Erfahrungsaustausches.

Anthropologie, die Wissenschaft vom Menschen, und Ethnologie, die Wissenschaft von der Kultur des Menschen, stehen in enger Verbindung miteinander. Sachlich ist diese Verbindung durch die sich überschneidenden Forschungsbereiche vorgegeben. Sie bestätigt und verstärkt sich durch die in den einzelnen Ländern gebräuchlichen unterschiedlichen Bezeichnungen und Abgrenzungen des Forschungsgegenstandes der Wissenschaften, die sich mit dem Fragenkomplex der Ethnologie befassen. Die Gründe hierfür sind im Eigenverständnis der Disziplinen selbst zu finden, nur teilweise sind sie ursächlich auf den Sprachgebrauch zurückzuführen. In neuerer Zeit ergaben sich terminologische Unterschiede aus der zunehmenden Spezialisierung auf bestimmte Aspekte der ethnologischen Fragestellung.

Die unterschiedlichen Bezeichnungen sind für die internationale Zusammenarbeit sicherlich nicht förderlich, deren technisches Vokabular auf diesem Gebiet sich laut Lévi-Strauss „in einem Zustand vollständiger Anarchie" (1967: 397) befindet. Daher erscheint die Klarstellung der für die Disziplin Völkerkunde/Ethnologie in anderen Ländern gebrauchten Namen erforderlich zu sein.

Ethnographie bezieht sich, wörtlich genommen, auf die beschreibenden Arbeiten über Kultur.

Mühlmann übersetzt für den deutschen Sprachraum Ethnographie mit Völkerkunde, die „marginale Gesellschaften" behandelt, „die Träger schriftloser Kulturen sind und gewöhnlich als Naturvölker bezeichnet werden. Ihre Abgrenzung ist schwierig, sind doch die Übergänge zu komplexen Gesellschaften fließend und die Kriterien vage und umstritten. Die Orientierung der Ethnographie ist flächenhaft, doch besteht ein starkes Interesse an historischer Vertiefung. Dadurch besteht ein enger Zusammenhang zwischen Ethnographie und regionaler Archäologie. Diese Darstellung der Ethnographie ist nicht so mißzuverstehen, daß es sich hier um eine rein deskriptive, theoriefreie Disziplin handele. Es liegt dem Einteilungsversuch die Auffassung zugrunde, daß jede Wissenschaft daraus besteht, daß Theorien und empirische Daten aufeinander einwirken" (Mühlmann, in: Mühlmann/Müller (Hrsg.), 1966: 11/12).

„Ethnologie verstehen wir als eine soziologische Disziplin, die sich mit den interethnischen Zusammenhängen und Systemen befaßt, und daraus typische Situationen und Prozesse zu abstrahieren sucht. Sie ist zu definieren als soziologische Theorie der interethnischen Systeme und bildet somit einen Zweig der Geschichts- und Kultursoziologie" (ibid.).

In den USA verwenden manche Wissenschaftler den Ausdruck ‚Ethnology', ohne damit eine Differenzierung der Fragestellung im Hinblick auf den dort geläufigen Begriff ‚Cultural Anthropology' auszudrücken, der im wesentlichen damit identisch ist, was in Deutschland unter Ethnologie verstanden wird. Die Vermutung, daß sich an Titel und Untertitel der seit 1961 von Murdock herausgegebenen Zeitschrift ‚Ethnology, An International Journal of Cultural and Social Anthropology' eine Unterscheidung ablesen läßt, ist unbegründet; ich sehe darin vielmehr den Versuch, die auf internationaler Ebene bestehenden Begriffsunklarheiten aufzuheben.

Wenn in der amerikanischen Wissenschaft von ‚Anthropology' die Rede ist, handelt es sich nach deutschem Sprachgebrauch im wesentlichen um Völkerkunde; was wir als Anthropoligie bezeichnen, heißt − wenn auch nicht durchgängig − ‚Physical Anthropology' (oder ‚Human Biology').

In Kontinentaleuropa ist Anthroplogie eine naturwissenschaftliche Disziplin, die sich mit den Hominiden in ihrer zeitlichen und räumlichen Ausdehnung beschäftigt, alle ausgestorbenen und lebenden Formen umgreift und auf der Grundlage der Erblehre ihre Abstammung, Entwicklung und ihre körperliche und geistige Zusammengehörigkeit bzw. Verschiedenheit erforscht. Wenn man von philosophischer, psychologischer, medizinischer und theologischer Anthropologie spricht, so handelt es sich dabei um Deutungen menschlichen Verhaltens von verschiedenen Aspekten her.

Fachbezogene deutsche Lexika bringen folgende Einzeldefinitionen: Unter dem Begriff „ethnologische Anthropologie" werden „kulturvergleichende, archäologische, sozialpsychologische und andere Untersuchungen bei bestimmten historisch wenig erforschten Bevölkerungsgruppen" zusammengefaßt (Eichhorn, 1969: 19).

Der Gegenstand der biologischen Anthropologie „ist der Mensch als eine Gattung, die sie morphiologisch und physiologisch mit anderen Tiergattungen vergleicht und mit ihnen auch genetisch in Zusammenhang bringt." (Habermas, 1958: 18).

Die philosophische Anthropologie greift auf die Forschungsergebnisse der biologischen und ethnologischen Anthropologie zurück. „Sie verarbeitet Resultate aller Wissenschaften, wie Psychologie, Soziologie, Archäologie, Sprachwissenschaft, usw., die irgendwie mit Mensch und Menschenwerk zu tun haben, aber sie ist selbst keine Einzelwissenschaft" ... sondern „noch ein Teil der Philosophie. Denn ihr Gegenstand ist etwas, das nicht geradewegs zum Gegenstand werden kann: das Wesen des Menschen" (ibid.).

Die deutsche Kulturanthropologie ist gleichermaßen Sozial- und Kulturwissenschaft; zu ihrem Forschungsbereich gehören Ethnologie und Volkskunde ebenso wie Sprachwissenschaft, Psychologie oder Geschichte. Im Laufe der Entwicklung dieser Wissenschaft sind ihre Forschungsgebiete verschieden stark gewichtet worden und zwar in Abhängigkeit von ihren Forschungszielen und -methoden" (Girtler, 1979).

Mühlmann definierte (1966) Kulturanthropologie „als eine Disziplin, die aus dem empirischen Pluralismus und der Formenmannigfaltigkeit der Kulturen typische Chancen menschenmöglichen Verhaltens abzulesen sucht (.) ... sie will Einblick in das Wesen des Menschen geben" (Mühlmann, 1966: 11).

Damit ergeben sich rein definitorisch Parallelen zur philosophischen Anthroplogie, aber die Perspektive, unter der Forschung betrieben wird, ist unterschiedlich.

In der ‚Volkskunde' werden in Deutschland Europas Kulturleistungen erfaßt; sie sieht ihre Aufgabe im Sammeln und Beschreiben von Brauchtum, Volkskunst, Tanz, spezifischen Bautechniken, sprachlichen Besonderheiten (Dialekten) und ist regional begrenzt. Begriff und Sprache gewannen Bedeutung, als kulturelle Tradition als Wert dem „zivilisatorischen Fortschritt" gegenübergestellt wurde.[1]

---

1 Sie geht auf J. G. Herder (1744—1803) und die deutsche Romantik zurück.

Als Wissenschaft wurde Volkskunde 1849 von Riehl gegründet.

In England ist die Terminologie wieder eine andere; es wird
zwischen Ethnologie und ‚Social Anthropology' unterschieden.
1909, auf einer Tagung von Wissenschaftlern aus Oxford, Cambridge und London wurde folgende Definition formuliert: „Wir
sind übereingekommen, ‚Ethnographie' als Begriff für Berichte
über schriftlose Völker zu verwenden. Die hypothetische Rekonstruktion der ‚Geschichte' solcher Völker wurde als Aufgabenbereich der Ethnologie und prähistorischen Archäologie akzeptiert. Das vergleichende Studium der Institutionen primitiver Gesellschaften wurde der ‚Social Antrhopology' als Aufgabenstellung zugeordnet, und diese Bezeichnung wurde gegenüber ‚Soziologie' bevorzugt" (Radcliffe-Brown, 1952: 276). Die
Auswertung des Bereiches ‚materielle Kultur' ging auf die Museen über.

Im allgemeinen kann man dem Forschungsbereich, der in
den USA von der ‚Cultural Anthropology' abgedeckt wird, in
Großbritannien die ‚Social Anthropology' gegenüberstellen.

Bei genauer Betrachtung ist der Sachverhalt etwas komplizierter: Einerseits wird zwischen ‚Anthropology', als Studium
der schriftlosen Gesellschaften und ihrer Kultur, und der Soziologie unterschieden, deren Objekt die fortgeschrittenen, komplexen, hochindustrialisierten Gesellschaften sein sollen (Marquet,
1964: 50), andererseits wird ‚Social Anthropology' als Zweig
der Soziologie bezeichnet, der sich mit dem Studium der sogenannten ‚Primitiven' befaßt (Gluckmann, 1969: 32).

Die Begriffsabgrenzung wird noch schwieriger, wenn darüber hinaus ‚Social Anthropology' einmal als „natural science
of society" (Naturwissenschaft der Gesellschaft) verstanden
wird (Radcliffe-Brown, 1957), zum anderen aber diese Auffassung entschieden abgelehnt und als eine Art Historiographie
bezeichnet wird, deren Forschungsgegenstand nicht nur die
‚Primitiven', sondern generell die nicht-europäischen Gesellschaften sind (Evans-Pritchard, 1969: 52).

Insgesamt gesehen ist davon auszugehen, daß sich die britische ‚Social Anthropology' mit dem Forschungsbereich befaßt, der auf dem europäischen Festland als Ethnologie bezeichnet wird.

Die deutsche Sozialanthropologie, „eine Kombination biologischer und sozialer Fragen, die mit einigem Recht als selb-

ständige Wissenschaft auftritt" (Gehlen, 1968: 113), hat mit der ‚Sozial Anthropology' britischer Provenienz etwas zu tun.

In Frankreich wird bewußt zwischen Ethnographie und Ethnologie unterschieden, wobei weder der Ethnologie noch der ‚Anthropologie Sociale' eigene Gegenstandsbereiche zugewiesen werden, sondern nur als spezifische Denkweisen gelten (Merleau-Ponty, 1953: 145/157).

> „In a sense, by dint of studying man, we have made ourselves incapable of knowing him."
>
> *Jean-Jacques Rousseau*

1.2 Zur Geschichte des Kulturbegriffes

Für die Ethnologie, wie für alle heutigen Kultur- und Sozialwissenschaften, ist es eine Selbstverständlichkeit, von *Kultur* als dem grundlegenden zentralen Begriff auszugehen, seit E. B. Tylor (1871 in der Einleitung zu seinem Werk ‚Primitive Cultures') Kultur (oder Zivilisation) als „... jenes komplexe Ganze" definierte, „das Wissen, Glaubensvorstellungen, Künste, Moral, Recht und Sitten und alle anderen Fähigkeiten und Gewohnheiten umfaßt, die der Mensch als Mitglied seiner Gesellschaft erwirbt".

Die Verwendung des Wortes ‚Kultur' mit dem Aussagegehalt, wie ihn die moderne Wissenschaft konzipiert, geht auf den Deutschen Gustav E. Klemm (1802–1867) zurück, der im Jahre 1843 den ersten von 10 Bänden seiner „Allgemeinen Culturgeschichte der Menschheit" veröffentlichte. Er gebrauchte den Begriff ‚Kultur', der meines Wissens von ihm niemals präzise definiert wurde, weitgehend im heutigen ethnologischen Sinn, was an seiner Aufzählung kultureller Merkmale ablesbar ist; an anderen Stellen gab er dem Begriff die Bedeutung, mit der er im ausgehenden 18. Jahrhundert in Deutschland besetzt war: Menschliche Vervollkommnung und stufenweise Weiterentwicklung.

Tylor übernahm Klemms umfassenden Kulturbegriff[2] und brachte ihn in die englische Wissenschaft ein. Dabei durfte ursächlich auch ein anderer Aspekt eine Rolle gespielt haben: Das Wort Zivilisation war seit Einsetzen der kolonialen Machtbestrebungen und besonders im Zusammenhang mit dem britischen ,Sendungsbewußtsein' mit einer ideologiehaltigen Konnotation besetzt, wie unter anderem auch aus der Aufgabenstellung der ,Aborigines Protective Society' hervorgeht, die 1838 in London gegründet wurde, um „das Leben der Eingeborenen in den Kolonien zu erforschen ... und ihnen die Segnungen der Zivilisation zu bringen".

Die Bevorzugung des Wortes ,Kultur' durch Tylor brachte zwar eine grundsätzliche Klärung in der terminologischen Diskussion für die Ethnologie, konnte aber weder die Weiterbenutzung von Kultur und Zivilisation als Synonyme ausschalten noch Bestrebungen beenden, die zwischen beiden Begriffen durch Zuordnung unterschiedlicher Inhalte zu differenzieren versuchen. Das gilt sowohl für andere Wissenschaften als auch für den allgemeinen Sprachgebrauch.

Angesichts der Tatsache, daß in den einzelnen Ländern Europas die Begriffe Kultur und Zivilisation nicht nur unterschiedliche und teilweise konträre Bedeutungen hatten, sondern sich ihre Inhalte seit Aufnahme in den Sprachgebrauch veränderten, erscheint es sinnvoll, einen kurzen Überblick über diesen Bedeutungswandel zu geben.

Das Deutsche Wörterbuch erwähnt ,Kultur' erstmals in der Ausgabe des Jahres 1793; Grimms Deutsches Wörterbuch nahm es in seinen Ausgaben 1860 und 1873 weder unter dem Buchstaben ,K' noch unter ,C' auf, obwohl es zu diesem Zeitpunkt seit bereits mehr als einem halben Jahrhundert in der deutschen Philosophie ein fester Begriff war, unter dem man in einer ersten Phase „menschliche Vervollkommnung" (Adelung 1732–1806; Herder 1744–1803) verstand; in der folgenden Phase wurde Kultur im Sinne von „Entwicklung geistiger Fähigkeiten" (Kant 1724–1804; Hegel 1770–1831) verwendet. Eine

---

2 Er hatte bereits in seinen ,Researches' (1865) – gleichsam als Versuch – zweimal von Kultur als gleichbedeutend mit Zivilisation gesprochen; in diesem Werk (Kap. I, S. 3) bezog er sich auch auf „the invaluable collection of facts bearing on the history of civilization in the Allgemeine Culturwissenschaft of the late Dr. Gustav Klemm of Dresden".

ähnliche Auslegung des Begriffes wurde in England durch R. W. Emerson (1803–1882) und M. Arnold vertreten; sie setzte sich dort in den Humanwissenschaften bis zu Beginn des 20. Jahrhunderts fort.[3]

Das Wort ,Zivilisation' ist älter als ,Kultur' und kommt aus dem Französischen, wo es im 18. Jahrhundert im Zusammenhang mit dem rationalen Fortschritt als menschlicher Entwicklungsprozeß der Selbstverwirklichung verstanden wurde mit besonderem Nachdruck auf Ethik und Moral; der Begriffsinhalt entsprach damals mehr oder weniger dem, was in Deutschland mit „Sitte und Gesittung" gemeint war. Mit zunehmender Bedeutung der Wissenschaft und Technik bei gleichzeitiger Erstarkung des Nationalismus verknüpfte man in der Folgezeit sowohl in England als auch in Frankreich Zivilisation mit Fortschritt schlechthin. Allgemein kann man sagen, daß gegen Ende des 19. Jahrhunderts in Frankreich ,civilisation' sich inhaltlich weitgehend mit dem deckte, was man in Deutschland unter ,Kultur' verstand. Definitionen, die den Begriffen Kultur und Zivilisation unterschiedliche Inhalte zuordneten, um sie gegeneinander abzugrenzen, kamen vorwiegend aus Deutschland. Bereits Kant hatte „cultiviert" und „civilisiert" gegenübergestellt, ersteres im Sinne der Verbesserung des inneren Menschen durch Kunst und Wissenschaft, letzteres als Verbesserung gesellschaftlicher und zwischenmenschlicher Beziehungen aufgefaßt.[4]

Der Ethnologe H. Barth (1821–1865) differenzierte zwischen Kultur als Beherrschung der Natur (in materieller und technischer Hinsicht) und Zivilisation als der qualitativen Verbesserung — Veredelung — der primitiven menschlichen Instinkte; er folgte damit den Konzeptionen von W. v. Humboldt (1767–1835) und Schaeffle, auf die er sich auch ausdrücklich berief.

In Meyers Konversationslexikon, Ausgabe 1897, heißt es: „Die Zivilisation ist die Stufe, durch welche ein barbarisches Volk hindurchgehen muß, um zur höheren Kultur in Industrie, Kunst, Wissenschaft und Gesinnung zu gelangen".

3 Vgl. Patten, 1916; J. P. Powys „Culture and self-control are synonymous terms" (The Meaning of Culture, 1930), Lowell, 1934; T. S. Eliot, 1961.
4 „Alle Fortschritte in der Cultur haben das Ziel, diese erworbenen Kenntnisse zum Gebrauch für die Welt anzuwenden ... Die pragmatische Anlage der Civilisierung durch die Cultur" (S. 323, Bd. 7, 1798 in Kants Werke, Reimer 1907).

Zwei Konzepte aus dem Bereich der Kultur/Zivilisations-Dichotomie erlangten vorübergehend Bedeutung. Nach der aus soziologischer Sicht konzipierten Auslegung von A. Weber, die er auf dem 2. Deutschen Soziologentag 1912 vortrug, ist der Zivilisationsprozeß intellektuell und rational; er kann sich verzögern, aber auf Dauer läßt sich seine Entfaltung nicht verhindern. Kultur ist der Überbau, den die Gefühle schaffen; ihre Produkte sind einmalig, pluralistisch und nicht additiv. Acht Jahre später überarbeitete er seine These (A. Weber, 1920) und unterschied drei Komponenten: Gesellschaftsprozeß, Zivilisationsprozeß und Kulturbewegung. Damit widersprach er Spengler und dessen Konzept (Untergang des Abendlandes), wonach Zivilisation die unproduktive Endphase von Kultur ist: „Kultur ist Werden, Zivilisation ist Zustand".

Sprenglers Definition hatte kurzfristig Wirkung, allgemein akzeptiert wurde sie nicht, aber immerhin fand sie Aufnahme im Brockhaus Konversationslexikon 1931. In der Auseinandersetzung mit Spengler sollte man nicht nur von seiner Definition ausgehen. Abgesehen von vielen Übersteigerungen kommt sein Verständnis von Kultur dem modernen ethnologischen Kulturgriff doch relativ nahe: „... Kulturen sind ganz verschieden ... tatsächlich kann keine Kultur von Angehörigen anderer Kulturen voll verstanden werden."

Wenn sich auch das Webersche Konzept in Deutschland relativ lange hielt, und noch 1930 Thurnwald Kultur als die für eine soziale Gruppe spezifische Lebensart definierte, die mit der Gruppe untergehe, während Zivilisation (Technologie und Wissenschaft) niemals verloren gehen kann, so war die Phase, die Kultur und Zivilisation als unterschiedliche Begriffe konzipierte, von vorübergehender Dauer.

Bereits 1920 ging Wundt in seinem Werk ‚Kultur und Geschichte' (10. Bd. seiner Völkerpsychologie) vom Kulturkonzept der Ethnologie aus; er formulierte zwar keine Definition, doch aus der Art, wie er kulturelle Erscheinungsformen behandelt, geht dieser Ansatz deutlich hervor.

Die Begriffsdichotomie Kultur-Zivilisation beschäftigte unter dem Einfluß von Deutschland für kurze Zeit auch die amerikanischen Sozialwissenschaftler. Im wesentlichen ging es dabei um die Klärung der Begriffsinhalte. L. Ward führte (1903) aus, daß seiner Meinung nach das deutsche Wort Kultur sinngemäß mit ‚material civilization' zu übersetzen wäre, während das eng-

lische Wort ‚culture' ein „Studium des Fortschritts" beinhalte
(„A stage of advancement higher than savagery and barbarism").

Auch A. Small versuchte (1905) die beiden Begriffe für
den englischen Sprachgebrauch zu bestimmen und zwar in Anlehnung an Barth.[5]

Etwa 25 Jahre später griff MacIver auf das Konzept von
A. Weber (aus ‚Prinzipielles zur Kultursoziologie') zurück und
stellte Kultur als Ausdruck des Lebens in Gegensatz zu Zivilisation als Mechanismus.[6] Für Merton (1936) war Zivilisation
„unpersönlich, „objektiv" und „kumulativ", Kultur „durchaus
persönlich und subjektiv ... einmalig".

Die Mehrzahl der nordamerikanischen Sozialwissenschaftler legten ihren Arbeiten den ethnologischen Kulturbegriff nach
Tylor zugrunde, der sich mit Ogburn (1922; Social Change:
With Respect to Culture and Orginal Natur) im wesentlichen
schon durchgesetzt hatte.

Etwa ein halbes Jahrhundert lang war die Tylorsche Auffassung von Kultur in der Ethnologie gebräuchlich und reichte
als Grundlage der Forschungstätigkeit aus. Da sie auch von der
Mehrzahl der amerikanischen Sozialanthropologen akzeptiert
worden war, herrschte weitgehend Einigkeit über Begriff und
Gebrauch des Terminus Kultur. Noch 1920 begann R. H. Lowie
sein Werk ‚Primitive Society' mit dem Zitat von „Tylor's be-
rühmten Definition". Diese Definition hatte bereits damals zwei
wesentliche Merkmale von Kultur herausgestellt: Kultur wird erworben, und Kultur kann nicht losgelöst von der Gesellschaft
gesehen werden.

Die Erkenntnis, daß die Kultur einer Gruppe die ihr ange-
hörenden Menschen entscheidend prägt, machte das Phänomen
Kultur auch für andere Wissenschaften, z. B. die Psychologie, interessant, und es folgte eine Vielzahl von Neudefinitionen. Diese basierten im wesentlichen auf der Konzeption von Kultur als

---

5 „Civilization is the enobling, the increased control of the elementary
   human impulses by society ... Culture is our whole body of technical equipment in the way of knowledge, process, and skill for subduing
   and employing material resources and it does not necessarily imply a
   high degree of socialization".

6 „The contrast between means and ends, between the apparatus of liv-
   ing and the expression of our life. The former we call civilization, the
   latter culture ... Culture then is the antithesis of civilization." (1931)

komplexer Ganzheit, aber hoben aus der für die betreffende Wissenschaft spezifischer Sicht bestimmte Aspekte hervor, während andere — im Gesamtzusammenhang ebenso wichtige — Merkmale unberücksichtigt blieben. Keine dieser Definitionen setzte sich durch, noch wurde die Brauchbarkeit des Kulturbegriffs von Tylor in Frage gestellt.

Während der letzten Jahrzehnte haben sich Begriffe und Definitionen von Kultur nicht nur vervielfacht, sondern auch verändert. Es kam innerhalb der Ethnologie Bewegung in die Diskussion um den Begriffsinhalt; wenn bestimmt werden soll, was der Terminus Kultur bedeutet, gehen heute die Meinungen auseinander. Eine Zeitlang gab man sich damit zufrieden, Kultur als Verhalten zu definieren, das nur für die Spezies Mensch zutrifft, durch Lernen erworben und innerhalb einer Gruppe/Gesellschaft an die nachfolgende Generation weitergegeben wird. Für die einen ist Kultur ein „psychischer Verteidigungsmechanismus" oder ein System, das aus „verschiedenen gesellschaftlichen Signalen in Wechselbeziehung mit verschiedenen Antworten" besteht; für andere ist Kultur eine Abstraktion des Verhaltens. Viele Diskussionen über den Begriff Kultur bewegen sich um das Problem, zwischen Kultur und Verhalten zu unterscheiden.

Die amerikanischen Anthropologen Kroeber und Kluckhohn gaben 1952 eine umfassende Sammlung der bis dahin feststellbaren Definitionen des Kulturbegriffs heraus, die sie ordneten, klassifizierten und bearbeiteten; aus ihrer Arbeit leiteten sie nicht nur eine Neuformulierung ab, die Allgemeingültigkeit beanspruchte, sondern kamen zu der bemerkenswerten Schlußfolgerung: „Kultur ist Abstraktion des konkreten menschlichen Verhaltens, aber sie ist nicht selbst Verhalten" (Kroeber/Kluckhohn, 1952: 155).

Diese Sehensweise wurde unter anderem von Beals und Hoijer (1953) unterstützt und brachte eine Kontroverse, deren Kernpunkt sich kurz dahingehend zusammenfassen läßt, daß Kultur als Abstraktion nicht wahrnehmbar, nicht erfaßbar sei und an Realität verliert (White, 1963 in: Schmitz (Hrsg.), Kultur, 1963: 366 ff.), was letztlich die Frage aufwirft, ob Kultur überhaupt existiert. Damit wäre in der letzten Konsequenz Kultur als Forschungsgegenstand der Ethnologie in Frage gestellt. Denn bei der Dokumentation fremder Kulturen kann die Ethnologie von nichts anderem ausgehen als einer erfaßbaren Realität; es geht aber nicht nur um das Beobachten und die Feststellung von Verhaltensweisen, sondern darum, innere Zusammenhänge zu erkennen. Je weiter man in diese Diskussion eindringt, desto theoretischer wird sie. Ich meine, daß die Auffassung von Kultur als Abstraktion des Verhaltens sehr einfach verständlich gemacht und auch erklärt werden kann. Die Verhaltensweisen der einzelnen Individuen einer Gruppe/Gesellschaft sind unterschiedlich, doch sie bewegen sich innerhalb eines vorgegebenen Spielraums; bestimmte Grundeinstellungen und Verhaltensmuster, z. B. wie sie auf eine ungewöhnliche Situation reagieren, sind allen gemeinsam. Es gibt individuelle Varianten, aber die gemeinsame Grundtendenz ist ablesbar. Somit heißt Abstraktion des Verhaltens nichts anderes als kulturelles Verhalten. Das wird auch durch Murdocks Aussage — einer der ersten zu dieser Begriffsauslegung — untermauert, wenn er ausführt: „Einsehend, daß Kultur nur eine Abstraktion beobachtbarer Ähnlichkeiten im Verhalten des Individuums ist ..." (1937: XI).

F. M. Keesing bezeichnete in ‚Cultural Anthropology' (1958) kurz und präzise Kultur als „die Totalität des erlernten und gesellschaftlich vermittelten Verhaltens" und kommt damit essentiell wieder auf die Wesensmerkmale von Kultur zurück, die Tylor vor einem Jahrhundert aufgezeigt hatte.

Die ausgewählten und relativ wenigen Beispiele zum Wandel des Kulturbegriffs machen deutlich, daß der für die Ethnologie grundlegende und in den Sozialwissenschaften allgemein verwendete Begriff ein zwar viel gebrauchter, aber gleichzeitig wenig einheitlicher Terminus ist.

An der zeitweilig verwirrenden Begriffsunklarheit wird erkennbar, wie wichtig es für die Benutzung von Quellenmaterial ist, Entstehungszeit, deren geistige Strömungen und den kulturellen Hintergrund des jeweiligen Autors zu kennen und zu berücksichtigen. Berichte, Abhandlungen und Begriffsbestimmungen sollten niemals aus solchem Zusammenhang herausgerissen werden. Dazu kommen bei Übersetzungen sprachspezifische Eigenheiten, die oft übersehen werden und zu Fehlinterpretationen der Aussagen und Mißverständnissen führen können.

Wie auch immer der Begriff Kultur definiert wird, ethnologisch gesehen *hat* der Mensch Kultur; aus anthropologischer Sicht ist Kultur *Schöpfung des Menschen;* ontologisch beinhaltet diese Feststellung die existentielle Beziehung des Menschen zu Kultur.

Im Hinblick auf die Natur ist die anatomisch/physiologische Aussattung des Menschen nicht ausreichend, um zu überleben und macht Kultur *notwendig*; die biologischen Fähigkeiten des Menschen sind die Voraussetzung für intellektuelle Leistung; dadurch wird Kultur *möglich*.

Kultur existiert nicht ohne den Menschen, und die Voraussetzung für ihr Vorhandensein ist das Zusammenleben mit anderen Menschen — die Gesellschaft. Kultur ist die psycho-soziale Anpassung des Menschen an seine Umwelt. Kultur und Gesellschaft sind eng miteinander verbunden, aber sie sind nicht identisch.

Die Erfassung von Kulturen kann nach verschiedenen Gesichtspunkten erfolgen, wobei Inhalt und Form auseinanderzuhalten sind, auch wenn sie sich überschneiden. Unter *Inhalt* einer Kultur versteht man die Gesamtsumme der Komponenten, aus denen sie sich zusammensetzt; sie können wie einzelne Elemente listenmäßig aufgenommen werden. Theoretisch können solche Auflistungen für mehrere durchaus verschiedene Kulturen die gleichen sein. Der entscheidende Aspekt ist die *Form*, in der die einzelnen Merkmale aufeinander abgestimmt und miteinander verwoben sind. In der Form einer Kultur werden Elemente zu Komponenten einer Ganzheit.

Beispielsweise ist Erziehung ein Bestandteil des Inhalts einer Kultur, der in der einen oder anderen Art in allen Kulturen existent ist. Schulerziehung ist keineswegs überall vorhanden. Diese kann in den Händen des Staates oder der Kirche liegen, um nur zwei Möglichkeiten zu nennen. Selbst die Unterrichtsfächer könnten ähnlich sein, unabhängig davon, ob die Gesellschaftsorganisation demokratisch, faschistisch, religiös oder kommunistisch ausgerichtet ist. Der große entscheidende Unterschied liegt im spezifischen Tenor, in den Methoden und Zielvorstellungen, die für die einzelnen Erziehungskonzepte bestimmend sind. Während des Erziehungsprozesses werden nicht nur die von der Gesellschaft für notwendig erachteten Kenntnisse und Fertigkeiten vermittelt, sondern auch Wertvorstellungen, Glaubensgrundsätze und Ideologien, die das spätere Verhalten des Individuums prägen, was auch beabsichtigt ist.

Unter *Form* einer Kultur versteht man die Konfiguration ihrer Merkmale (Inhalt), das Muster der Verbindungen.

Gelegentlich wird auch von materieller und nichtmaterieller Kultur gesprochen, womit einerseits Gegenstände des Gebrauchs und der Kunst und andererseits Vorstellungen und Institutionen gemeint sind. Diese Unterscheidung entbehrt jeder Grundlage. Dinge, Gegenstände im weitesten Sinn des Wortes, die in einer Kultur geschaffen werden, sind vergänglich; Gebäude können verfallen, Gebrauchsartikel nutzen sich ab, sie werden ersetzt und dabei möglicherweise verändert/verbessert, aber sie können vom Gesamtzusammenhang der Kultur nicht abgetrennt werden, weil diese ihnen den entsprechenden Stellenwert zuordnet. Ein Kruzifix hat in christlichen Kulturen eine besondere Bedeutung; für Angehörige anderer Kulturen besagt es nichts; ein Krug kann nur Gebrauchswert haben — wir stellen eine besonders schöne Ausführung vielleicht als Schmuckstück in unsere Wohnung. Das Wissen wie und zu welchem Zweck Dinge hergestellt werden, ist Bestandteil einer Kultur und wird weitergegeben. Gegen die Verwendung des Wortes materielle Kultur ist nur dann nichts einzuwenden, wenn es dazu dient, die Erfassung kultureller Merkmale übersichtlicher zu gestalten.[7]

> „Man is creature, creator, carrier, and manipulator of culture."
>
> *B. Simmons*, 1942

1.3 Was ist Kultur?

Wenn wir sagen, daß der Mensch ein Geschöpf der Kultur ist, seiner Kultur, die er sich geschaffen hat, so ist diese Formulierung nicht auf den Menschen als Einzelwesen bezogen. Kultur besteht immer nur in irgendeiner Form der Gemeinschaft mit anderen. Der einzelne Mensch übt Kultur aus und läßt sie damit zur Realität werden.

Wenn wir heute davon ausgehen (können), daß Kultur etwas Vorgegebenes, schon Vorhandenes ist, so muß sie doch einmal entstanden sein. Der Vorgang läßt sich als Ergebnis des Handelns von Menschen in einer Gruppe vorstellen, die auf dem We-

---

7 Erstmals wurde die Unterscheidung von W. F. Ogburn (1886–1959) gemacht.

ge des Lernverfahrens von Versuch und Irrtum Erfahrungen sammelten, z. B. welche Pflanzen eßbar und welche giftig sind, wie man Tiere jagt, die Mittel fand, ihre Lebenssituation zu erleichtern und dieses Wissen weitergab. Da jedoch praktisch keinerlei Aussicht besteht, darüber jemals Daten ermitteln zu können, geht die Ethnologie davon aus, daß Kultur eine gegebene historisch nicht reduzierbare Tatsache ist.

Das Wesen Mensch wird in eine bestimmte Kultur hineingeboren, deren Einflüssen es in allen Stadien seines Lebens ausgesetzt bleibt. Das Individuum — wie auch jede Generation — wächst in die bereits bestehende Kultur hinein; es „erlernt" die Kultur seiner Gruppe/Gesellschaft und wird zum Träger der Kultur über den Prozeß der Enkulturation. Der Einzelne kann die vorhandene Kultur durch Neuschöpfungen bereichern oder zu ihrer Verarmung beitragen, wenn er zum Auslöser der Vernachlässigung einzelner Komponenten der Kultur wird. Immer aber bleibt Kultur ein Phänomen an eine Gruppe gebunden.

Wenn Kultur nicht ohne den Menschen denkbar ist, so läßt sich andererseits der Mensch nicht ohne Kultur denken. Dieser Satz kann empirisch begründet werden. Die Bedeutung der Kultur als Determinante der Lebensgestaltung beginnt bereits bei Zeugung und Geburt, die von Konzeptionsvorstellungen, Schwangerschaftstabus, Inzestverboten und Heiratsregeln umgeben sind. Spätestens mit der Geburt wird für ein Kind die Fürsorge der Umwelt nötig, die ebenfalls Kultur als Orientierungsrahmen hat. Wenn das Stillen vielleicht einen instinktbedingten Grund hat, so zeigt doch der breite Variationsbereich von mit der Aufzucht verbundenen Verrichtungen, daß ein feststehendes, einheitliches Verhaltensschema dafür nicht existiert. Vielmehr hat gerade in diesem Bereich jede Gruppe ihre kulturspezifischen Verfahrensweisen.

Der Mensch hat ein weiteres Spektrum möglicher Verhaltensweisen, aber um mit anderen in einer Gruppe zusammenzuleben, um sich mit ihnen zu verständigen und mit diesen zur Erreichung gemeinsamer Ziele gemeinschaftlich handeln zu können, muß der Mensch aus einer Vielzahl von Möglichkeiten eine begrenzte Zahl von Verhalten-/Reaktionsweisen auswählen, diese formalisieren und ihnen Bedeutung geben.

Die Aufnahme zwischenmenschlicher Beziehungen und das Zusammenleben in der Gruppe ist möglich, weil sie nicht nur ein gemeinsames Grundverständnis von Werten haben, sondern weil sie spezifische Verhaltensweisen in einer bestimmten Form und mit einer bestimmten Bedeutung behaftet praktizieren, wobei andere — biologisch ebenso mögliche — Verhaltensweisen vernachlässigt werden. Verhaltensmuster, die nicht in einer Kultur einbezogen werden, erscheinen als „fremd" und „unverständlich". Das gemeinsame Wertverständnis und kulturelle Verhaltensnormen schaffen die Verständigungsbasis für die Angehörigen einer Gruppe und ermöglichen ein hohes Maß an Gemeinschaftlichkeit. Aufgrund der in jeder Kultur vorgenommenen Spezialisierung von Form und Bedeutung der Verhaltensweisen, verringert sich aber die Möglichkeit, mit Angehörigen anderer Gruppen/Kulturen Gemeinschaft herzustellen. Bei Begegnungen zwischen Menschen aus extrem unterschiedlichen Kulturen ist jede Verständigung schwierig; sie ist niemals ohne weiteres möglich. Zumindest einer der Partner muß wenigstens einige Verhaltensnormen der anderen Kultur kennen, um sich „verständigen" zu können. In dem Maße, in dem Kultur die Menschen einer Gruppe verbindet, trennt sie sie von Menschen, die anderen Gruppen angehören.

Die Menschen hängen gewöhnlich an ihrer Kultur und wünschen deren Fortbestand. Kultur gibt ihnen nicht nur das Bewußtsein von Zusammengehörigkeit, sondern damit auch ein gewisses Gefühl der Sicherheit und des Geborgenseins. Das Hineinwachsen des Individuums in seine Kultur ist ein kontinuierlicher und weitgehend freiwilliger Prozeß. Es ist bereit, sich anzupassen und lernt am Vorbild der älteren Generation durch Nachahmung. Der von jeder Gesellschaft bewußt eingesetzte Mechanismus zur Erhaltung der Kultur ist das System der Erziehung. Im allgemeinen richten Initiatoren von Veränderungen ihre Bestrebungen auch nur auf einen Teilaspekt ihrer Kultur und wollen andere Bereiche unangetastet lassen und erhalten, was aber unmöglich ist, wie später dargelegt werden soll. Insgesamt gesehen hat die Geschichte gezeigt, daß es für Gesellschaften vorteilhaft ist, eine Menge kulturellen Ballasts im Sinne von Kontinuität und Konsistenz beizubehalten; Gesellschaften, die sich anders verhielten, die den Versuch unternahmen, sich radikal von ihrer Tradition abzuwenden, gerieten meistens in Schwierigkeiten.

Es wird davon ausgegangen, daß Kultur eine gesellschaftliche und relativ kontinuierliche Lebensform ist: Ein komplexes Ganzes von Denk-, Gefühls- und Verhaltenskonfigurationen, die für eine bestimmte Gruppe von Menschen bezeichnend sind, von dieser gewohnheitsmäßig getragen werden und für eine Reihe von Generationen Gültigkeit haben. Grundsätzlich jedoch ist Kultur ein Prozeß, in dem sowohl Kräfte des Fortbestandes als auch der Veränderung wirksam werden. Als Möglichkeit ist kulrellgesellschaftlicher Wandel immer gegeben. Er resultiert schon allein aus der Tatsache, daß Kultur, die eine Schöpfung des Menschen ist, weitergegeben und übernommen wird: Im Übermittlungsvorgang von einer Generation zur anderen wird Kultur allmählich und gleichsam „unmerklich" verändert. Daneben gibt es Fluktuationen und Veränderungen, die bewußt oder unbewußt erfolgen, auf das Gesamtgefüge der Kultur aber keinen Einfluß nehmen. Derartige Abläufe kultureller Prozesse sind für die sogenannten statischen Kulturen, im Gegensatz zu dynamischen Kulturen, kennzeichnend.

Kulturellen Wandel gab es immer; schon Heraklit (ungefähr 583–475 v. Chr.), ein Philosoph des alten Griechenland, brachte diese Erkenntnis in seinem bekannten Ausspruch „alles fließt, nichts bleibt stehen" zum Ausdruck. Neu sind jedoch Geschwindigkeit und Ausmaß der heute ablaufenden kulturellen Wandlungsprozesse, die weltweit die Gesellschaften erschüttern. Der rasante technische Fortschritt, das systematische Vorantreiben naturwissenschaftlicher Forschung und die Ausweitung der Produktionsfähigkeit in einem vorher nie gekannten Maß, verbunden mit der Schaffung eines Vernichtungspotentials, das die gesamte Menschheit bedroht, führten zu einer Lebenssituation, für deren Verständnis die Erfahrungen der Vergangenheit nicht mehr ausreichen.

In diesem Zusammenhang und unter besonderer Berücksichtigung des Lernprozesses, der Weitergabe und Übernahme von Kultur lassen sich (nach M. Mead 1972/74) drei Kategorien unterscheiden.

In einer *postfigurativen* Kultur lernt die junge Generation von der älteren, die ihre Autorität aus der Vergangenheit herleitet. Deren Kulturmuster werden nicht in Frage gestellt, weil sie auch vom sozialen Umfeld als gegeben akzeptiert und praktiziert werden. Veränderung ist für die älteren Generationen unvorstellbar, und daher vermitteln sie auch ihren Nachkommen den Eindruck ununterbrochener Kontinuität, was auf dem erfolgreichen Einprägen der Kulturform beruht. Infolgedessen vollzieht sich Wandel äußerst langsam und nur in der Wiederholung der Kultur, bzw. in allmählichen, mehr oder weniger unmerklichen Abänderungen von Verhaltensweisen.

Nach unserem gegenwärtigen Erkenntnisstand war jahrtausendelang postfigurative Kultur kennzeichnend für die menschlichen Gesellschaften; kennzeichnend in dem Sinne, daß Kultur als Kontinuität aufgefaßt wurde. Das schließt jedoch keineswegs aus, der in der Realität diese „Kontinuität" durch Umweltkatastrophen oder Kriegsgeschehen gestört werden konnte und auch wurde.

Als *konfigurativ* werden Kulturen bezeichnet, in denen sich Verhaltensmuster an zeitgenössischen Vorbildern orientieren. Abweichungen von den überlieferten Normen werden toleriert und in der Form von Modifikationen akzeptiert; radikaler Bruch mit der Tradition ist ausgeschlossen. Die älteren Generationen bleiben insofern maßgebend, als sie Art und Grenzen festlegen, innerhalb derer der Jugend Konfiguration zugestanden wird. Das bedeutet, daß postfigurative Kulturmuster weitgehend erhalten bleiben.

In einer Gesellschaft, deren Mitglieder wissen und bis zu einem gewissen Grad erwarten, daß die Verhaltensweisen der jungen Generation von denen ihrer Eltern abweichen werden, kann der Einzelne, der für sich erfolgreich einen neuen Stil durchgesetzt hat, zum Idol seiner Altersgruppe werden, besonders bei Jugendlichen. Der mögliche Generationskonflikt geht gewöhnlich von der Jugend aus, wenn diese konfigurative Grenzen überschreitet. Im übrigen gehen die älteren Generationen auch von der Annahme aus, daß nach dem Erwachsenwerden bei der „rebellischen" Jugend eine gewisse Rückanpassung an die „bewährten" Verhaltensmuster eintreten wird.

Letztlich ist in vielen konfigurativen Kulturen die Durchsetzung neuer Verhaltensweisen von der Anerkennung durch die Erwachsenengeneration abhängig.

In ganz anderer Richtung verlaufen konfigurative Prozesse, wenn neue Verhaltensmodelle aus dem (meist engen) Kontakt mit fremden Kulturen resultieren. Die Erfahrungen der jungen Generation unterscheiden sich stark von denen ihrer Eltern; sie neigt dazu, Fremdes nachzuahmen und zu verherrlichen. Im Extremfall führt das zur Unfähigkeit, kulturelle Identität zu finden. Die Konstellationen derartiger psycho-kultureller Streßsituationen sind vielschichtig: Unter kolonialen Herrschaftsbedingungen war die Folge für einen Teil der Bevölkerung kulturelle

Entwurzelung; ähnlich sind sie in unserer Zeit im Umfeld technologischer und wirtschaftlicher Vormachtstellung der Industrienationen in den Ländern der Dritten Welt wieder gegeben.

Im Zeitalter der Elektronik und einem zunehmend engmaschiger werdenden Kommunikationsnetz wachsen die meisten Jugendlichen in einer Welt heran, deren Erfahrungen ihre Eltern niemals machten noch machen werden; infolgedessen werden die älteren Generationen die eigenen Kulturmuster in der Generation ihrer Kinder nicht wiederholt sehen.

Wir befinden uns in einem Übergangsstadium zur *präfigurativ* Kultur, in der die ältere Generation von der jungen Generation lernt.

In der Soziologie wird die Notwendigkeit des Erlernens ständiger Neuanpassung als gesellschaftliche Dynamik in permanent mobilen Kulturen bezeichnet.

Theoretische Überlegungen zum Ablauf kultureller Prozesse sind wichtig, weil sie Zusammenhänge erhellen und damit ermöglichen, auf Wandlungserscheinungen zu reagieren, in erster Linie auf der Grundlage der eigenen Kultur. Im Hinblick auf die Veränderung kultureller Umstände, deren Grad, Form, Zeitmaße und Erscheinungsformen sehr unterschiedlich sein können, sind zwei Dinge zu beachten. Denkmodelle lassen sich niemals direkt auf die Praxis übertragen; die Variationsbereiche der real gegebenen Situationen sind zu breit gefächert und zu vielfältig; dazu kommt die notwendige Analyse und Berücksichtigung aller beteiligten Faktoren. Es darf jedoch zu keinem Zeitpunkt und unter keinen Umständen vergessen werden, daß es um Menschen geht: Der Mensch muß im Mittelpunkt allen Geschehens bleiben, was in besonderem Maße für geplanten und gelenkten Kulturwandel gilt.

Als *Kulturwandel* wird jeder umfassende Prozeß definiert, dessen kulturelle Veränderungen entscheidende Auswirkung auf Struktur und Funktionieren des betreffenden Sozialgebildes haben.

Kulturwandel kann durch Umweltbedingungen oder menschliches Handeln verursacht werden; er kann spontan einsetzen oder geplant und systematisch gesteuert erfolgen. Der Anstoß dazu kann aus der eignen Kultur kommen oder aber durch Kontakte zu anderen Kulturen ausgelöst werden. Auf dieser Ebene unterscheidet man zwischen endogenem (intra-kulturellem) und exogenem (inter-kulturellem) Wandel.

Die Veränderungen kultureller Formen oder Neuerungen, die bisher Bestehendes ersetzen (sollen), können sich auf Wertvorstellungen beziehen, auf Ausdrucksformen künstlerischen Schaffens, auf Methoden und/oder Einrichtungen der Erziehung und Ausbildung, auf Wirtschaft und Technologie, auf Produktionsgüter oder Fertigungsfähigkeiten; der Wandel kann sich auf eine nur teilweise Veränderung überlieferter Verhaltensmuster beschränken oder Art und Bereiche zwischenmenschlicher Beziehungen insgesamt erfassen, die allgemeine Gesellschaftsordnung einschließlich der Bedeutung ihrer grundlegenden Elemente, wie z. B. Familie, Sippe usw.

Die Neuerungen können für die betroffene Kultur Bereicherung oder Schrumpfung, Wachstum oder Verarmung bedeuten. Beide Aspekte können innerhalb eines Kulturwandelprozesses gleichsam nebeneinander herlaufen; die Übernahme industrieller Fertigungsmethoden ist als „Bereicherung" und Wachstum in dem Sinne zu verstehen, daß etwas hinzugelernt wird, neue Möglichkeiten eröffnet werden. Andererseits ist damit wahrscheinlich ein Rückgang des Handwerks und der Verfall handwerklicher Fertigkeiten verbunden, was entschieden als kulturelle Verarmung zu sehen ist.

Neuerungen realisieren sich historisch nur dann, wenn sie von den Angehörigen der betreffenden Kultur mehrheitlich akzeptiert werden. Das gilt sowohl für Neuschöpfung innerhalb einer Kultur als auch für Veränderungen, die aus Fremdeinflüssen resultieren. Die gesellschaftliche Annahme einer Neuerung hängt nicht notwendigerweise von ihrer sachlichen, objektiven Zweckmäßigkeit ab, (die überdies in den seltensten Fällen konkret erkennbar ist,) sondern beruht in viel stärkerem Maße auf dem Prestige oder der Autorität derer, die sich dafür einsetzen; dabei ist kaum von Bedeutung, ob diejenigen, die eine Neuerung propaieren, deren Schöpfer oder bloße Vermittler sind.

Kultureller Wandel setzt im allgemeinen immer nur in einem Teilbereich der Kultur ein; er bleibt jedoch niemals auf diesen einen Aspekt begrenzt, auf den er sich unmittelbar bezieht. Da Kultur als Ganzheit aufeinander abgestimmter und untereinander verknüpfter Komponenten verstanden wird, bewirkt jede Veränderung kultureller Umstände einen Zustand des Ungleichgewichts innerhalb des Kulturgefüges. Für das reibungslose Funktionieren einer Gesellschaft ist jedoch kulturelle Konsistenz die unbedingte Voraussetzung; das heißt, daß die einzelnen Komponenten, deren Verhältnis zueinander gestört wurde, wieder neu aufeinander abgestimmt werden müssen, um so den ‚inneren Zusammenhang‘ und damit die Stabilität der Kultur wieder herzustellen. Das kann durch Anpassung der vom Wandel nicht unmittelbar erfaßten Komponenten an die Innovationen geschehen oder durch die Rückbindung der Innovationen an die Tradition. Dieser Prozeß, der für die Menschen der betroffenen Gesellschaft meistens sehr schwierig zu bewältigen ist, kann auch die Entscheidung verlangen, zwischen Beibehaltung überlieferter Denk- und/oder Verhaltensweisen und Neuerungen die Wahl zu treffen.

Die gesellschaftliche Annahme und Verbreitung von Innovationen, wobei es sich um Ideen, Technologien oder Verhaltensweisen handeln kann, bezeichnet man als *Diffusion*. Intrakulturelle Diffusion vollzieht sich als Zeitprozeß, der tendenziell Weiterbestand beinhaltet; interkulturelle Diffusion ist räumliche Verbreitung von Neuerungen aufgrund von Fremdeinfluß und führt in der aufnehmenden Kultur zu Wandlungsprozessen.

Wenn Änderungen, die auf direkten Kontakt mit einer fremden Kultur und deren Einflußnahmen zurückgehen, in zunehmendem Maße zu Ähnlichkeit beider Kulturen führen, spricht man von *Akkulturation*. Interkulturelle Diffusion kann auch als ein Aspekt von Akkulturation gesehen werden, weil als Folgeerscheinung eine Kultur in ihrer Gesamtheit in Bewegung gerät.

Semantisch beinhaltet das Wort Akkulturation eine reziproke Relation zwischen zwei Kulturen. Der Begriff an sich ist wertfrei (wie übrigens auch der Begriff Kulturwandel als solcher). Er hat aber eine Bedeutungseinschränkung erfahren, weil in vielen Fällen die Einflußnahme einseitig ist. Die daraus resultierende Assimilation kann zum Auslöschen der einen betroffenen Kultur führen; andererseits besteht aber auch die Möglichkeit, daß andere Faktoren ins Spiel kommen, die den Anpassungstendenzen bzw. dem Anpassungsdruck entgegenwirken und zu Eigenständigkeit beitragen.

Akkulturation als Bezeichnung für die Veränderung kultureller Umstände in einer bestimmten Richtung wird seit etwa einem Jahrhundert verwendet. Die Geschichte des Begriffs ist von dem wissenschaftlichen Bemühen gekennzeichnet, Akkulturation nicht nur zu erläutern und jene zentralen soziokulturellen Phänomene ausreichend klar zu beschreiben, die aus

Kulturkontakten resultieren, sondern auch präzise zu definieren. Nach langjährigen, sehr kontrovers geführten Diskussionen wurde Übereinstimmung erzielt, Akkulturation als dynamische und komplexe Prozesse zu definieren, die mit Kulturwandel zusammenhängen und durch Kulturkontakte entstehen. Damit wurde jedoch nur bestätigt, was bereits feststand und 1935 von Redfield, Herskovitz und Linton als Repräsentanten der Amerikanischen Anthropologischen Gesellschaft formuliert worden war: „Akkulturation umfaßt alle diejenigen Phänomene, die auftreten, wenn Gruppen von Individuen mit unterschiedlichen Kulturen langfristig miteinander Erstkontakte haben, die dazu führen, daß sich infolgedessen die Kulturmuster der einen Gruppe oder beider Gruppen verändern" (Redfield/Linton/Herskovitz, 1935: 149).

Der amerikanische Ethnologe Powell hatte erstmals (1880) von der „Akkulturationskraft" als „Bedrohungsfaktor für die Traditionen von Millionen Menschen" gesprochen und mit dieser Formulierung eine asymmetrische Beziehung zwischen zwei Kulturen gemeint. Mit diesem Begriffsinhalt wird Akkulturation auch heute wieder verwendet. Akkulturation wird als Ergebnis aus Kulturkontakten von Gruppen unterschiedlicher ‚Stärke' verstanden, wenn die mächtigere (entweder zahlenmäßig größere oder technologisch überlegene) Gruppe ihre eigene Kultur der ‚schwächeren' Gruppe aufzwingt. Unter bestimmten, besonderen Umständen (wie während der Kolonialherrschaft) kann es dazu kommen, daß die dominante, prestigebehaftete Gruppe Maßnahmen ergreift, um den Akkulturationsprozeß zu beschleunigen und durchzusetzen. Dabei erweist sich (wie die Geschichte zeigte) die Einführung des englischen Schulsystems in den Kolonialländern als überaus effektives Instrument.

Jede kulturelle Änderung findet bereits bestehende kulturelle Gegebenheiten vor, und von diesen hängt es ab, wann, in welcher Form, auf welche Weise und ob überhaupt die Neuerungen gesellschaftlich akzeptiert werden, oder ob sie auf Widerstand stoßen. Wie bereits erwähnt, ist in diesem Zusammenhang ein möglicher Nutzen oder der ‚absolute Wert' einer Neuerung keineswegs ausschlaggebend. Bei der Annahme einer Neuerung spielen zwei Faktoren eine Rolle: Sie wird erleichtert, wenn die Neuerung aus einer ‚ähnlichen' Kultur kommt und wenn damit keine wesentliche Auswirkung auf die Gesamtkonfiguration der Kultur verbunden ist; ein neues Werkzeug oder

z. B. die Übernahme des Gebrauchs von Streichhölzern können neue Fertigungsmethoden oder das Entstehen eines neuen Produktionszweiges bewirken und bedeuten kulturellen Wandel, aber damit erfolgt kein tiefgehender Eingriff, der das Funktionieren der Gesellschaft stört. Je ‚fremder' eine Neuerung, desto unwahrscheinlicher ist, daß sie akzeptiert wird; Änderungen, die Wertvorstellungen und gesellschaftliche Normen betreffen, stoßen auf Ablehnung und Widerstand.

Modernisierung ist ein, bevorzugt in der Soziologie der 60er Jahre verwendeter, Begriff für die Beschreibung der spezifischen Art von kulturellem Wandel, wie er in den Ländern der Dritten Welt als Folge einer stark vorangetriebenen Industrialisierung einsetzte. Modernisierung wird als Umstellung einer traditionellen Kultur auf bestimmte Technologien und die damit verbundenen Formen der Gesellschaftsstruktur, Verhaltensnormen, Wertorientierungen und Motivationen definiert. Als ihre wesentlichen Merkmale gelten (wie aus der einschlägigen Literatur zu entnehmen ist) gesellschaftliche Mobilität, Säkularismus, Fortschrittsgläubigkeit von Wissenschaft und Technik, ausgerichtet auf die Verbesserung der materiellen Umstände, Disziplin und Energie im Bereich von Wirtschaft und Politik wie auch die Schaffung komplexer Organisationen, getragen von der Überzeugung, daß Wandel erstrebenswert und machbar ist (Lerner, 1938; McClelland, 1961; Smelser, 1966; Eisenstadt, 1966; Levy, 1966; Weiner, 1966; Chekki, 1973). Die psychologische Einstimmung weiter Bevölkerungskreise auf die verlangte Neuorientierung wird als wichtige Voraussetzung angegeben, wobei die ideologische Ausrichtung einer elitären Gruppe innerhalb der betreffenden Gesellschaft die entscheidende Variable darstellt und den Prozeßverlauf bestimmt. Auf die Verhaltensweisen der betroffenen Individuen projiziert, bedeutet das unter anderem, daß an die Stelle natürlicher Leistungsfreude ein asketisches Erfolgsdenken und -streben tritt, wobei aus der Arbeit gewonnene Befriedigung durch Leistungsdruck vermindert wird; die natürlichen Bindungen von Familie, Sippe, Kaste und gewachsene Nachbarschaft müssen vor funktional bedingten zwischenmenschlichen Beziehungen und neuen Gruppeneinbindungen zurücktreten. Kulturelle Desintegration, Fehlanpassung und Orientierungslosigkeit sind die Folgen.

Der so ablaufende Modernisierungsprozeß unterscheidet sich in seinen Auswirkungen auf den Einzelnen wie auch auf die

Gesellschaft in keiner Weise von den Akkulturationsprozessen in der Periode der Kolonialherrschaft.

Eine spezifische Variante von Kulturwandel liegt in der Gestalt von Prozessen zur Neubelebung, der *Revitalisierung*, einer Kultur vor. Zur Revitalisierung kommt es, wenn Angehörige einer Gruppe ihre Kultur für bedroht halten und Maßnahmen ergreifen, um die der eigenen Kultur innewohnenden Kräfte zu mobilisieren. Diese Erneuerungsbestrebungen werden als beabsichtigte, organisierte und fortgesetzte Anstrengungen der Mitglieder einer Gesellschaft zur Wiedererstarkung ihrer Kultur definiert. Sie entspringen der Ansicht bzw. Erfahrung, daß die eigene Kultur einer Umstrukturierung bedarf, um sich den Herausforderungen durch Fremdeinflüsse erfolgreich widersetzen zu können (s. Wallace, 1956: 785). Die beiden charakteristischen Merkmale dieser Prozesse sind einmal die Tatsache, daß die Neuordnungstendenzen aus der betreffenden Kultur selbst kommen, und zum anderen, daß sie auf die Neukonzeption der Kultur als Ganzheit ausgerichtet sind; es handelt sich hierbei nicht um Änderung nur einzelner Komponentenbereiche. Darin liegt der wesentliche Unterschied zu den klassischen kulturellen Wandlungsprozessen, wie Diffusion und Akkulturation, die nach dem Prinzip des Schneeballsystems ablaufen, indem — wie schon dargelegt — eine in Bewegung geratene Komponente die Notwendigkeit der Anpassung und Abstimmung der anderen Komponenten an die eingetretene Veränderung nach sich zieht.

Kulturelle Erneuerung ist nicht immer und unbedingt eine Reaktion auf Akkulturation und Widerstand gegen Fremdüberlagerung, obwohl das häufig der Fall ist. Sie kann durchaus auch aufgrund von Naturkatastrophen oder Klimaverschiebungen oder sogar aufgrund von kulturinternen Gruppenkonflikten erfolgen bzw. notwendig werden. Derartige kulturbedrohende Umstände erwecken in den Menschen Gefühle der Hilflosigkeit und einer psychologisch bedingten Bereitschaft, sich in ein scheinbar unabänderliches Geschick zu fügen, was schließlich zum Verlust von Selbstvertrauen und Selbstachtung führt. Dem soll die kulturelle Erneuerung entgegenwirken. Die Prozeßabläufe, die unter dem Oberbegriff Kulturerneuerung zusammengefaßt werden, bewegen sich innerhalb eines weiten Variationsbereiches. Wenn sie auf eine Prophezeiung oder Vision zurückgeführt werden können, spricht man von einer messianischen Bewegung. Für das Konzept der sogenannten revivalistischen Erneuerung

(Mooney, 1892) hat vor allem die Wiederbelebung ‚vergessener‘ Kulturmerkmale zentrale Bedeutung; die vitalistische Erneuerungsform läßt Kulturimporte begrenzt zu (Smith, 1954), wohingegen das nativistische Modell (Linton, 1943) prinzipiell und strikt jeden fremden Einfluß ablehnt. Abgesehen von der letzten Version schließen die verschiedenen Aspekte einander nicht aus, sondern kommen häufig zusammen vor. Allen Konzepten liegt das bewußte Bemühen zugrunde, kulturelle Desorientierung und Desintegration zu verhindern.

Bestrebungen der Rückbesinnung auf die eigene Kultur lassen sich derzeit in der einen oder anderen Form in den meisten Ländern der Dritten Welt feststellen und haben dort zu einem gesteigerten Selbstwertgefühl und einer neuen Selbstsicherheit führen können. Das markanteste Beispiel einer nativistischen Kulturerneuerung unserer Zeit dürfte im Iran des Ayatollah Khomeini zu finden sein.

Die Arbeit der Ethnologie wird durch ein reziprokes Verhältnis zwischen Theorie und Praxis bestimmt. Die heute vorliegenden Erkenntnisse über Erscheinungsformen und Funktionieren von Kultur, die Möglichkeiten im Verlauf kultureller Prozesse und über die Faktoren, die diese bewirken und beeinflussen, wurden durch Bestandsaufnahme und Studium vieler unterschiedlicher Kulturen gewonnen. Die Gültigkeit von Hypothesen und Theorien wird ständig in der praktischen Forschungstätigkeit überprüft und ergänzt. Sie bilden die Grundlage für die Erhellung kultureller Phänomene bei den gegenwärtig weltweit ablaufenden Entwicklungsprozessen.

„... theories change with ob-
served facts, and observation
of facts changes into and with
theories"

S. F. Nadel, 1951

2. Themen – Thesen – Theorien

2.0 Richtungen und ,Schulen' der Ethnologie

Beginn und Wachstum einer Wissenschaft lassen sich im allgemeinen an der Aufgabenstellung, die sie sich setzt und an der
Vielfalt von Hypothesen, Theorien und Methoden, die ihre Forschungsarbeit bestimmen, ablesen.

Für die Ethnologie trifft das nur bedingt zu. Die Verschiedenheit menschlicher Verhaltensmuster war seit Herodot bekannt, und die Beschäftigung mit fremden Völkern hat eine lange Tradition, die im Laufe der Jahrhunderte neben zahlreichen
Beschreibungen außereuropäischer Kulturen auch – und zum
Teil sehr bemerkenswerte – Hypothesen zur Erklärung kultureller Phänomene hervorbrachte, die dem Gesamtkomplex Ethnologie zuzuordnen sind.

Das Spektrum der Vorstellungen über die Ursachen der Unterschiedlichkeit von „Sitten", „Gebräuchen" bzw. „Traditionen" als Merkmale der für die einzelnen Gruppen charakteristischen Daseinsgestaltung reichte von Umweltfaktoren und Klima über geistige Veranlagung und die Annahme, daß „Fortschritt" auf Naturgesetzen beruhe, bis hin zu Hypothesen, die
kulturelle Verhaltens- und Einstellungsmuster als an „Rasse" gebundene, d. h. biologisch vererbbare Merkmale ansehen, womit
sich die Hierarchie von Rassen und Kulturen als festgeschriebe-
ne und unabänderliche Ordnung darstellen ließ, um bestimmte
Ideologien und/oder Diskriminierungen zu rechtfertigen.

Als Wissenschaft konnte die Ethnologie ihr Eigenverständnis erst formulieren, als mit der allgemein akzeptierten Defini-

tion des Kulturbegriffs (Tylor, 1871) die konkrete Grundlage des Forschungsgegenstandes und die Voraussetzung für eine systematische Forschungsarbeit gegeben waren.

Die Bezeichnungen „Völkerkunde", „Ethnographie" und „Ethnologie" waren bereits ein Jahrhundert gebräuchlich, bevor sich dieser Forschungsbereich als eigenständige Fachrichtung an den Universitäten etablieren konnte; Adolf Bastian wurde 1869 der erste Dozent für Völkerkunde in Berlin. In England setzte E. B. Tylor die Anerkennung der „Wissenschaft der Kultur" durch; 1896 wurde er erster Professor dieser Disziplin an der Universität Oxford, nachdem er seit 1884 Vorlesungen in „anthropology" gehalten hatte. In den USA wurde 1888 der erste Lehrstuhl für den sehr breit angelegten Bereich „anthropology" eingerichtet, dessen erster Dozent (und späterer Professor) F. Boas war.

Die Theorienbildung der Ethnologie beruht auf gesammeltem Fakten- bzw. Datenmaterial, das aus bereits vorliegenden Berichten/Arbeiten stammen kann oder aber auf direktem Wege durch „Feldforschung" beschafft wird; als Wissenschaft sucht sie nach Erklärungen für sowohl bestimmte Einzelaspekte als auch grundsätzliche Zusammenhänge und Prozeßabläufe des kulturellen Geschehens.

Für die ab dem 19. Jahrhundert entstandenen Denkansätze wie die daraus entwickelten Theorien und Methoden der Ethnologie lassen sich weder in ihrer zeitlichen Dimension und Auswirkung, noch in Bezug auf die Schwerpunktsetzung der einzelnen Wissenschaftler deutliche Abgrenzungen festlegen. Die Übergänge sind fließend, und nicht alle Konzepte fanden zu ihrer Entstehungszeit Beachtung oder Anhänger; bisweilen wurden sie erst später wieder aufgegriffen und setzten sich dann aufgrund neuer Erkenntnisse durch.

2.1 Kulturelle Evolution

Der Begriff der kulturellen Evolution lieferte das erste Prinzip, das die in der Ethnologie fruchtbaren Ideen systematisierte. *Die* Evolutionstheorie, eine für alle Konzepte gleichermaßen gültige Grundauffassung, existiert nicht.

Vorstellungen, die Unterschiedlichkeit der Kulturen mit Veränderungen zu erklären, die sich nach bestimmten Ablaufmustern vollziehen und in einer bestimmten Richtung bewegen sowie Klassifizierungen von Kulturen aufgrund bestimmter Kriterien, ziehen sich wie ein roter Faden furch die gesamte Vorgeschichte der Ethnologie und wurden im 19. Jahrhundert zum beherrschenden Forschungsansatz. Das Konzept der kulturellen Evolution wird auch heute noch (oder wieder) von vielen Ethnologen vertreten.

Trotz seiner Bedeutung existiert keine klare, allgemein akzeptierte Definition des Evolutionsbegriffs, und die unterschiedliche Begriffsauslegung bedingt die große Vielfalt von Evolutionstheorien. Definitorische Übereinstimmung herrscht nur darüber, daß es sich um (gesetzmäßige) Veränderungen kultureller Umstände handelt, die zielgerichtet sind.

Für die Theorienbildung im allgemeinen scheint es weniger bedeutsam gewesen zu sein, ob die Veränderung als Vervollkommnung, Wachstum, Entwicklung oder Verfall konzipiert wird; entscheidend sind die Fragen, warum Veränderungsprozesse stattfinden, welche Faktoren dafür verantwortlich sind und welche inneren Zusammenhänge bestehen.

Die Aussagen dazu sind teilweise in den vorliegenden Definitionen enthalten, wie z. B. bei J. M. de Condorcet (1743–94), der „... die aufeinanderfolgenden Veränderungen der menschlichen Gesellschaft, den Einfluß, den jedes Geschehen einer Zeit auf das der nachfolgenden ausübt", darlegen wollte und „damit das Vorankommen der menschlichen Art anhand sukzessiver Modifikationen ..." (de Condorcet, 1795); so ehrgeizig er das Konzept formuliert hatte, so wenig brauchbar war sein kulturhistorisch angelegtes Fortschrittsmodell, in dem die außereuropäischen Kulturen völlig unberücksichtigt blieben. Allenfalls die ersten drei der (insgesamt zehn) genannten Entwicklungsstadien (Jagen/Fischen, Herdenwesen, Ackerbau) könnten als auf die ganze Menschheit bezogen gelten.

Unter den klassischen Evolutionisten definierte nur H. Spencer (1820–1903) den Begriff der kulturellen Evolution als „... die Veränderung von einem Zustand relativ unbestimmter inkohärenter Gleichartigkeit in einen Zustand relativ definitiv, kohärenter Hetorogenität ..." durch ständige (continuous) Prozesse von Wachstum, Differenzierung, Integration und Transformation nach dem „Gesetz der Evolution". Diese Definition wurde von R. L. Carneiro als die brauchbarste übernommen (Carneiro, 1973: 89–110). Er sprach von „sukzessiven" (nicht „continuous")

Differenzierungen und Integrationen, um stärker zu verdeutlichen, daß es sich um eine Aufeinanderfolge handelt, das „*Fortschreiten* vom Einfachen zum Komplexen" (Spencer).

Die große Unterschiedlichkeit der Evolutionstheorien macht es fast unmöglich, sie nach bestimmten Aspekten zu ordnen. Stark verallgemeinernd kann man zwischen Denkmodellen unterscheiden, die Evolution als ein mehr oder weniger starres Ordnungsschema aufeinanderfolgender stereotyper Stufen verstehen („Wildheit", „Barbarei", „Zivilisation"), wonach jede Gesellschaft/Kultur dieselben Stadien durchläuft und solchen Theorien, die kulturelle Evolution als Prozeßkontinuum konzipieren, das eine „mögliche", wenngleich „ideale" Entwicklungsabfolge darstellt, deren „Tendenz" in eine gemeinsame Richtung weise, deren einzelne Prozesse aber keineswegs notwendigerweise übereinstimmend verliefen, da Evolution viele verschiedene Wege nehmen kann (vgl. Tylor, E. B., 1881, Ausg. 1958, I: 6, 7).

Da bei den meisten der zahlreichen, aber heute im wesentlichen bedeutungslos gewordenen, vorklassischen evolutionistischen Denkmodellen[8] die Stufenaufeinanderabfolge im Vordergrund der Überlegungen stand, stellt sich die Frage, nach welchen Kriterien die Einteilung erfolgte.

Die Anzahl der festgelegten Stufen war unterschiedlich, orientierte sich aber im allgemeinen an Vorstellungen über Entstehen und Differenzierung von Gesellschaft im Sinne organisierten Zusammenlebens und an Wirtschaftsformen[9]; in einigen wenigen Fällen an historischem Geschehen.

Für die klassischen Evolutionisten spielten schematische Festlegungen allgemeiner Entwicklungsstufen bzw. -phasen nur eine untergeordnete Rolle, mit Ausnahme von L. H. Morgan

---

8 Eine Ausnahme bildet das von dem spanischen Sozialreformer Jean L. Vives (1492−1540) ausgearbeitete Konzept, in dem sich zu diesem frühen Zeitpunkt bereits einige für die Evolutionstheorien des 19. Jahrhundert charakteristische Punkte andeuten.

9 Auffallend sind Denkansätze, deren Stufenschemata von ‚in einer Periode vorherrschenden und diese kennzeichnenden' Gesinnungsrichtungen ausgehen: „Religion", „Kriegswesen" und „Erfindergeist" (J. Bodin, 1530−96) und auf dieser Grundlage „Zeitalter" der „Götter", „Helden" und „Menschen" als sich wiederholenden Entwicklungszyklus (G. Vico 1668−1744) verstehen.

(1818–81), für den ein Ordnungsschema, in dem er alle bekannten Kulturen erfassen konnte, wichtig war.[10] Die Kriterien für die Festlegung seiner (insgesamt sieben) Stadien orientierten sich erstmals an Erzeugnissen der materiellen Kultur („Werkzeuge" im Verhältnis zur Wirtschaftsform), denen er als „Basis" alle anderen Kulturmerkmale nachordnete. Damit bot sich Marx und Engels ein sehr nützliches Konzept zur Untermauerung des historischen Materialismus an.[11]

Das Prinzip der Kooperation spielte in Spencers Evolutionsmodell eine grundlegende Rolle und bestimmte die daraus abgeleitete generalisierende Klassifizierung von Sozialgebilden in vorwiegend „militante" (frühe) Gesellschaftsformen, deren Zusammenarbeit sich auf das zum Überleben unbedingt erforderliche Maß beschränkt und daher zwangsläufig obligatorisch ist, und in „industrielle" Gesellschaften, die auf freiwilliger (vertraglich geregelter) Kooperation beruhen und durch Dezentralisierung gekennzeichnet sind.

Spencer wich von der Vorstellung ab, daß Evolution im Sinne eines kontinuierlichen Fortschreitens vom „Primitiven" zum „Hochentwickelten" eine der Kultur inhärente Tendenz sei. Er konzipierte Evolution als System (nicht nur Aufeinanderfolge) von Veränderungen, das durch „Zusammenwirken innerer und äußerer Kräfte" bestimmt wird und nie stabil ist: „The changes in the parts are muturally determined, and the changed actions of the parts are mutually dependent" (The Principles of Sociology (3 Bde.), 1876, 1882, 1896). Demzufolge müssen einzelne ethnographische Daten in ihrer Bedingtheit zueinander gesehen werden. Die Frage, ob die unaufhörlichen Veränderungen „Fortschritt" oder „Rückschritt" bedeuten, wird zweitrangig; Evolution ist wertfrei. Die Fragestellung mußte anders lauten; nämlich welche Kräfte und/oder Faktoren Evolution bewirken. Dieser Aspekt hatte in einigen vorklassischen Denkansätzen Beachtung gefunden, wobei die jeweiligen Vorstellungen in starkem Maße von der Auslegung des Evolutionsbegriffes abhängig erscheinen.

10 1877, Ancient Society, Researches in the Lines of Human Progress from Savagery through Barbarism to Civilization.
11 Engels, F., 1884, The Origin of the Family, Private Property and the State, in the Light of the Researches of Lewis H. Morgan.

Für die Denker des 18. Jahrhunderts war kulturelle Entfaltung, das Erreichen immer höherer Stufen der kulturellen Entwicklung gleichbedeutend mit dem heute sehr kontrovers diskutierten Fortschrittsbegriff oder auch mit Wachstum. Wenn Condorcet (1795) „Fortschritt" als eine aus sich selbst wirkende Kraft verstand, die unabhängig von Vernunft oder Unvernunft, die Menschheit in die „richtige" Richtung lenkt, so drückt er sinngemäß dasselbe aus, das G. Vico (1725) etwas verschwommen als „Vorsehung" und später W. F. Hegel (1770—1831) als „Weltgeist" definierte: Die der Geschichte innewohnende und diese bewirkende Kraft als prinzipielle Anlage zur Fortschritt in einer vorgegebenen Richtung (zu einer immer größeren, sehr spezifisch interpretierten „Freiheit" durch „Vernunft"). Die Gesetzmäßigkeit der kulturellen Veränderungsprozesse erklärte er diealektisch: Jedem Geschehen, jedem Komplex (= „These") stellt sich das Gegenteil (die „Antithese") entgegen; der Konflikt löst sich in einer „Synthese" auf, die sowohl die Elemente der „These" als auch der „Antithese" enthält und zu einer höheren Ebene der Kultur führt, auf der die „Synthese" zur neuen „These" wird und die Konfliktprozesse niemals abreißen läßt. Nach jahrhundertelang vorherrschenden ethnozentrischen Grundeinstellungen, die unter anderem die „Unfähigkeit des primitiven Verstandes" zu „Fortschritt" als Tatsache angesehen hatten, begann sich im 18. Jahrhundert eine Tendenzwende abzuzeichnen: Die Erkenntnis, daß der Mensch immer ein denkendes Wesen war und ist, dessen intellektuelle Möglichkeiten sich nur innerhalb des „eigenen sozio-kulturellen Rahmen bewegen könnten" (Turgot 1721—81). Konkret formuliert wurde die Aussage jedoch erst ein Jahrhundert später in der Theorie der „psychischen Einheit der Menschheit" (Waitz, 1821—64), die die grundsätzlich gleiche geistige Veranlagung aller Völker postulierte (Waitz, 1859—72, 6. Bd.). Demnach kann unterschiedlicher „Fortschritt" nicht mit einer hypothetischen geistigen Unterlegenheit der Naturvölker gegenüber den sogenannten zivilisierten Völkern erklärt werden, sondern durch spezifische historische und gesellschaftliche Sachverhalte. Fortschritt ist nicht die Triebkraft der Evolution, sondern ihr Ergebnis. Er wird durch die Interaktion mehrerer Faktoren, wie Umwelt, Kulturkontakte und Erfindungen, bewirkt. Dieser letzte Aspekt ist eng mit der oft und kontrovers diskutierten Frage verbunden, ob und welche Kausalzusammenhänge zwischen „großen Männern" und ihrer Gesellschaft bestehen.

Für Waitz war aufgrund der innerhalb jeder Gruppe bestehenden geistigen Unterschiede ('die jedoch keine Parallelen in Bezug auf Gruppen als Ganzes hatten') die Möglichkeit, „große Männer" hervorzubringen und damit kulturelle Veränderungen einzuleiten, potentiell überall gegeben. Er sah aber in der „Isolation" einzelner Gruppen einen wesentlichen, den Fortschritt hemmenden Faktor, der insofern wirksam wurde, als dadurch Kulturkontakte und somit Innovationen bzw. Denkanstöße praktisch ausgeschaltet wurden. Dieser Auffassung gemäß hatte der (von Turgot explizit angesprochene) Aspekt, wonach in kleinen, isoliert lebenden Gruppen, relativ einfachen und homogenen Gesellschaften, Neuerungen weder besonders gefördert würden, noch leicht durchsetzbar seien, nur zweitrangige Bedeutung.

Ähnlich lautende Feststellungen zu den Phänomenen Innovation und „große Männer" finden sich zwar auch in den klassischen Evolutionskonzepten, doch die jeweiligen Aussagen sind in sehr spezifischer Weise an die einzelnen Denkmodelle gebunden. „... Eine große Anzahl von Völkern verabscheut das, was in der Sprache des Westens als Reform bezeichnet würde (.) ... Dem Faktum, daß der Enthusiasmus für Veränderung relativ selten ist, muß die Tatsache hinzugefügt werden, daß es ein außerordentlich modernes Phänomen und nur einem kleinen Teil der Menschheit bekannt ist ..." (Maine, 1890: 123—134). So ist auch der tiefe Gegensatz zur Idee der psychischen Einheit der Menschheit, enthalten in Spencers Aussage (in 'Social Organism'), nicht „große Persönlichkeiten" formten ihre jeweilige Gesellschaft, sondern in Wahrheit seien „große Männer die Produkte ihrer Gesellchaft", nur im Kontext der spezifischen theoretischen Konstellation seines Denkansatzes zu erkennen. Er sah in der Unfähigkeit zu verallgemeinern und in einer starken Tendenz zur Nachahmung Merkmale des primitiven Intellekts. Das Entstehen grundlegender Vorstellungen führte er auf das Zusammenwirken des primitiven Verstandes und primitiver Emotionen zurück. Spencer wird vorgeworfen, die innere Kompliziertheit „einfacher" Kulturen unterschätzt zu haben, und es sei auch falsch anzunehmen, höher entwickelte Gesellschaften wären auch höher integriert (Mühlmann, 1968: 110).

Tylor ging von der grundsätzlichen Gleichartigkeit des menschlichen Verstandes („psychic unity of mankind") aus, die als Triebkraft der Evolution wirkt; daher waren für ihn die Unterschiede der Kulturen „those of development rather than of origin, rather of degree than of kind" (Tylor, E. B., 1865: 232, Aufl. 1964). Da der menschliche Geist unter den gleichen Gegebenheiten auch das Gleiche tut, sind alle Völker gleichermaßen zu „Fortschritt" befähigt; sie entwickeln sich in ähnlicher, letztlich in die gleiche Richtung führender Weise. So erklärte er das Auftreten vergleichbarer Kulturmerkmale in verschiedenen, räumlich und zeitlich getrennten Ethnien.

In dem Bestreben, die „Einheit der Menschheit", den direkten Zusammenhang zwischen früheren und späteren Entwicklungsstufen aufzuzeigen, entstanden einige wichtige Arbeiten über Frühstadien einzelner − für die Formen des organisierten Zusammenlebens charakteristischer − Institutionen: J. J. Bachofen − ,Das Mutterrecht' (1861), Rechtswesen in dem Werk ,Ancient Law' (1861) von J. S. Maine, und Heirat im weiten Sinn in ,Primitive Marriage' (1865) von J. F. McLennan; Verwandschaftsbeziehungen (-bezeichnungen) wurden erstmals ausführlich von Morgan behandelt: ,Systems of Consanguinity and Affinity of the Human Family' (1870).

Die Vertreter der klassischen Evolutionstheorien (Spencer, Tylor und Frazer) sahen im Konzept der kulturellen Evolution das geeignete Denkmodell, das sowohl die Verschiedenheit der Kulturen ausreichend erklären konnte als auch deren Entwicklungswege aufzeigte. Der Verlauf der allgemeinen Evolution wurde anhand von Rekonstruktionen einzelner kultureller Merkmale und Institutionen dargelegt. Tylors ausführlichste Arbeit war die diesbezügliche Untersuchung des Phänomens Religion (1871, Bd. 2).

Sie ist das Musterbeispiel einer auf dem Evolutionskonzept basierenden Rekonstruktion, die gleichzeitig eine umfassende Theorie über den Ursprung aller religiösen Systeme aus einer gemeinsamen Wurzel, den Glauben an Geisterwesen (Animismus), beinhaltet.

Im Hinblick auf den Komplex kulturelle Evolution meinen einige Ethnologen, daß der wesentliche Anstoß für ihre Disziplin von der Biologie ausgegangen sei; in diesem Zusammenhang sollte erwähnt werden, daß Spencer es war, der dem Terminus „Evolution" popularisierte (1857). Außerdem war zu dem Zeitpunkt, als Lamarck und andere Naturwissenschaftler erst begannen, die biologische Evolution für möglich bzw. wahrscheinlich zu halten, das Prinzip der kulturellen Evolution bereits akzeptiert, wenngleich die umfassende, überzeugende Theorie noch fehlte. Tatsächlich kann die Beeinflussung auch umgekehrt gesehen werden: Lamarcks „plastic force" war axiomatisch (Philosophie zoologique, 1809); mit seiner Sehensweise, daß Veränderung von einer inneren Dynamik und deren Reaktion auf die Umwelt stimuliert wird und Evolution daher die Entwicklung eines von Anbeginn vorhandenen Potentials darstelle, das zu seiner Entfaltung nur der richtigen Bedingungen bedürfe („das Lebensprinzip bedeutet endloses Fortschreiten"), bewegte er sich auf der gleichen gedanklichen Ebene wie Saint-Simon und Comte.

Zweifellos stellt die Idee der Evolution eine Grundlage der modernen Anthropologie/Ethnologie dar. Darwins Bedeutung für diese Wissenschaft bleibt umstritten: Mit Recht wird darauf hingewiesen, daß das Konzept der kulturellen Evolution seine eigene (lange), von Darwin und der Biologie unabhängige, Geschichte hat. Als „On the Origin of Species" (Über den Ursprung der Arten) 1859 erschien, lagen bereits Arbeiten von Mc Lennan, Spencer und Morgan vor. Tylor schrieb wahrscheinlich an seinem ersten Buch, das 1861 herauskam. Sie alle sahen, soweit sie sich zu Darwins Ausführungen äußerten, darin nur eine Bestätigung der eigenen Theorien. Weder Tylor, Morgan noch Frazer griff den Aspekt der natürlichen Auslese — den Kernpunkt der Darwinschen Theorie — auf. Die ‚Social Darwinists', die ihre Ideen daraus ableiteten und als deren einflußreichster Denker W. G. Sumner (1840–1910) in den USA gilt, blieben eine intellektuelle Gruppe, die sich zwar vorübergehend als eigenständiger Zweig der Sozialwissenschaften verstand, immer aber außerhalb der Hauptströmungen von Ethnologie und Soziologie existierte; sie wurde von beiden Disziplinen abgelehnt.

Spencer hatte schon vor Darwin vom „survival of the fittest" gesprochen und war mit dieser Formulierung vom „Überleben der Tüchtigen" (im Daseinskampf) dem Prinzip der natürlichen Auslese sehr nahe gekommen. Er aber verstand darunter Anpassung in Richtung auf eine immer größere Komplexität hin, und er hielt grundsätzlich am Konzept der Transformation fest.

Der Denkansatz, der sich hier andeutete, fand Jahrzehnte später Eingang in die Ethnologie und dann dahingehend modifiziert, daß Anpassung an die sich verändernden Umweltgegebenheiten durch „natürliche Auslese" (Darwin) über lange Zeiträume hinweg zu neuen Formen führt. Dieses als „spezifische Evolution" bekannte Erklärungsmuster wird in den sogenannten

„Verzweigungstheorien" vertreten; der andere grundsätzliche (ältere) Ansatz der modernen Evolutionstheoretiker geht auf die „allgemeine Evolution" („Stufentheorien") zurück, wobei Evolution als stetiger Aufstieg zu jeweils höheren Entwicklungsebenen durch wachsende funktionale Differenzierung, Komplexität und Integration verstanden wird.

Hinsichtlich des Entwicklungsverlaufs lassen sich die Evolutionstheorien des 20. Jahrhunderts (Neo-Evolutionismus) schwerpunktmäßig in drei Gruppen ordnen: Als unilineare Evolution wird die von gleichen/ähnlichen Ursprungslagen ausgehende und in eine aufsteigende Richtung laufende Entwicklungslinie bezeichnet, der über eine lange Zeitspanne die Mehrheit der Gesellschaften folgte; multilineare Evolution bezieht sich auf einen Sachverhalt, aufgrund dessen in verschiedenen Verzweigungen letztlich die gleichen, aber in unterschiedlicher Reihenfolge auftretenden Kulturmerkmale anzutreffen sind. Der differenzierten Evolution liegt die Sehensweise von Kultur als System voneinander abhängiger Komponenten zugrunde, wobei Veränderung in einem Bereich notwendigerweise Anpassung/ Wandel der anderen Bereiche der Kultur bedingen. In vergleichbaren Kulturen erreichen die einzelnen Kulturbereiche verschiedene Entwicklungsebenen mit unterschiedlicher Geschwindigkeit. Der Versuch, die Entwicklungsmodelle der Neo-Evolutionisten (L. White, J. Steward, M. Fried, E. Service, M. Sahlins, R. Carneiro) nach Denkansätzen zu ordnen, stößt auf Schwierigkeiten; die Unterschiede liegen im wesentlichen in der unterschiedlichen Akzentuierung spezifischer Aspekte. Es existiert keine einheitliche Sprachregelung: Der Evolutionsbegriff ist bei den einzelnen Wissenschaftlern mit unterschiedlichen Inhalten besetzt, und die erfaßten Sachverhalte werden nicht immer konsequent gegeneinander abgegrenzt.

2.2 Diffusionstheorien — Kulturkreislehre — Kulturhistorische Schule

Der Diffusionismus basiert auf der These, daß Kulturmerkmale („Kulturelemente") übertragen werden, so daß keine logische Entwicklung im Sinne der kulturellen Evolution stattfindet; die Differenzierung der Kulturen erfolgt durch Wanderung und Weitergabe (vgl. Ratzel, 1882, 1891).

Nach der heutigen Sprachregelung versteht man unter Diffusion die Weitergabe/Übernahme von Kulturgütern aus einer Kultur in eine andere als Resultat direkter oder indirekter Kontakte.

Potentiell sind alle Bereiche eines Kultursystems (Sprache, Technologie, soziale Einrichtungen) übertragbar, doch die Übernahme einzelner Aspekte (Alphabet, Kunststil, Anbaumethoden) erfolgt weder automatisch noch mechanisch, sondern ist immer selektiv; mit der Übernahme eines Kulturelementes ist im allgemeinen auch eine Veränderung seiner Form, Verwendung, Bedeutung und Funktion verbunden. Generell besteht größeres Interesse an der Übernahme von Technologien als von gesellschaftlichen Einrichtungen oder Werthaltungen. In der modernen Welt vollziehen sich Diffusionsprozesse aufgrund der Transport- und Kommunikationsmöglichkeiten mit zunehmender Geschwindigkeit.

Bereits im 18. Jahrhundert angestellte Überlegungen, die interkulturellen Kontakten als kulturverändernde Faktoren höheren Stellenwert beimaßen als endogene Innovationen (Turgot), blieben in ihrer Zeit ohne Resonanz. Dieser Fragenkomplex wurde erst ein Jahrhundert später wieder aufgegriffen und bestimmte eine Denkrichtung, die sich als Gegenströmung zum Evolutionismus verstand, eigentlich aber der von einigen Wissenschaftlern vertretenen Grundposition von der psychischen Einheit der Menschheit noch kritischer gegenüberstand.

Einen wesentlichen Anstoß zur Abwendung vom Evolutionismus bzw. zu dessen Ablösung durch den sogenannten Diffusuionismus dürfte die nachdrücklich vertretene Forderung gegeben haben, sich stärker am ethnographischen Material direkt zu orientieren (Spencer, Bastian).

Was die diesbezügliche Theorienbildung des 19. und 20. Jahrhunderts anbelangt, ist auf den (nicht immer beachteten) Unterschied zwischen den Begriffen Diffusion und Migration (Wanderung) hinzuweisen, die sich auf zwei prinzipiell verschiedene Prozesse kulturellen Wandels beziehen. Diffusion bedeutet Übernahme fremder Kulturmerkmale infolge — wie auch immer gearteter — Kulturkontakte. Der Begriff Wanderung impliziert, daß Träger einer Kultur ihre angestammten Gebiete verließen, sich in anderen Regionen niederließen und dort ihr mitgeführtes kulturelles Inventar neuen Bedingungen anpaßten.

Grundsätzlich gibt es drei theoretische Ansätze: die sogenannten extremen Diffusionisten (G. E. Smith, 1872–1937; W. J. Perry, 1887–1949; H. R. Rivers, 1846–1922) gingen davon aus, daß Kultur an einem Ort entstanden war und sich von dort aus sowohl durch Diffusion als auch Migration über die Welt verbreitet habe, wobei einige Gruppen von der „Zivilisation" nicht erreicht worden seien (und „natürliche Menschen" geblieben waren). Auf dieser Denkebene entstand der Heliozentrismus (Smith), wonach alle Kultur vor 6 000 Jahren von Ägypten ausgegangen sei.

Ein spezifisches Merkmal dieses Theorienkomplexes in Bezug auf Verlauf und Implikationen von Diffusion ist der Aspekt des Verfalls, der in seiner radikalsten Form in Feststellungen, wie „transmission of culture is always accompanied by degeneration" und „no art or craft is really enduring" zum Ausdruck gebracht wurde (Perry, 1932; s. a. Rivers, 1912).

Eine wesentliche Schwäche des extremen Diffusionismus ist in dem grundlegenden Erklärungsprinzip zu sehen, das einerseits hypothetisch von nur in geringem Maße vorhandener Kreativität ausging und andererseits allein das Erscheinungsbild kultureller Phänomene und nur auf vagen Ähnlichkeiten beruhende Parallelen als ausreichende Beweise für historische Kontakte und Imitation ansah.

Für die deutsche Kulturkreislehre war Migration das entscheidende Kriterium, während die amerikanische ‚Culture Area'-Schule weitgehend von Diffusion ausging. Beide Denkrichtungen waren kulturhistorisch orientiert und argumentierten wissenschaftlich.

Grundlage und Ausgangspunkt der *Kulturkreislehre* zeichneten sich in den Ausführungen von A. Bastian (1826–1905) ab, der die Idee der kulturellen Evolution verwarf. Im Sinne der psychischen Einheit der Menschheit war er weit mehr an kulturellen Ähnlichkeiten als an Unterscheiden interessiert. Sein Konzept basierte auf dem Prinzip des „Elementargedankens" (einem für die gesamte Menschheit gültigen, grundlegenden Vorstellungskomplex), der sich infolge unterschiedlicher Umweltbedingungen unterschiedlich als spezifisch gearteter „Völkergedanke" ausdrücke. Regionen mit ähnlichen „Völkergedanken" faßte er als „geographische Provinzen" (ähnlich dem späteren ‚Culture Area'-Konzept) zusammen; die Verschiedenheiten innerhalb der einen Klassifizierungsgruppe zugeordneten Kulturen wurden mit der aufgrund von Diffusion und Migration erfolgten Übernahme unterschiedlicher Kulturelemente erklärt.

Das entscheidende Kriterium, das zur Systematisierung des Konzepts führte, war der „Formgedanke" (F. Ratzel, 1884–1904). Er besagte, daß im Hinblick auf vergleichbare Erzeugnisse materieller Kultur nur „qualitative" Parallelen (Stil, Verzierung etc.) beweiskräftige Aussagen über Ursprung und Ausbreitungswege geben könnten; Rückschlüsse auf historische Verbindungen, die sich nur auf äußerliches Aussehen und Verwendungszweck stützten, seien abzulehnen.

Dieser Denkansatz wurde von L. Frobenius (einem Schüler Ratzels) weitergeführt und ausgebaut. Frobenius arbeitete mit „geographischen Statistiken" (zahlenmäßige Erfassung kultureller Ähnlichkeiten innerhalb einer Region), was als „Quantitätskriterium" bezeichnet wird. Er brachte auch den sogenannten „biologischen" Aspekt bzw. das „Entwicklungskriterium" als methodisches Verfahren ein; darunter ist die notwendige Berücksichtigung innerer Veränderungen der durch Wanderung transferierter Kulturkomplexe bzw. der Wegfall kultureller Merkmale im Verlauf von Anpassungsprozessen an neue Umweltbedingungen zu verstehen. Auf diese Weise ließen sich nicht nur Ähnlichkeiten erklären, sondern auch signifikante Unterschiede konnten als (mit der biologischen Anpassung zusammenhängende) Indikatoren historischer Verbindung(en) genutzt werden.

Die Kulturkreislehre ging von „Urkulturen" aus, die sich allmählich ausgeweitet hatten: es sei „die erste und grundlegende Aufgabe der Ethnologie" (Graebner, 1911: 107), diese „Kreise" zu rekonstruieren, was die Berücksichtigung chronologischer Abfolgen erforderte. Die auf dieser Denkebene entstandenen Arbeiten erfaßten Kultur(en) als Ganzheit. Eine Ausnahme bildete das 12-bändige Werk „Der Ursprung der Gottesidee" von W. Schmidt, der (verständlicherweise, da er Geistlicher war) Tylor zu widerlegen versuchte. Er sah in einem bei den meisten „einfachen" Völkern vorgefundenen Glauben an einen „Allvater" (was nicht notwendigerweise Monotheismus bedeute) die Urform von Religion; das Hinzukommen anderer Götter und Geister weise auf eine Verfallstendenz hin. Die Theorie stützte sich auf umfassenden, sorgfältig bearbeitetes ethnographisches Material (Schmidt, 1922–25).

Das zur Erfassung der Urkulturen und ihrer Wanderwege aufgestellte Schema von Primitiv-, Sekundär-, Tertiär-, Rand- und Überschneidungskreisen mit weiteren Unterteilungen brachte keine wesentlichen Erkenntnisse.

Wichtig war jedoch die (von Graebner 1877–1934) hergestellte Verknüpfung des Formgedankens mit dem Quantitätskriterium, wodurch die Kulturkreislehre eine spezifische Perspektive erhielt. Sie gab den Anstoß, eine Methode historisch orientierter völkerkundlicher Forschung zu entwickeln, die es ermöglichen würde, die Vergangenheit zu erfassen und „Ordnung" (im Sinne chronologischer Abläufe) in das ethnographische Material und die in den Museen gesammelten Kulturerzeugnisse zu bringen. Damit war der Übergang zur *Kulturhistorischen Schule* (oder Historischen Völkerkunde) hergestellt, deren systematische Konzeption (1905) von F. Graebner und B. Ankermann begründet und von Schmidt, Koppers u. a. weitergeführt wurde. Ihr Grundgedanke ist, daß Völker, die wechselseitig aufeinander einwirken, gewisse Ähnlichkeiten ihrer Kulturelemente haben, die nachweisbar sind.

Die Problematik dieses kulturhistorischen Ansatzes liegt vor allem in der Überbetonung der äußeren Form und in der atomistischen Auffassung von Kultur als einer bloßen Anhäufung von Elementen (vgl. Girtler, 1979: 29).

Das ‚*Culture Area*'-Konzept (C. Wissler, 1870–1947) unterscheidet sich von der Kulturkreislehre sehr wesentlich im Hinblick auf das Forschungsziel. Es diente nicht als Erklärungsmodell weltweiter Migration noch als Grundlage einer umfassenden kultur-historisch ausgerichteten Theorie, sondern wurde als Erfassungsschema zur Beschreibung und Differenzierung der (nord-)amerikanischen Indianerkulturen herangezogen und blieb auch immer auf diese begrenzt.

Die erste unter diesem Blickwinkel durchgeführte Arbeit brachte als unmittelbares Ergebnis eine Klassifizierung der verschiedenen Gruppen in Bezug auf ihre Wohngebiete (in 10 „culture areas" für Nordamerika, 4 für Südamerika und 1 für die Karibik), die auf einer Auflistung der festgestellten kulturspezifischen Merkmale basierte. Die ursprünglich angenommene Anzahl der „culture areas" reduzierte sich auf acht, nachdem der Einteilung das jeweilige Hauptnahrungsmittel als das den „Kulturkreis" bestimmende Kriterium zugrundegelegt wurde, da es sowohl die Abhängigkeit von den Umweltbedingungen aufzeigte als auch — deutlich erkennbar — Lebensweise und materielle Kultur prägte.[12]

Theoretischer Ausgangspunkt der auf Klassifizierung der indianischen Kulturen ausgerichteten Forschungsarbeit war ein hypothetisches „culture centre", von dem sich durch Diffusion die Kultur ausgebreitet habe; während des Prozeßverlaufes seien „typische" Kulturmerkmale verloren gegangen und andere dazugekommen, was zum Entstehen neuer „culture centres" geführt habe. Auf dieser Denkebene implizierte Diffusion nicht Verfall, sondern Veränderung durch Anpassung kultureller Merkmale an spezifische Bedingungen zur Erhaltung ihrer Funktion.

Man war sich der Schwächen des Denkansatzes durchaus bewußt, der unter anderem durch linguistische Korrelationen (Wissler) mehr widerlegt als bewiesen werden konnte und viele Fragen offen ließ, dennoch glaubte man auf diesem Wege neue Ähnlichkeiten über vorhandene Ähnlichkeiten der einzelnen „culture *areas*" zu gewinnen bzw. sie deutlicher gegeneinander abgrenzen zu können. Daraus resultierte die Forderung (A. L. Kroeber), exaktere Aufstellungen „typischer" Merkmale (trait lists) anzufertigen, wobei „trait" ein bzw. jedes noch „minimal" definierbare Kulturmerkmal meinte. Die definitorische Abgrenzung eines „minimal" erfaßbaren Merkmals war nicht nur schwierig, sondern brachte neue Probleme. Ein Kanu z. B. ist ein Kulturmerkmal; eine genaue Erfassung verlangt jedoch die Einbeziehung und Berücksichtigung anderer Aspekte: verwendetes Material, spezifische Bauweise, Verzierungsstil, wem oblag die Fertigung, ob und welche Rituale damit verbunden waren usw.

Das Diktum: „eine Kultur kann erst erfaßt werden, wenn die Liste ihrer Merkmale annähernd vollständig ist"[13], veranlaßte zahlreiche Feldforscher neue genauere Aufstellungen anzu-

---

12 Z. B. hatten die Indianerstämme, deren Ernährung weitgehend vom Büffel abhing, eine hochentwickelte Lederbe- und -verarbeitungstechnik, kannten aber weder Töpferei noch Korbflechten gegenüber anderen, an der Nordpazifikküste von Fisch und Beerenfrüchten lebenden Gruppen, wo Flechten und Weben dominante Merkmale waren. S. Wissler, 1917: 370—74.

13 „A culture is not to be comprehended until the list of its traits approaches completeness", Wissler, 1923: 51.

fertigen.[14] Diese in mühevoller und langwieriger Arbeit erstellten detaillierten Listen erwiesen sich in keiner Weise als aussagefähig, sondern mitunter sogar als irreführend, da sie aufgrund bloßer Aufzählung einzelner, aus ihrem kulturellen Zusammenhang gerissener Merkmale völlig verschiedener Kulturen nebeneinander stellten und „ähnlich" erscheinen ließen.

Die Versuche, „Kulturkreise" festzulegen, setzten sich dennoch ungefähr ein Jahrzehnt lang nach Erstellung der letzten „trait list" fort.[15]

Die Unzulänglichkeit des Konzepts als Erklärungsmodell für kulturelle Ähnlichkeiten und Unterschiede benachbarter Kulturen wird schon allein an der Uneinigkeit in der Frage, nach welchen Gesichtspunkten „culture areas" zu bestimmen bzw. gegeneinander abzugrenzen seien, und den daraus resultierenden ständigen Umstrukturierungen und Neuordnungen deutlich.

Die Merkmalslisten führten jedoch insofern zu einem besseren Verständnis kultureller Erscheinungsformen, als sie die Aufmerksamkeit auf „Kulturmuster" lenkten, d. h. auf das Auftreten von Merkmalen in Verbindung miteinander als Merkmalskomplexe (trait complexes) in einer gegebenen Kultur. Auf dieser Ebene entstanden einige historisch orientierte Untersuchungen über den inneren Sinngehalt bestimmter Phänomene und deren Verbindung zu anderen kulturellen Institutionen (Spier, 1935; Benedict, 1923; Hallowell, 1926).

Die ‚Culture Area'-Theorie hatte weit mehr Fragen aufgeworfen als gelöst. Eine daraus gewonnene Erkenntnis, daß sich Diffusion weder strahlenartig noch gleichmäßig vollzog, sondern mit unterschiedlicher Geschwindigkeit und möglicherweise nur in einer Richtung wirksam wurde und selektiv war, führte zu

---

14 Gifford und Kroeber erarbeiteten eine Liste von 1 094 Merkmalen für die Pomo und zwei benachbarte Stämme; Steward notierte 4 662 Elemente für Ute und Paiute; in der ersten Liste für Kalifornien (Klimek) waren 430 Merkmale enthalten, Voegelin zählte allein für die Stämme in Nordkalifornien 5 263 Einzelmerkmale, und Ray, der im Norden und Nordwesten arbeitete, kam sogar auf 7 633.

15 Kroeber überarbeitete Wisslers Einteilung und legte sieben „grand areas", 21 „areas" und 63 „sub-areas" für Nord- und Mittelamerika (1939) fest; die von Stout für Südamerika getroffene Klassifizierung in 11 „culture areas" (1938), wurde von Bennet (1949) auf drei reduziert und von Murdock 1951 auf 21 erhöht.

einer intensiven Beschäftigung mit Aspekten, die für die Erfassung von Kulturen wesentlich sind: Interrelationen der einzelnen Merkmale und ihre sozio-kulturellen Funktionen; Mechanismen und Varianten des Wandels; Gründe für Annahme/Ablehnung von Innovationen und fremden Kulturgütern.

2.3 Vom Funktionalismus zum Strukturalismus

Die Theorie des Funktionalismus leitet sich aus ihr zugrundeliegenden spezifischen Kulturkonzeption ab (Malinowski, 1944/60): Kultur ist eine Ganzheit, deren Komponenten in wechselseitiger Beziehung zueinander und Abhängigkeit voneinander stehen; sie ist ein integriertes System von Einstellungen, Handlungen und Gegenständen, die innerhalb des kulturellen Ganzen ,zweckbestimmt' sind. Die menschlichen Handlungen sind zur Erfüllung von für die Gruppe lebenswichtigen Aufgaben zu Institutionen (Familie, Stamm, Gesellschaft, Wirtschaft, Erziehung) organisiert, wonach sich für jede Kultur charakteristische Aspekte unterscheiden lassen: Gesellschaftsorganisation, Wirtschaftssystem, Glaubensvorstellungen, Werthaltungen, Formen des schöpferisch-künstlerischen Ausdrucks. Kultur ist ein instrumenteller Apparat, der die Menschen befähigt, ihre Probleme der Umwelt besser zu bewältigen und ihre Bedürfnisse zu befriedigen.

Innerhalb des kulturellen Ganzen erfüllt jede Institution eine Funktion in Interrelation mit und Interdependenz von den anderen Funktionen. Daraus ergibt sich die zentrale Forderung des Funktionalismus, kulturelle Einzelaspekte immer in ihrem kulturspezifischen Kontext zu sehen: Handlungen, Einstellungen, soziales Verhalten und Institutionen bilden eine Einheit und dürfen nicht isoliert voneinander betrachtet oder analysiert werden.

Im Sinne des Funktionalismus ist — um ein einfaches Beispiel zu nennen, der „shad suck mynsten" — Tanz der Khasi (im indischen Bundesstaat Orissa) nicht nur ein gesellschaftliches Ereignis, zu dem sich die Stammesangehörigen versammeln; als Einrichtung der gemeinsamen „Danksagung" für erlebte Freundschaft und Zusammengehörigkeit besteht seine Funktion in der Stärkung von Gruppensolidarität zur Intensivierung der Stammesintegration.

In diesem Zusammenhang ist die (von Merton, 1910, konzipierte) Unterscheidung zwischen manifesten und latenten Funktionen zu erwähnen: manifeste Funktionen sind beabsichtigte (und auch als solche verstandene) Handlungen zur Stärkung der Kultur (Gruppensolidarität); eine latente Funktion wird weder bewußt empfunden, noch ist sie beachsichtigt.

Konzepte, denen die Interrelation kultureller Institutionen als gesellschaftstheoretisches Erklärungsmuster diente (Herodot, Plato, Aristoteles, Montesquieu, Hobbes, Locke, Comte u. a.), haben eine lange Tradition; an Denkmodellen, deren Analyse von Gesellschaft auf dem (der Biologie entlehnten) Begriff des Organismus (Schäffle) oder dem aus der Naturwissenschaft übernommenen Begriff des Systems (Spencer) basieren, wird eine deutliche Beziehung zur funktionalen Theorie erkennbar. Sie konstitutierte sich jedoch erst mit der expliziten Einbeziehung des methodischen Mittels der Funktion zur Erklärung soziokultureller Phänomene.

Als eine für die ethnologische und soziologische Forschung gleichermaßen wichtige Denkrichtung setzte sich der Funktionalismus zu Beginn des 20. Jahrhunderts durch und blieb für die Ausrichtung der britischen ‚Social Anthropology‘ bestimmend.

Die für den Funktionalismus wirksamen Impulse gingen im wesentlichen von der in Frankreich entstandenen Soziologie aus, deren Bezeichnung, wie auch einige grundlegende Prinzipien, vom Comte stammen, die sich jedoch erst mit E. Durkheim (1885—1917) als selbständige Wissenschaft etablieren konnte. Der Gesellschaftstheorie Durkheims lag das Konzept einer kontinuierlichen Interaktion zwischen Mensch und Gesellschaft zugrunde, deren notwendigen Interrelationen an konkreten, beobachtbaren „gesellschaftlichen Tatsachen" ablesbar werden.

Die Übertragung dieses Grundgedankens auf die ethnologische Forschungstätigkeit verlangt Orientierung an den realen Gegebenheiten einer Kultur, die hinter deren institutionalisierten Symbolen stehen.

Die Konzeption des Funktionalismus in der Ethnologie wurde sehr wesentlich von B. Malinowski (1881—1942) geprägt; er gilt als Begründer der funktionalen Schule, deren spezifischer Ansatz in der Einbeziehung psychologischer Theorien (Pawlow, Wundt, später auch Freud) zu sehen ist (und sich damit von Durkheims Funktionalismus absetzt). „Man darf niemals vergessen, daß es immer Menschen aus Fleisch und Blut sind, die im Mittelpunkt der Institutionen stehen" (zit. n. Kardiner/Preble, 1974: 177).

Da das wissenschaftliche Interesse den gerade in einer Kultur ablaufenden Prozessen gilt, ist aus funktionalistischer Sicht die zentrale Frage, wie eine Institution zum gegenwärtigen Zeitpunkt funktioniert, wie sie die kulturellen und individuellen Bedürfnisse in einer gegebenen Gesellschaft befriedigt und in welcher Beziehung sie zu anderen Institutionen steht. Aspekte, die sich auf Entstehen und Geschichte einer Institution, ihre Form und Verbreitung beziehen, sind nur von untergeordneter Bedeutung.

Das funktionale Prinzip geht von menschlichen Grundbedürfnissen („needs") nach Nahrung, Sicherheit, Erholung, Bewegung, Wachstum und Fortpflanzung aus, zu deren Befriedigung organisiertes, gemeinschaftliches Handeln der Mitglieder einer Gruppe notwendig wird (= „cultural responses"), das — als „Antwort" auf Anpassungsprobleme verstanden — die Schaffung wichtiger kultureller Institutionen (Wirtschaftssystem, Erziehungswesen, Rechtsordnung, Familien-/Verwandschaftsorganisation usw.) bedingt.

Die darüber hinaus vorhandenen „integrativen" oder „synthetischen" Erfordernisse, die sich ebenfalls, wenn auch nur indirekt, auf menschliche Grundbedürfnisse zurückführen lassen, bewirken die Herausbildung der Systeme von Wissenschaft, Religion, Kunst, Magie, Mythologie. Die Fähigkeit des Menschen, Erfahrungen zu sammeln, über diese nachzudenken und sie zu nutzen, zeigen jeder Generation neue Möglichkeiten, aber auch die Begrenztheit von Wissen und Können. So wird Magie als Ersatz für fehlende rationale Systeme zur Überwindung von Angst und Unsicherheit erklärbar; Mythologie dient der Stärkung kultureller Tradition, indem ihr ehrfurchtserweckende Ursprünge beigemessen werden; Religion fördert den Zusammenhalt der Gruppe und das Sicherheitsgefühl des Einzelnen, indem sie durch Dogmen und Rituale den Gesellschaftsverträgen Allgemeingültigkeit gibt. Erkenntnissysteme (Wissenschaft) organisieren und integrieren die menschlichen Tätigkeiten, und Kunst ist als Mittel zur Befriedigung des „Strebens nach Kombinationen von Sinneseindrücken" zu sehen, das sich in der Vermischung von Farben, Tönen oder in Formen niederschlägt und in Bewegungsrhythmen (Tanz) ausgedrückt wird. Funktionalismus ist die „Theorie einer Umwandlung organischer — das heißt individueller – Bedürfnisse in sekundäre kulturelle Forderungen und Erfordernissen. Die Gesellschaft macht den Einzelnen zu einer kulturellen Persönlichkeit, und zwar durch die kollektive Handhabung der Konditionierungsvorgänge" (s. Malinowski, 1939: 938–964).

Die Aufgabe des Ethnologen besteht demnach darin, die spezifischen Funktionen der einzelnen kulturellen Komponenten bzw. Institutionen innerhalb des komplexen Ganzen einer Kultur zu erkennen. Auf dieses Ziel waren die richtungsweisenden Feldstudien Malinowskis ausgerichtet (s. Kapitel 3, Methoden (Feldforschung), S. 99)

Der Aspekt der Struktur wurde in die Theorie des Funktionalismus von R. A. Radcliffe-Brown (1881–1995) aufgenommen (1962a), in den 30er Jahren entwickelte er das Konzept der „Sozialstruktur" („social structure"). Das Begriffsverständnis geht von der Analogie zum Organismus als „Struktur" aus, wobei jeder Teil des Ganzen eine bestimmte Aktivität ausübt, also eine „Funktion" hat. Die Kontinuität der Struktur bleibt durch die Kontinuität des „Funktionieren" erhalten, das heißt, durch das gesellschaftliche Leben. Unter „Sozialstruktur" wird das geordnete System von Komponenten (Personen) verstanden, die miteinander – durch Institutionen als die festgelegten und anerkannten Normen des Verhaltens – in geregelten Beziehungen stehen. In diesem Sinne wird „Funktion" als die gesellschaftlich standardisierte Form der Handlungs- und Denkweise in ihrer Relation zur Sozialstruktur definiert. Demnach sind kulturelle Institutionen notwendige Bedingungen der Existenz („necessary conditions of existence", bzw. nach Talcot Parsons „funktionale Imperative").

Die Kritik am Funktionalismus richtet(e) sich in erster Linie gegen die Konzeption eines „zu statischen" Kulturgefüges („equilibrium model"), das Konflikte und Wandel zu wenig berücksichtige und nicht erkläre.

Zweifellos hat für diese Theorie die innere Ausgewogenheit und Konsistenz der kulturellen Komponenten zentrale Bedeutung als notwendige Voraussetzung, die das „Funktionieren" von Kultur bzw. Gesellschaft gewährleistet, was jedoch das Entstehen von Spannungen oder Konflikten (aufgrund äußerer Einflüsse oder aufgrund von Kräften im System selbst) nicht ausschließt (vgl. Malinowski, 1945).

„Funktionale Inkonsistenz liegt immer dann vor, wenn zwei Aspekte des Gesellschaftssystems einen Konflikt produzieren, der nur durch eine Änderung innerhalb des Systems selbst gelöst werden kann" (Radcliffe-Brown, 1958: 43). Demnach vollzieht sich kultureller Wandel als Reorganisation (Umstrukturierung) des Systemganzen über Rückbindung der in Bewegung geratenen und/oder Neuanpassung der nicht unmittelbar betroffenen Komponenten, bis der „normale" Gleichgewichtszustand innerhalb des Kulturkomplexes wieder hergestellt ist.

Versuche, die Ursachen kultureller Konfliktsituationen zu erklären, bewegten sich anfangs im wesentlichen um den Aspekt möglicher Wahl zwischen Verhaltensalternativen im Hinblick auf Machtausbau und Verbesserung der sozialen Stellung (Leach, 1910) oder persönlicher Leistungsbewertung (R. Firth, 1890–1960). Eine grundlegende andere Erklärung wurde (später) in der möglichen Differenzierung zwischen kulturellen und gesellschaftlichen Aspekten gefunden (Geertz, 1926), die trotz ihrer Interrelation als unabhängige Variable betrachtet werden könnten. Kultur wird als das geordnete System von Sinngehalten, Werten und Symbolen verstanden, an denen sich das menschliche Handeln orientiert, während das „Soziale" eine spezifische Form der Interaktion an sich darstellt; die Individuen definieren ihre Welt und Einstellungen innerhalb des vorgegebenen kulturellen Rahmens, doch die besondere Form ihrer Aktionen und Interaktionen bewegt sich innerhalb des tatsächlichen Netzes gesellschaftlich-menschlicher Beziehungen. Das Verhältnis beider Aspekte kann Konflikte auslösen.

Die Forderung (E. Evans-Pritchard, 1902–1974) nach Berücksichtigung der historischen Perspektive: „Allein Geschichte stellt eine befriedigende experimentelle Situation her, in der die Hypothese der funktionalen Anthropologie geprüft werden kann" (Evans-Pritchard, 1964: 60), stoße im allgemeinen auf Ablehnung. An diesem Punkt setzt im wesentlichen auch die gegenwärtige Kritik an, obwohl die struktural-funktionale Theorie die historische Dimension nicht grundsätzlich ausschließt. Die Verknüpfung von Struktur, Funktion und Wandel in der Zeit ist denkbar als hypothetisches Netz von Variablen, das deren Verschiebungen/Veränderungen in der Formation des Systems („Funktionen"), die Struktur und den „Rückmelde"-Effekt der Variablen auf das System („Funktion in der Zeit") umfaßt.

Wandel im Sinne von Regelmäßigkeiten des historischen Ablaufs und Funktionsveränderungen in Verbindung mit Wertungsrelationen in einem als Prozeß verstandenen Kultursystem läßt nach R. Thurnwald (1869–1954), der als erster Vertreter des Funktionalismus im deutschen Sprachraum anzusehen ist, vom Prinzip der Gegenseitigkeit ab, das in diesem Denkmodell zentralen Stellenwert hat.

Das zugrundegelegte Funktionsverständnis steht der ‚mathematischen' Konzeption, wonach ein sozialer Wert als Funktion eines anderen begriffen werden kann (Marcel Mauss, 1872–1950) näher als der Sehensweise, die von einem mehr oder weniger konstanten Beziehungsverhältnis zwischen den (durch ihren „praktischen" Nutzen gerechtfertigten) Institutionen (Malinowski) ausgeht.

Die Fragestellung Thurnwalds – wie und warum sich Individuen „gesellen" und auf welche Art ihre wechselseitige Beeinflussung zum Entstehen von Institutionen führt –, in der sich ein primär gesellschaftstheoretischer Ansatz ausweist, ist in dem Bestreben begründet, die Einheit von Ethnologie und Soziologie zu fixieren (vgl. Girtler, 1979: 49). Was das Gesamtkonzept anbelangt, so hebt Thurnwald zwar die funktionale Bedeutung der kulturellen Komponenten/Institutionen für das Kulturganze hervor, löst aber andererseits die Gruppe in „Einzelbestandteile" auf, indem er davon ausgeht, daß die „Gegenseitigkeiten" von Einzelmenschen gesetzt werden; darin unterscheidet er sich vom Ganzheitsdenken der struktural-funktionalistischen Richtung (Thurnwald, 1957).

Seiner funktionalistischen Theorie liegt die hypothetische Reduzierbarkeit allen sozialen Lebens auf das „Prinzip der Gegenseitigkeit" zugrunde, das das Funktionieren der Gesellschaft gewährleistet und ihr Halt gibt. Gegenseitigkeit, verstanden als wechselseitige Bedingtheit von Beziehungen, impliziert auf der Ebene von Leistung und Gegenleistung (vergleichbar mit der Reziprozität bei Mauss) dynamische Prozesse oder „Abläufe". In diesem theoretischen System drückt sich die Relevanz der Gegenseitigkeit in „vergesellschaftenden" Funktionen aus, die auf einer Wirkungskette psychologischer Reaktionen beruhen. Dabei werden zwei Kategorien der Gegenseitigkeit unterschieden: (a) Entgelt bzw. Vergeltung und (b) „Verzahnung".

„Gesellung" basiert auf Ergänzung von Tätigkeiten in sowohl einfachen als auch komplexen Formen (Ehe, Staatswesen);

Staffelung/Schichtung innerhalb von „Gesellungseinheiten", die auf der Grundlage von „Entgelt/Vergeltung" funktionieren, resultiert aus besonderer Wertung, die Personen, Familien, Sippen zuteil wird. Das Zusammentreffen von Gesellungseinheiten mit verschiedener Lebensführung bringt deren grundlegende Veränderung als Folge eines entstandenen Wertungskonflikts, woraus „Verzahnung" resultiert (z. B. Schutz gegen Leistung): Damit wird der ursprüngliche Vergesellungsgrund — Verwandtschaft — zerstört, und es entsteht ein Zusammenschluß aufgrund von „Befreundung", die sich auf Gegenleistung stützt. Dadurch wird das wechselseitige Abhängigkeitsverhältnis der so „verzahnten" Personen erhöht und bedingt institutionelle Gebundenheit, die verschiedene Formen annehmen kann.

Der Fortbestand derartiger Institutionen wird in Abhängigkeit vom Gleichgewichtszustand innerhalb des von einer Gruppe getragenen Kultursystems gesehen; er wird im Sinne von Leistung und Gegenleistung aufgrund der herrschenden Wertungen angestrebt.

Zu Störungen des Gleichgewichts führen kulturfremde Einflüsse, wovon gewöhnlich nur einzelne Institutionen betroffen werden (z. B. Polygamie in Zusammenhang mit Christianisierung); auf der anderen Seite können sich in einem geänderten Wertsystem einzelne Institutionen halten, wenn die entsprechenden sozialen Faktoren gleich bleiben; Nichtfunktionieren des ausgewogenen Gegenseitigkeitsprinzips führt demnach zum Untergang der betroffenen Kultur/Gesellschaft. Thurnwald nimmt an, daß gewisse Einrichtungen und Maßnahmen im Laufe der Zeit immer und überall die gleiche Beantwortung erhalten, wenn auch in den verschiedenen Gruppierungen zu verschiedenen Zeiten in unterschiedlichen Rhythmen und Varianten; die in der Abfolge gleiche Tendenz und die Uniformität der Abläufe wird als „gesetzmäßig" angesehen, weil sie psychisch bedingt ist.

Die von der französischen Soziologie (Durkheim, Mauss) ausgegangenen theoretischen Impulse, die den Funktionalismus beeinflussen, gaben auch dem *Strukturalismus* Denkanstöße, der jedoch methodischen Mittel der Linguistik (Phonetik) entlieh, insbesondere der sogenannten Prager Schule (unter Führung von N. Troubetzky und Roman Jacobson), die unter „Struktur" der Sprache ein signifikant spezifisches Beziehungsverhältnis der Laute verstand.

In der Ethnologie wird als *Strukturalismus* eine analytische Forschungsrichtung bezeichnet, die postuliert, daß die beobachtbaren, empirisch erfaßbaren sozio-kulturellen Phänomene nur Ausdrucksformen eines ihnen zugrundeliegenden allgemeingültigen Beziehungsprinzips – der *Struktur* – sind.[16] Ausgehend von der Prämisse des grundsätzlich gleichen Verstandes („brain") aller Menschen und der ihnen inhärenten Fähigkeit, ihre Erfahrungswelt zu ordnen und zu klassifizieren, folgert der Strukturalismus, daß Kulturen/Gesellschaften als Produkt des mentalen Ordnungsschemas zur „äußerlich" unterschiedlich sind, und sich ihr „inneres" Wesen auf prinzipiell gleich strukturierte Denkvorgänge zurückführen läßt.

Aus der zentralen Frage, wie und wo das zu finden ist, das „hinter den Dingen" steht, leitet sich der Forschungsansatz der auf dieser Denkebene angesiedelten Untersuchung ab: Die Suche nach den Regeln, die Denken und Handeln der Menschen strukturierend bestimmen. Ihre „Ordnung" (die sich „nicht auf Psychologie reduzieren läßt") wird im Sinne des Strukturalismus erklärbar, wenn die tieferen Beziehungen, die kulturelle Erscheinungsformen entstehen lassen, richtig verstanden werden. Daher können grundlegende und verallgemeinernde Erkenntnisse über menschliche Denkprozesse und Handlungsmuster nicht durch bloße Vergleiche von Institutionen, Vorstellungen und Gebräuchen und/oder deren Interrelationsschemata gewinnen, sondern nur auf der Ebene der „unbewußten Ordnungen".

Der so konzipierte Strukturbegriff bezieht sich auf die „verborgene" Realität, die vom Menschen nicht als solche erfahren wird, weil sie unbewußt von Kindheit an internalisiert wurde; die „eigentliche Realität" (der von Ethnographen abfragbaren empirischen Daten), wissenschaftlich konstruierten Modell dar. Das „Modell" geht über das Konkrete hinaus, es beruht auf dem Herausfiltern kleinster „essentieller Elemente" (invariabler Einheiten), die in ihrer logischen Relation zueinan-

---

16 Diese spezifische Konzeption des Strukturbegriffs unterscheidet sich wesentlich von dem „Struktur"-Verständnis im Funktionalismus, der Erscheinung und Wesen von Institutionen nicht bewußt trennt und unter „Sozialstruktur" das in einer Kultur gültige (beobachtbare) Interrelations- und Ordnungsschema der funktionalen Beziehungen versteht.

der so angeordnet werden, daß zu erkennen ist, nach welchen „Regeln" das untersuchte Phänomen organisiert ist (Lévi-Strauss, 1964, 66, 68, 72). Aufgrund seines Systemcharakters zieht jede Veränderung eines Elements Veränderungen der übrigen Elemente nach sich, wobei die Bedingungen für Veränderungen auch Regeln unterliegen.

Eine weitere für den Strukturalismus grundlegende Überlegung basiert auf der Annahme, daß mit der menschlichen Fähigkeit, in Kategorien zu denken, auch die Ableitung binärer Unterscheidungen verbunden ist, d. h. einem Begriff seine „Negation" entgegenzusetzen (Leben/Tod) bzw. Kontrastpaare (Mann/Frau, rechts/links) zu bilden, die als „Beziehungsbündel" konstitutive Einheiten darstellen.

In diesem Kontext wurde das Konzept der „kodierten Transformationen" entwickelt, das als zweiten Aspekt einen symbolischen Sinngehalt („meaning") kultureller Verhaltensweisen voraussetzt, der an der Oberfläche nicht erkennbar, von der inneren Struktur bestimmt wird. Derartige kodierte Transformationen lassen sich am Beispiel der „konkreten Wirklichkeit" eines Trobriander-Dorfes verdeutlichen: Der zentrale, geheiligte Ort in der Siedlung ist zugleich derjenige, wo die unverheirateten Männer leben und wo nichtgekochte („rohe") Nahrungsmittel aufbewahrt werden; am Rand des Dorfes kochen die Frauen das Essen. Die Kontrastpaare − Zentrum/Peripherie, Männer/Frauen, roh/gekocht, verheiratet/unverheiratet − weisen nach C. Lévi-Strauss (1908), dem Begründer des Strukturalismus, auf eine grundlegende Strukturdichotomie hin: an der kodierten Transformation werde der Symbolcharakter von Kultur als „umschreibende" Ausdrucksform dichotomer Denkkategorien erkennbar (Lévi-Strauss, 1963; 1966; 1969).

In diesem Gesamtzusammenhang sind auch die von „elementaren" und „komplexen" Strukturen ausgehenden, weiterführenden Überlegungen zu stellen (Charbonier, 1969); sie orientieren sich an der Unterscheidung zwischen Gesellschaftsorganisationen mit „internem" bzw. „externem" Grundgerüst („skeleton"), das jeweils aus einer spezifischen, synchron und diachron konzipierten Status-Verzahnung (persönlich/territorial) resultiert, die ihrerseits für die Art und Weise interpersonaler Beziehungen bestimmend ist. Auf dieser Ebene lassen sich gesellschaftsbezogene Kontrastpaare „ahistorisch" − „historisch", „primitiv" − „modern", „kalt" − „heiß" entwickeln, deren Eigenart anhand einer ebenfalls dichoton konzipierten Definition von Kultur und Gesellschaft erläutert wird.

„Unter Kultur verstehen wir das Verhältnis, das die Mitglieder einer gegebenen Zivilisation zur Außenwelt haben, und mit Gesellschaft meinen wir im besonderen die Beziehungen, die Menschen zueinander haben." (ibid 1969: 40) Der Unterschied zwischen sogenannten „ahistorischen" und „historischen" Gesellschaften wird darin gesehen, daß „primitive" Gesellschaften „von der Substanz der Geschichte umgeben" sind und versuchen, davon „unberührt" zu bleiben, während moderne Gesellschaften „Geschichte sozusagen verinnerlichen und sie in die Triebkraft ihrer Entwicklung verwandeln" (ibid 1969: 39).

Bei Anwendung des Paradigmas auf das jeweilige Wirtschaftssystem zeigt sich der Strukturunterschied darin, daß primitive Gesellschaften (mit Elementarstruktur) verschiedene Dinge produzieren, weil die ‚Gesellschaft' des Austausches bedarf (Chagnon, 1968), aber umgekehrt in Zivilisationen die Menschen „austauschen müssen", weil sie verschiedene „Dinge" (Getreide, Werkzeuge, Land, Maschinen, Wissen, Macht) besitzen. Das Austauschverhältnis wird durch (gruppenhafte oder individuelle) Beziehungen zu den „Dingen" außerhalb von ‚Gesellschaft' bestimmt.

Auf die allegorische Ebene übertragen, werden „primitive" Gesellschaften (verglichen mit dem Uhrwerksmechanismus) als „kalt" bezeichnet, da sie mit einem Minimum an „Unordnung" (im Sinne des der Physik entlehnten Begriffs der Entropie) die Tendenz haben, „unendlich" lange (ohne wesentlichen „Energieaufwand") in ihrem Anfangszustand zu verharren und auf der Basis ihrer („endo-skeletal") Elementarstruktur in einem geschlossenen System „mechanisch" als ‚Gesellschaft' zu funktionieren mit einer entsprechend niedrigen „Ordnungsleistung" als ‚Kultur' im Sinne der hier gültigen definitorischen Abgrenzung zwischen ‚Kultur' und ‚Gesellschaft'. Sie „benutzen ‚Kultur' um ‚Gesellschaft' zu reproduzieren" (Vestergaard, 1981). Demnach artikuliert die „kalte" Gesellschaftsorganisation ihr Verhältnis zur Außenwelt, der Natur, in einer funktionalen Beziehung in der Art, daß ‚Gesellschaft' der „Zweck" und ‚Kultur' das „Mittel" ist. Beziehungen innerhalb der Gesellschaft bestimmen sich wechselseitig; die Beziehungen zu Natur und anderen Außenfaktoren werden als zweitrangig angesehen und dem sozialen Zweck untergeordnet, ‚Gesellschaft' als geschlossenes System zu erhalten: „Primitive Gesellschaft heißt also eine Gesellschaft, der nichts entrinnt, die nichts aus sich herauskommen läßt (.) … Es ist daher eine Gesellschaft, die ständig sich selbst wiederholen soll, ohne daß sie in der ganzen Zeit jemals von irgendetwas betroffen wird" (Clastres, 1977: 180).

Demgegenüber produziert eine „heiße", komplex strukturierte Gesellschaftsorganisation ein hohes Maß an „Unordnung" (soziale Konflikte, Fluktuationen, Klassen usw.), die sie dazu benutzt als ,Kultur' mehr „Ordnung" (im Hinblick auf Mechanisation, „Beherrschung der Natur", „Errungenschaften der Zivilisation") zu schaffen. Als („exo-skeletale") Gesellschaft sind ihre sozialen Beziehungen an statistischen Wahrscheinlichkeiten ausgerichtet; sie besitzt (nicht als ,Gesellschaft', sondern) als ,Kultur' ein „inneres Grundgerüst", d. h. ein geschlossenes Struktursystem der Beziehungen zwischen Gesellschaftseinheiten und „Dingen", das als Mechanismus einer ,kulturellen' Statusverzahnung verstanden werden könnte. So gesehen, besteht hier die funktionale Beziehung zwischen ,Kultur' und ,Gesellschaft' in der Form, daß ,Kultur' der Zweck und ,Gesellschaft' das Mittel ist.

primitive Gesellschaft	Zivilisation
elementare Verwandtschaftsstruktur	komplexe Verwandtschaftsstruktur
primitive Gesellschaft	Zivilisation
elementare Verwandtschaftsstruktur	komplexe Verwandtschaftsstruktur
,Gesellschaft mit innerem Gerüst einer synchronischen und diachronischen Statusverzahnung	,Gesellschaft' mit externem Gerüst von Statusverzahnung auf territorialer Basis
statische Ordnung als ,Gesellschaft'	statistische Fluktuationen als ,Gesellschaft'
,Gesellschaften' versuchen, von Geschichte unberührt zu bleiben	Gesellschaften, die Geschichte verinnerlichen
„kaltes" mechanisches System	„heißes" thermodynamisches System
minimale Entropie/Unordnung als ,Gesellschaft' (+) (−)	hohes Maß an Entropie/Unordnung als ,Gesellschaft'
&	&
wenig Ordnung als (−) (+)	viel Ordnung als ,Kultur'

Umwandlung „kalter" Gesellschaften in „heiße" Gesellschaften

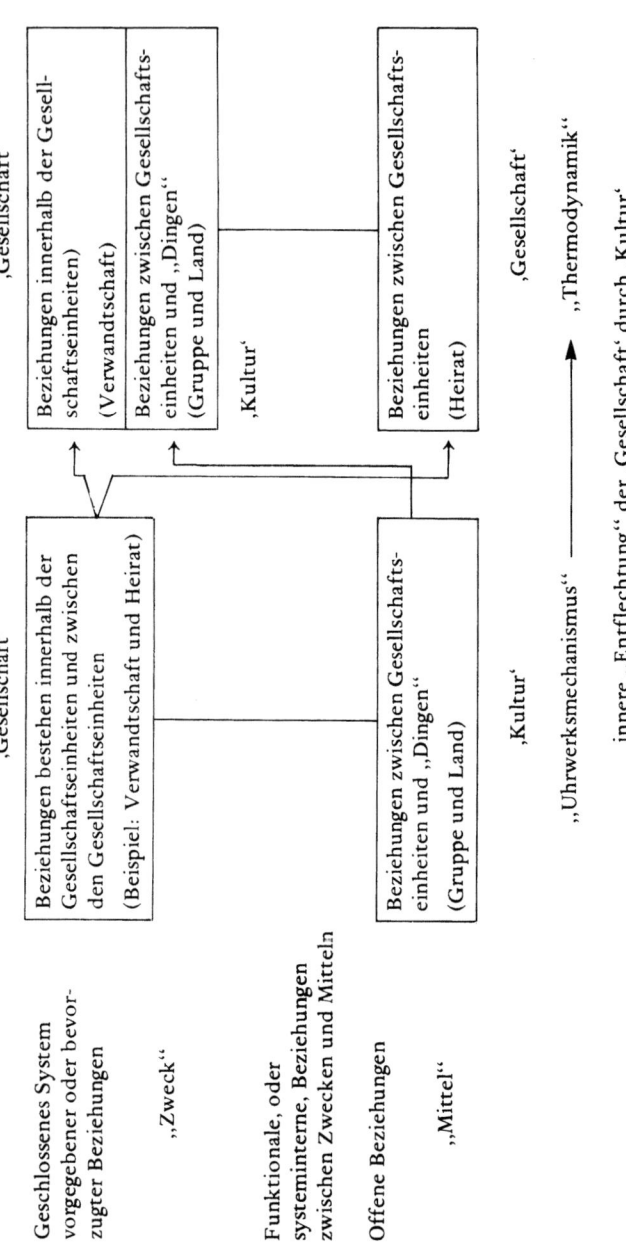

‚Gesellschaft'

	Beziehungen innerhalb der Gesellschaftseinheiten) (Verwandtschaft)
	Beziehungen zwischen Gesellschaftseinheiten und „Dingen" (Gruppe und Land)

Beziehungen bestehen innerhalb der Gesellschaftseinheiten und zwischen den Gesellschaftseinheiten

(Beispiel: Verwandtschaft und Heirat)

Geschlossenes System vorgegebener oder bevorzugter Beziehungen

„Zweck"

Funktionale, oder systeminterne, Beziehungen zwischen Zwecken und Mitteln

‚Kultur'

Offene Beziehungen

Beziehungen zwischen Gesellschaftseinheiten und „Dingen" (Gruppe und Land)

„Mittel"

‚Gesellschaft'

Beziehungen zwischen Gesellschaftseinheiten (Heirat)

‚Kultur'

„Uhrwerksmechanismus"   „Thermodynamik"

innere „Entflechtung" der ‚Gesellschaft' durch ‚Kultur'

Sozio-kultureller Wandel als Gegenstand ethnologischer Forschung ist ein Aspekt, der bislang von den Funktionalisten vernachlässigt wurde.

Eine diesbezügliche Studie (T. A. Vestergaard) geht von einer tabellarischen Gegenüberstellung konstrastierender Arten von ‚Gesellschaft' aus (Vestergaard, 1983: 442/446): Auf dieser Grundlage wird das Denkmodell eines aus strukturalistischer Sicht konzipierten Wandlungsverlaufes von einer statistischen zur dynamischen Gesellschaft graphisch dargestellt (ibid).

Gemeinsam ist den Strukturalisten der verschiedenen Fachrichtungen heute nur die Suche nach kleinsten klassifizierenden Ordnungseinheiten und die strategische Trennung von Form und Inhalt.

Die neueren Studien umfassen ein breit gefächertes Spektrum aller denkbaren Aspekte; es reicht von ethnosemantischen (H. E. Goldberg), ethnosemiotischen (M. Hoppál) und kognitiven (R. Pinxten) Ansätzen auf der Basis von Konfigurationen über Versuche, eine Synthese von Marxismus und Strukturalismus herzustellen (P. Haenen, J. Pouwer, P. van der Grijp), komparative (auf mathematische Regeln fußenden) Analysen von Transformationen struktureller Prinzipien (A. Rosman u. P. G. Rubel), einschließlich in nicht-literaten Traditionen (D. S. Moyer), Arbeiten über methodologische Probleme im Zusammenhang mit Ideologien (M. Godelier), Initiativen zur Verbesserung der analytischen Methoden (J. G. Oosten, I. Rossi, H. G. Nuttini, M. Freilich) bis hin zu unterschiedlichen Strukturkonzepten (M. Oppitz, C. W. Brown).

In diesem Zusammenhang ist die Abhandlung über „Symbolik, Struktur und Dramatik in Chandogya Upanisad 6" (Hiltebeitel, 1983, Die glühende Axt) zu erwähnen, in der eine Triade das Strukturprinzip darstellt; in einer Studie über skandinavische Mythen (Molenaar, 1981) wird ein Konzept von Dyade und Triade als koexistente Strukturprinzipien in zyklischer Veränderung zwischen Leben und Tod entwickelt, deren gegenseitige Transformation auf der Ebene eines konzentrischen Dualismus zu verstehen ist.

Einige amerikanische Strukturalisten folgen der französischen Tradition (Rosman und Rubel), aber insgesamt besteht die Tendenz zu multidisziplinärer Zusammenarbeit im Hinblick auf neue Denkansätze: Linguistik (M. L. Foster), Mathematik (F. El Guindi), Psychologie (R. A. Rubinstein).

In Belgien wird eine Verquickung mit anderen Theorien der Ethnologie erkennbar: mit dem britischen Funktionalismus (R. Devisch) und Ethnoscience (R. Pinxten). In Holland, wo der Strukturalismus Tradition hat, wurde – ausgehend von J. P. B. Josselin de Jong – ein Ansatz entwickelt, der die Verbindung zwischen kognitiven Systemen, der Organisation von Gesellschaft und empirischer Forschung betont. Dieser Gruppe können auch Molenaar und D. Geirnaert-Martin zugeordnet werden.

Zusammenfassend ist festzustellen, daß heute weder hinsichtlich grundlegender Konzepte und Prinzipien, noch über Methoden Übereinstimmung vorhanden ist. Darin liegt eine Schwäche des Strukturalismus.

2.4 Die britische ‚Social Anthropology‘

In formaler Hinsicht besteht die britische Social Anthropology seit 1909, als eine Gruppe von Wissenschaftlern aus Cambridge, London und Oxford gemeinsam eine einheitliche Terminologie und Abgrenzung der seit Beginn des 20. Jahrhunderts sich überschneidenden bzw. parallel laufenden Arbeiten in ‚Ethnology‘ und ‚Anthropology‘ festlegten: „We agreed to use ‚ethnography‘ as the term for descriptive accounts of non-literate peoples. The hypothetical reconstruction of the ‚history‘ of such peoples was accepted as the task of ‚ethnology‘ and prehistoric archaeology. The comparative study of the institutions of primitive societies was accepted as the task of ‚social anthropology‘, and this name as preferred to ‚sociology‘.“[17].

Konstitutiv für Social Anthropology als Fachrichtung war die theoretische Synthese der Konzeptionen von Malinowski

---

17 „Wir vereinbarten, ‚Ethnography‘ als Bezeichnung für beschreibende Arbeiten über schriftlose Völker zu verwenden. Die hypothetische Rekonstruktion der ‚Geschichte‘ solcher Völker wurde als Aufgabe der ‚Ethnologie‘ und prähistorischen Archaeologie akzeptiert. Vergleichende Studien der Institutionen primitiver Gesellschaften wurden als Aufgabe der ‚Social Anthropology‘ akzeptiert, und diese Bezeichnung wurde gegenüber ‚Sociology‘ bevorzugt.“ (Radcliffe-Brown, 1952: 176/77).

und Radcliffe-Brown, die auf den Gemeinsamkeiten ihrer Denkansätze beruht:

– Kultur (Gesellschaft) wird als System verstanden, dessen Komponenten innerhalb der funktionalen Ganzheit in besonderer Weise miteinander in Beziehung stehen;
– Die Tätigkeit der Social Anthropology als Wissenschaft soll sich an der Arbeitsweise der Naturwissenschaften orientieren und auf dem Wege der induktiven Methode versuchen, allgemeingültige Gesetze zu finden;
– Sozio-kulturelle Institutionen sind zweckgerichtet; sie dienen der Befriedigung biologisch und psychologisch bedingter „Bedürfnisse" der Individuen (Malinowski) und gewährleisten den Fortbestand der Gesellschaft (Radcliffe-Brown).
– Feldforschung ist unabdingbare Voraussetzung für das Sammeln von Daten und Fakten.

Die Forschungstätigkeit umfaßt im wesentlichen (vergleichende) Studien schriftloser (unter „primitiven" Bedingungen lebender) Gruppen im Hinblick auf deren Kultur und Gesellschaftssystem, Analysen „einfacher" Verhaltensformen einschließlich der sie bedingenden Vorstelllungen in ihrem jeweiligen sozio-kulturellen Kontext und Untersuchungen von Kulturkontakten.

Gesellschaft wird als System verstanden, in dem menschliche Aktivität, Institutionen und Werte (als Richtschnur der Lebensführung) in spezifischer Form miteinander verbunden und voneinander abhängig sind. Institutionen sind die signifikanten Merkmale jeder Gesellschaft, weil sie als Mittel zur Befriedigung fundamentaler Bedürfnisse eingesetzt werden. Diese lassen sich in drei Kategorien einordnen:

(a) Primärbedürfnisse (primary needs), biologisch, d. h. im menschlichen Organismus begründet sind (Hunger, Geschlechtstrieb, Schwangerschaft, Geburt, Fürsorge für Kinder),
(b) Sekundäre („abgeleitete") Bedürfnisse (derived needs), die sich aus und in der Auseinandersetzung des Menschen mit seiner primären Umwelt, der Natur, ergeben (Nahrungsmittelbeschaffung, Hütten-/Hausbau, Werkzeuge),
(c) Integrierende Bedürfnisse (integrative needs), die mit dem Gruppendasein entstehen und einer Organisationsform bedürfen, die es den Menschen ermöglicht, miteinander zu leben und zu arbeiten (Warenaustausch, Arbeitseinteilung, Wertvorstellungen) (Piddington, 1950).

Ziel der Untersuchung ist, das zur Befriedigung dieser Bedürfnisse geschaffene und für die jeweilige Gesellschaft (Kultur) charakteristische Komponentensystem zu erkennen und dessen funktionale Interdependenzen zu verstehen. Bräuche, Verhaltensweisen und materielle Objekte (Werkzeug, Waffe, Figurinen) können nur als Bestandteil der Institution, zu der sie gehören, begriffen werden. Da Gesellschaft (Kultur) als Ganzheit in allen ihren Aspekten gesehen werden muß, ist es erforderlich, der Feldforschung ein theoretisches Konzept zugrunde zu legen: Demnach muß zuerst ein Überblick über die geographischen Gegebenheiten einschließlich Klima, vorhandene Rohstoffe und Vegetation gewonnen werden, was zu Einsichten in das Wirtschaftssystem (Verteilung von Gütern, Regelung der Zusammenarbeit, Besitzverhältnisse) führt; die weiteren Beobachtungen sind auf die jeweiligen Institutionen ausgerichtet und darauf, wie diese in die Gesellschaftsstruktur eingebaut sind.

Dabei ist Kenntnis der Sprache ein wesentliches Element, sowohl für den notwendigen direkten Kontakt mit den Mitgliedern der zu untersuchenden Kultur, als auch im Hinblick auf deren Mythen und Legenden, da sie Aufschluß über den Ursprung bestehender Institutionen geben können; die, wenn auch begrenzte, Einbeziehung des historischen Aspektes kann als Merkmal der ‚Weiterentwicklung' der britischen Social Anthropology interpretiert werden.[18]

Der wichtigste Teil der Feldforschung besteht darin, die gefundenen Merkmale zu einem organischen Ganzen zu verbinden, das die Wirklichkeit der Gesellschaft wiedergibt und dadurch verständlich macht.

Innerhalb der Social Anthropology zeichnen sich zwei ‚Richtungen' ab: Ein Teil der Social Anthropologists steht prinzipiell in der Tradition Malinowskis und dessen Kulturanalyse, während dieser zu „starre" Funktionalismus von einer anderen Gruppe abgelehnt wird (ausgehend von R. Firth, S. F. Nadel und − in der zweiten Hälfte seiner wissenschaftlichen Laufbahn − auch von Radcliffe-Brown) (Radcliffe-Brown, 1951).

---

18 „. . . if we ask how it is that a society has the social institutions it does have at a particular time, the answer can only be supplied by history." (Radcliffe-Brown, A. R., 1950: 1).

Forschungsgegenstand soll demnach nur das gesellschaftliche Verhalten (social behaviour) sein, wie es sich in den institutionalisierten Formen von Familie, Verwandtschaftssystem, Rechtsnormen, Kulturhandlungen, politischer Organisation u. a. manifestiert, wobei die Konzeption, daß es sich um interdependente Teile eines Systems handelt, als theoretischer Ansatz bestimmend bleibt.

Von Interesse sind vorrangig solche Gesellschaften, die eine direkte Untersuchung und Beobachtung zulassen; das Studium kontemporärer, „primitiver" kulturell homogener Gruppen mit einfacher Sozialstruktur, wobei der historische Aspekt für das Verstehen des gesellschftlichen Lebens durchaus bedeutsam sein kann (Evans-Pritchard, 1951: 60), ist Voraussetzung für die Analyse moderner komplexer Gesellschaften. Social Anthropology könnte (nach Evans-Pritchard) als Zweig der Soziologie gesehen werden, der sich zwar in der Hauptsache mit „primitiven Völkern" beschäftigt, theoretisch aber für alle Gesellschaften zuständig ist.

Die Unterscheidung zwischen Kultur und Gesellschaft ist insofern irrelevant, als die „Wirklichkeit" beschrieben wird, in der beide enthalten sind (Evans-Pritchard, 1951: 3—17). Es sind „zwei verschiedene Sehensweisen in der Betrachtung derselben Sache"[19].

S. F. Nadel (1903—1953), dessen theoretisches Werk vor dem Hintergrund seiner Universitätsausbildung in Wien (Studium der Musikwissenschaft und Psychologie) und von diesem geprägt zu sehen ist, baute die Konzeptionen der britischen Social Anthropology (in der Tradition von Radcliffe-Brown, wie er selbst betonte) weiter aus und eröffnete ihr neue Perspktiven. In diese Richtung weisen insbesondere seine „Rollenanalyse" und die Ausführungen über „Institutionen".

In der zugrundegelegten Definition konzipiert Nadel Institutionen als „standardisierte Formen des Zusammen-Handelns"; die Bezeichnungen der verschiedenen Institutionen (Ehe, Eigentum u. a.) beruhen auf „normativen Vorstellungen". Institutionen setzen sich aus Handlungsmustern zusammen, deren Zwecke sich gegenseitig voraussetzen und die in Verbin-

19 „. . . two different ways of looking at the same thing" (Nadel, 1951: 80).

dung miteinander wirken. Wenn Menschen in einer beobachtbaren Situation in einer bestimmten, besonderen Art und Weise handeln, läßt sich auf standardisiertes Verhalten schließen,
das „Institution" ist; sie manifestiert sich in der „richtigen"
Reaktion auf eine „Wenn-Situation".

Institutionen sind für die Mitglieder einer Gesellschaft
Richtschnur oder Norm des Handelns und haben für den Handelnden Wirklichkeitscharakter. Daraus folgert, daß Institutionen sowohl Regeln für Verhalten als auch Zusammenfassungen
von Verhaltensweisen sind (Nadel, 1951: 107—43; deutsche
Übers. in: Schmitz, 1963: 178—218).

Nadel versuchte, Institutionen statistisch aufzubereiten
und in einer Kurve darzustellen; bei einer richtig gedeuteten Institution müssen solche Verhaltensweisen als „typisch" definiert
werden, deren (aus der Häufigkeit des Auftretens ermittelte)
„mittlere(r) Wert" mit einer „normalen Fehlerkurve" überein-
stimmt; vom Mittelwert abweichende Reaktionen sind „aty-
pisch". Die „subjektive" Bedeutung der Standardisierung beruht auf den Erwartungen, von denen die Handelnden geleitet
werden, wenn sie sich in der standardisierten Weise verhalten:
Neben der statistischen Wahrscheinlichkeit muß die Institution
für das handelnde Individuum eine „Erwartungschance" beinhalten. Dabei gibt die dem Handelnden bekannte „Wenn-Situation"
die Norm vor.

Das von Nadel konzipierte Klassifizierungsschema für Institutionen zur Verdeutlichung ihrer Zweckbestimmtheit orientierte sich an deren Prädikaten. Dabei griff er auf die bereits bekannte Unterscheidung zwischen „operativen" Institutionen als
„Formen gesellschaftlicher Praxis" und „Mittel der Kontrolle",
die der Gesellschaft einen bestimmten Dienst leisten (E. A. Ross,
1911) und „regulativen", den normativen Aspekt betonenden,
Institutionen (H. Becker & L. v. Wiese, 1932) zurück. Die Prä-
dikate, die die einzelnen Institutionen bezeichnen („somatisch,
wirtschaftlich, erholsam-aesthetisch, wissenschaftlich, erziehe-
risch, religiös (magisch) politisch, rechtlich, verwandtschaftlich"
ordnen sich zwischen den beiden Eckbegriffen „operativ" und
„regulativ" ein. Demnach ist „somatisch" (= institutionalisiertes Verhalten, das mit der psychischen Existenz zusammenhängt) typisch „operativ" und „verwandtschaftlich" ist typisch
„regulativ". Zwischen den so qualifizierten Institutionen bestehen Wechselwirkungen in der Weise, in der sie miteinander „prag-

matisch" verbunden sind. „Regulative" Institutionen haben die Funktion, den gesellschaftlichen Wert von Verhaltensmustern herzutellen oder zu unterstreichen, der für „operative" Institutionen notwendig ist im Sinne von „Wohlergehen der Gesellschaft".

Da nach Ansicht Nadels Institutionen nicht das ganze gesellschaftliche Feld abdecken, konzipierte er den Begriff der „Residualkategorie"; dazu rechnet er Verhaltensweisen, die zwar standardisiert, aber nicht auf einen bewußten Zweck ausgerichtet sind (von W. G. Sumner und A. Keller, 1927, als „niedrige Formen der Institutionen" definiert), und zum anderen nicht voraussagbare, spontane Handlungen von Gruppen oder Individuen.

Nadel verstand unter Struktur die invariante Anordnung variabler Teile; die der Logik entlehnte Definition hielt er jedoch nicht direkt auf ‚Sozialstruktur' übertragbar, weil ‚Gesellschaft' die Berücksichtigung mehrer Aspekte verlange (Nadel, 1957). In der Auseinandersetzung mit dem Strukturalismus (Lévi-Strauss und Leach) betonte er seine Sehensweise von Sozialstruktur als „soziale Realität"; demgemäß legte er großes Gewicht auf das Element der „Beziehungen" innerhalb der Gesellschaftsstruktur. In diesem Kontext ist auch die vorgenommene Einbeziehung von „Typen der Strukturierung" zu stellen: mit „pattern" (T. Parsons, 1951) bezeichnete er eine Verteilung der Beziehungen nach ihren Ähnlichkeiten oder Unähnlichkeiten, während er mit dem Begriff „network" (H. E. Barnes, 1925) die Verbindung der Beziehungen untereinander erfaßte, die sich dadurch auszeichnen, daß die in einer Beziehung implizit vorkommenden ‚Interaktionen' nicht in anderen vorkommen können.

Grundlage und Erklärungsprinzip für die Konzeption von Sozialstruktur ist bei Nadel der Begriff der „Rolle"; die von ihm entwickelte Rollentaxonomie ist innerhalb seines Gesamtwerkes als die im Denken unabhängigste Arbeit und wesentlicher, wenngleich nicht unumstrittener Beitrag (s. dazu Leach, 1954; Freilich, 1964; Banton, 1965; Dahrendorf, 1967; Gerhard, 1971; Dreitzel, 1972) zur Social Anthropology einzustufen.

Er ging dabei von der Annahme aus, daß jede Gesellschaft ihre Mitglieder in bestimmter Weise nach gewissen Kriterien klassifiziert (Nadel, 1957: 20); zu ihrem besseren Verständnis sei es notwendig, die rollenbezogenen spezifischen Konfigurationsmuster zu erkennen. In seiner einfachsten Formulierung bezeichnete er „Rolle" als Vermittlungskonzept zwischen Individuum und Gesellschaft, das in dem strategischen Bereich wirkt, wo *Verhalten* (behaviour) zu sozialem *Betragen* (conduct) wird. Ursprünglich glaubte Nadel, Sozialstruktur mit einer mathematischen Gleichung erfassen zu können, wobei er „in command over one another's actions" und „in command over existing benefits or resources" als die entscheidenden Kriterien ansah, um die qualitativen Verknüpfungen der in einer Gesellschaft (zusammen-)haltenden Personen zu verdeutlichen. Diese Konzeption bleibt Gegenstand kontroverser Diskussion: Als Modell der „Machtstruktur" (Freilich 1964) hatte diese Art von Analysen für die britische Kolonialpolitik in den eroberten und besetzten Gebieten zweifellos hohen Informationswert (Faris 1973); andererseits wird argumentiert, daß aufgrund einer der menschlichen Natur inhärenten Tendenz zu Machtanhäufung und -ausübung diese Kriterien gerechtfertigt erscheinen (Emmet 1960). Nadel selbst ließ diese Formel als „zu wenig aussagefähig" fallen (ibid. 1957: 154) und erarbeitete eine ausführliche Rollentaxonomie; dabei baute er in sein Klassifizierungsschema früher formulierte Begriffsbestimmungen/Differenzierungen zum Teil ein, zum Teil gab er ihnen neue Inhalte (s. dazu Pareto, 1917, Max Weber, 1920; G. H. Mead, 1934; Linton, 1936; Coutu, 1951).

Nadel sah im Rollenkonzept mehr als nur ein Klassifizierungsschema; für ihn stellte sich darin auch eine Verbindung zur Psychologie her: „Rolle" wird erst und nur dann realisiert, wenn das Individuum sie akzeptiert und sich damit identifiziert („halo effect"); anderenfalls handelt es sich um „Status"; er verstand (im Gegensatz zu R. Linton (1936: 114)) „Rolle" nicht als den dynamischen Aspekt von Status oder dessen Aktivierung; die Rolle selbst beinhalte einen „aktiven" und einen „passiven" Aspekt aufgrund des zwischen bloßer Kenntnis der dahinterstehenden Norm (role knowledge) und dem der Norm entsprechenden Handeln (role performance). Gesellschaftliche Rechte und Pflichten des Individuums sind mit seiner Rolle vorgegeben, wobei das Individuum seine Rolle nicht nur „spielt" sondern „verkörpert" (Nadel, 1957: 11). Das jeweilige Rollenverhalten wird vom Erwartungsprinzip bestimmt, basierend auf dem als „feedback" (Rückmelde-)Modell verstandenen Begriff des „Interaktionsmusters". Grundlage der Erwartungshaltung ist einerseits die deutliche Vorstellung von „rollengerechtem" (role appropriate) Verhalten gegenüber anderen und andererseits die Kenntnis der zu erwartenden Reaktion. Der daraus (nach Parsons) resultierende „wechselseitige Steuerungsprozeß", der die Wiederholung bestimmter Normen in der Gesellschaft bewirkt, indem Konformität, d. h. „richtiges, normales" Verhalten verstärkt und abweichendes Verhalten durch entsprechende „Sanktionen" korrigiert wird, wurde von Nadel dahingehend modifiziert, daß der Steuerungsprozeß nur unter bestimmten Bedingungen stattfindet, nämlich wenn die beteiligten Personen ihre beiderseitigen Rollen als „legitim" akzeptieren, also wenn ihre Vorstellungen in bestimmter Weise konvergieren (ibid, 1957: 55). Darüber hinaus sind dem Individuum auch andere, möglicherweise alle, in seiner Gesellschaft gegebenen Rollen bekannt, und das „in seinem Kopf befindliche Rollenschema" (role map) gibt ihm an, wie und wo die eigene Rolle sich einfügt (ibid, 1957: 58).

In Gesellschaften mit schwach ausgebildetem Konsensus über an bestimmte Rollen gebundene „Eigentümlichkeiten"/ Verhaltensmuster ist das Rollenschema verschwommen, so daß die einzelnen („subjektiven") Vorstellungen einander nicht entsprechen, was Nadel als signifikantes Kennzeichen der zeitgenössischen modernen Gesellschaften herausstellte (s. auch Wallace, 1957).

Aufgrund gemeinsamer Merkmale (contingent properties), die außerhalb der Einflußnahme des Einzelnen liegen (Geschlecht, Alter usw.) klassifiziert die Gesellschaft ihre Mitglieder und systematisiert deren Verhaltensweisen nach dem Kriterium „zugeschriebener" Merkmale (achievement properties) zu Rollen.

Demnach ist grundsätzlich zwischen zwei Arten von Rollen zu unterscheiden: biologisch bedingte Rollen (recruitment roles) — Mann, Frau, Kind —, und tätigkeitsbezogene Rollen (ascribed roles/achievement roles) — Lehrer, Medizinmann, usw.; damit übernimmt/erreicht jedes Individuum innerhalb des in jeder Gesellschaft vorhandenen spezifischen „Rollenkontingents" eine bestimmte „Position" im Sinne von „Zuteilung" (allocation), wobei Nadel dem Begriff „Einfügung" (accomodation) bevorzugte; auf dieser Basis ist das Zusammenleben und Zusammenhandeln geregelt und im weitesten Sinn das Überleben gewährleistet.

Das Zusammenspiel der Rollen ist als ein in sich ausgewogenes dynamisches Interaktionssystem konzipiert, in dem gesellschaftliche Bedürfnisse und individuelle Entscheidungsalternativen in einem spezifischen Gleichgewicht stehen; es trägt aber insofern ein gewisses Konfliktpotential in sich, als zum einen keine Rolle von einer unveränderbaren Norm getragen wird, und zum anderen das Individuum nicht nur eine einzige Rolle auszufüllen hat, sondern mehrere gleichzeitig: Jemand ist Mann/Frau, Vater/Mutter, Ehemann/Ehefrau, hat einen Beruf und ist Bürger in einem Sozialgebilde; und jede dieser Rollen kann Verhaltensmuster verlangen, die miteinander kollidieren. Derartige Konflikte werden in der neueren soziologischen Literatur als inter- bzw. intra-rollenmäßig definiert (Dreitzel, 1972: 96/104). Daneben sind in jeder Gesellschaft eine Reihe anderer Faktoren verhaltensbestimmend wirksam. Mit einem Rollenkonzept kann nur ein Teil des Gesamtspektrum erklärt werden: „Hinter der leichten Rede vom Rollenspiel verbirgt sich der Ernst einer anthropologischen Konstante: daß der Mensch immer nur das ist, wozu und als was er sich versteht" (ibid).

Die Frage des *sozio-kulturellen Wandels* fand erst um die vierziger Jahre Eingang in die britische Social Anthropology; das zunehmende Interesse für diesen Problemkomplex dürfte nicht zuletzt auch damit zusammenhängen, daß sich die Folgen der seit mehreren Generationen wirkenden und im wesentlichen aus kolonialen Kontakten resultierenden Einflüsse auf die autochthonen Kulturen in den besetzten Gebieten nicht mehr übersehen ließen. Die erste Studie, die sich gezielt mit diesem Aspekt des Wandels auseinandersetzte (Hunter, 1936), versuchte, die Elemente der entstandenen „Mischkultur" nach ihrem Ursprung zu trennen; diesbezügliche Untersuchungen sollten drei Dimensionen durchlaufen: das Stadium der „höheren" Kultur, das der betroffenen autochthonen Kultur und die Analyse des „autonomen Wechsels". Im allgemeinen beschränkten sich die Arbeiten auf die Untersuchung einzelner Aspekte des kulturellen Wandels (in bestimmten Gesellschaften) und die ihn jeweils auslösenden Faktoren (Richards, 1939; Kuper, 1947; Barnes, 1951, 1954; Freedman, 1957; Epstein, 1958; Mitchell, 1959).

Die Tatsache, daß die Problematik an sich durchaus Beachtung fand (Firth, 1951), andererseits eine allgemeine Theorie des sozialen Wandels nicht hervorgebracht wurde, ist in Verbindung mit der Tradition des Funktionalismus zu sehen; Vorstellungen, die Gesellschaft als Objekt ungelöster Konflikte konzipieren, lassen sich damit kaum vereinbaren. Prämisse blieb das Ideal der „harmonischen" Gesellschaft; Wandel ist auf folgender Denkebene damit vereinbar und läßt sich erklären: Jeder Prozeß des sozio-kulturellen Wandels strebt auf einen neuen Gleichgewichtszustand hin und hält so lange an, bis dieser erreicht ist (s. dazu auch Wilson, 1945).

Der Gedanke, daß das „Gleichgewichtsmodell" sehr wohl dynamischen Charakter haben kann, wurde mit einer Untersuchung von Institutionen unter dem Aspekt ihrer „strukturellen Dauerhaftigkeit" (structural duration) unter Einbeziehung des Zeitelements weitergeführt und untermauert (Gluckmann 1968). Die Argumentation geht davon aus, daß Institutionen relativ stabil sind; es handelt sich insofern, um „strukturelle Dauerhaftigkeiten" als sie die Tendenz zeigen, ihre Kontinuität durch die systematische Beziehung der Werte, Rollen, Positionen u. ä. zu erhalten. Das „geordnete" (ordered) System der Kultur/Gesellschaft manifestiert sich in der institutionellen Realität und ist daher „wirklich", und „alle Wirklichkeit ist ein Prozeß in der Zeit" (Gluckmann, 1968: 221).

Demnach wird Wandel, der in stetig wechselnden Interdependenzen innerhalb und zwischen den Komponenten einer Institution stattfindet, durch deren strukturelle Dauerhaftigkeit bestimmt. In dieser Konzeption konnten zwei, ursprünglich als unvereinbar erscheinende, Positionen zusammengeführt werden: das (bislang als ahistorisch angesprochene) strukturalfunktionale Prinzip und die historische Perspektive.

Ein anderer Denkansatz zur Theorie des sozialen Wandels (Firth, 1964) ging von einer, innerhalb des Gesellschaftssystems möglichen, Ungleichgewichtigkeit der Komponenten aus. Es wird zwischen zwei Arten von Wandel unterschieden: „Organisationeller" (organizational) Wandel verändert die grundlegenden Beziehungen (basic relations) der Gesellschaftsmitglieder zueinander nur unwesentlich, da sich die Verhaltensmuster nur langsam wandeln; struktureller Wandel bedingt eine Neuorientierung innerhalb der Gesellschaft in der Weise, als sich Signifikanz und „Zwang" vormalig grundlegender Beziehungen abschwächen, weil sich neue Beziehungsformen durchsetzen. Er ist immer ein Produkt gesellschaftlicher Interaktionen. Das bedeutet, daß zwei Formen des Prozesses ablaufen können (Firth,

1964: 84/86); einmal bezieht er sich auf Änderung des Verhaltens („social convection") und zum anderen auf Änderung der Beziehungen, wenn aufgrund neuer Situationen Organisationsprobleme entstehen („social conduction"); den Anstoß dazu können innere oder äußere Kräfte geben.

Ein wesentlicher Aspekt dieses Denkmodells ist die hier vorgenommene, aber für die theoretische Erfassung sozialen Wandels allgemein als erforderlich erachtete, Einbeziehung, bzw. die Wichtigkeit der materiellen Produktionsbedingungen im Sinne des Marxismus (ibid. 1964: 7, 29; Harris, 1968: 542).

2.5 Die ,Cultural Anthropology' in den USA

Der Engländer E. B. Tylor hatte in seinem Hauptwerk (1871) ,Primitive Culture' den für die Ethnologie grundlegenden Kulturbegriff definiert. In der Erforschung der Gesetze menschlichen Denkens und Handelns sah er die Voraussetzung für eine adäquate Erfassung des Gegenstandes der Kultur. Für diese „science of culture" wählte er die Bezeichnung „Anthropology". Tylor unterschied zwar physische Anthropologie, die sich auf körperliche Merkmale und Rassen zu beziehen habe, und „kultureller Anthropologie", die Archaeologie, Ethnologie, Soziologie und Psychologie umfassen solle, doch grundsätzlich verstand er Anthropology als integrative Wissenschaft in dem Sinne, wie sich Cultural Anthropology in den USA begreift. Daher wird E. B. Tylor auch von manchen Autoren als „Vater der Cultural Anthropology" bezeichnet.

Die ersten entscheidenden Impulse erhielt die amerikanische Richtung der Ethnologie — diese Bezeichnung wurde erst mit Beginn der dreißiger Jahre von Cultural Anthropology abgelöst — durch die Einbeziehung der physischen Anthropologie und der Linguistik (F. Boas, 1858—1942). Der Einfluß der anti-evolutionistisch eingestellten „Boas-Schule" und ihre interdisziplinäre Methodik waren so prägend, daß sie bis Ende des vorigen Jahrhunderts synonym mit der ,American School of Anthropologists' stand. Durch die (von E. Sapir, 1884—1934, hergestellte) Verbindung zur Psychologie[20] baute die Cultural

20 In diesem Zusammenhang sind auch C. Wissler (1870—1947) und A. A. Goldweiser (1880—1940) zu erwähnen, die zur Einbeziehung des psychologischen Aspekts in die Ethnologie beitrugen.

Anthropology in den USA wie in keinem zweiten Land die integrative Zusammenarbeit mit anderen, auf den Menschen bezogenen Wissenschaften aus. Wesentlich für ihre Wissenschaftskonzeption war das Festhalten am Kulturbegriff als Grundlage der Forschungsarbeit. Kultur wird als System von Elementen konzipiert; die Bedeutung der einzelnen Kulturelemente wird nach ihrer Beziehung zum Systemganzen begriffen – in einer affektiven, strukturellen und funktionalen Weise. Der Grad der Bedeutsamkeit bestimmt sich nach dem Maß der Einfügung. Die kulturelle Erfahrungsbasis der Individuen ist in der Anerkennung der Bedeutsamkeit gegeben (A. Kroeber, 1876–1960). Gesellschaft und Sozialstruktur werden (im Gegensatz zur britischen Social Anthropology, für die ‚Gesellschaft' den Bezugspunkt darstellt) als in die Kultur eingebettete Phänomene gesehen (F. Boas, A. Kroeber).

Das zweite, die theoretische Ausrichtung der Cultural Anthropology bestimmende Kriterium ist mit der – im Hinblick auf die kulturelle Dynamik als notwendig erachtete – Berücksichtigung der zeitlichen Dimension gegeben, da nur „die Geschichte die einmaligen Produkte der kulturellen Phänomene" erklärbar mache (Wissler, 1916), bzw. die „Ursachen sozio-kultureller Phänomene stets historisch bedingt" seien (Linton, 1936). Ausgehend vom Kulturbegriff ergibt sich als wichtiger Aspekt der Untersuchungen das Erkennen des inneren Zusammenhangs der einzelnen Kulturelemente, um kulturelle Erscheinungsformen und Prozesse in ihrer Gesamtheit zu erfassen.

Ein Kulturelement wird (nach Linton (1936: 328) von vier Qualitäten bestimmt: (a) Form, die der direkten Beobachtung zugänglich ist, (b) Bedeutung (meaning), die ein Element (oft unbewußt) durch die Kultur erhält, (c) Funktion, die Beziehung eines Elements zu den Dingen innerhalb der sozio-kulturellen Gesamtstruktur, zu deren Fortbestehen sie beiträgt und (d) Anwendung (use) als Beziehung eines Elements zu Dingen außerhalb der sozio-kulturellen Gesamtstruktur verstanden, wobei die Differenzierung zwischen „Funktion" und „Anwendung" nicht deutlich ist. Durch den Terminus „Signifikanz" (den Kroeber anstelle von „meaning" verwandte) wird die explizite Verknüpfung von Kultur und ihren Trägern hervorgehoben.

Der Begriff des „Kulturmusters" (pattern), erstmals (von Boas) als Organisationsprinzip definiert, das bestimmten Elementen innerhalb des kulturellen Gesamtzusammenhangs einen bestimmten Stellenwert zuordnet und andere, nicht in das Schema passende Elemente ausklammert, wurde zum grundlegenden Konzept einer auf Kulturanalyse basierenden Theorie der Cultural Anthropology.

Das Grundverständnis von „pattern" wurde im allgemeinen beibehalten, von einzelnen Wissenschaftlern jedoch unterschiedlich formuliert. Hier ist der Versuch (von R. Benedict, 1887—1948) einzuordnen, für jede Kultur eine charakteristische „Leitlinie" (dominant drive) zu bestimmen, indem „pattern" im Sinse des Begriffs der „Gestalt" in der Psychologie konzipiert wurde.

Ein ähnliches Begriffsverständnis ist in dem (von M. E. Opler, 1907 konzipierten) „theme" (Leitgedanken) (Opler, 1945) erkennbar, das als verhaltenslenkendes Postulat einer Kultur definiert wird.

Als „basic patterns" wird (bei A. L. Kroeber, 1876—1960) das Verknüpfungsnetz (nexus) kultureller Merkmale bezeichnet, die eine spezifische, kohärente Struktur erkennen lassen. Eine von C. Kluckhohn (1905—1960) aufgestellte Hierarchie unterschied „pattern" (spezifische Modalitäten direkt beobachtbarer Normen und Handlungen), „configuration" (in unterschiedlichen, konkreten Zusammenhängen beobachtete „innerlich gegenwärtige" Muster, die auf strukturelle Ähnlichkeiten hinweisen,) und „ethnos" (dominantes Prinzip, das als „Genius" eines Stammes oder einer Nation anzusehen ist).

Eine aus der interdisziplinären Zusammenarbeit hervorgegangene Zweigrichtung der amerikanischen Ethnologie ist die Kultur- und Persönlichkeitsforschung (s. dazu Ramaswamy, 1975).

Die Bezeichnung ist nicht gerade glücklich gewählt: sie impliziert einen Dualismus, der den Forschungsansatz verfälscht und „eine gefährliche Vereinfachung des Problems der Persönlichkeitsbildung begünstigt" (Kluckhohn, 1944; R. Lynd, 1939); eine den Tatsachen entsprechende Formulierung, die begriffliche Modelle andeutet, wäre „Kultur *in* der Persönlichkeit" oder „Persönlichkeit *in* der Kultur".

Die diesbezügliche Theorienbildung (wofür die Beiträge von L. White, A. Kardiner, R. Linton, C. Kluckhohn und A. L. Kroeber konstitutiv waren) will drei Aspekte der Persönlichkeit zusammenführend und in den Kontext von Kultur gestellt erfassen: die biologische Beschaffenheit der Gattung Mensch; die innerhalb einer Gruppe weitgehend übereinstimmenden bzw. ähnlichen Verhaltensweisen und die Individualität des Einzelnen.

Die Geburt als Mensch gibt dem Individuum gewisse Möglichkeiten; die menschlichen Fähigkeiten gewährleisten jedoch nur, daß ein ‚normales' Individuum lernen kann zu sprechen, zu denken, mit Werkzeugen umzugehen und Werte zu kennen. Die Geburt in einer bestimmten Kultur ist entscheidend dafür, wie diese Fähigkeiten ausgedrückt und realisiert werden (Kroeber, 1953). Auf den Begriff Kultur bezogen, ist Persönlichkeit die Verwirklichung von Kultur, bzw. deren Normbildes durch das Individuum. Von der ursprünglichen Vorstellung, daß in der Psyche jeder Person eine Miniaturversion ihrer Kultur vorhanden ist, hat man sich entfernt. Man geht heute verstärkt davon aus (in Anlehnung an A. F. C. Wallace, 1960/70), daß Kultur, die als Mechanismus begriffen wird, die individuelle Verschiedenartigkeit zu beständigend, operative „Gesellschaftsmatern" (social matrices) organisiert.

Basierend auf der Beobachtung, daß Verhaltensweisen und Einstellungen der einzelnen Mitglieder einer Gruppe in Bezug auf Werte und Normen ihrer Kultur in hohem Maße übereinstimmen und ausgehend von der Prämisse, daß Kultur durch Lernprozesse (Wissler, 1916) internalisiert wird, stellt sich die aus ethnologischer Sicht wichtige Frage, warum eine Kultur gelernt wird, wie das geschieht und welche Methoden dabei eingesetzt werden, oder weshalb eine Kultur nicht ‚verlernt' wird. Die Erklärungen wurden in der Psychologie und Psychoanalyse (Kroeber bevorzugte das behaviouristische Modell) gefunden. Das Individuum lernt durch Nachahmung, Erfahrung und Unterweisung in der Interaktion mit seiner Umwelt und Gesellschaft, so daß es seine Rolle nicht nur wirksam, sondern weitgehend unbewußt spielt. Der Erziehung, bzw. dem Erziehungswesen als kulturspezifische Institution kommt in diesem Zusammenhang große Bedeutung zu. Erziehung bezieht sich auf den formalen, beabsichtigten Teil des kulturellen Lernens; sie ist als das System der organisierten Maßnahmen zu definieren, die in jeder Kultur von der Gesellschaft eingesetzt werden, um jeweils auf ihre Weise den Persönlichkeitstypus zu schaffen, zu stützen und zu erhalten, der ihr angemessen erscheint.

Aufgrund der gemeinsamen Persönlichkeitsmerkmale innerhalb einer Gruppe wird (nach Linton und Kardiner, 1945) der

„Persönlichkeitsgrundtypus" (basic personality type) definiert. Das Vorhandensein des Persönlichkeitsgrundtypus manifestiert sich im gemeinsamen Grundverständnis der Werte und Symbole und ermöglicht die einheitliche Gefühlsreaktion in Situationen, wo gemeinschaftliche Werthaltungen eine Rolle spielen.

Innerhalb des Persönlichkeitsgrundtypus lassen sich „Statuspersönlichkeiten" unterscheiden, die mit bestimmten, sozial abgegrenzten Gruppen — besonders in Klassen- und Kastengesellschaften — verknüpft sind. Für die Statuspersönlichkeit ist kennzeichnend, daß das Schwergewicht vor allem auf ‚sichtbaren' Verhaltensweisen liegt.

Die individuelle Persönlichkeit wird nicht nur durch die biologisch/genetisch bedingten Erfahrungsmöglichkeiten determiniert, sondern auch durch die Alternativen, die in jeder Kultur gegeben sind. Eine Persönlichkeit verliert in dem Maße ihre Individualität als sie sich dem „vergesellschaftenden" (Kluckhohn) Einfluß der Kultur unterwirft.

Das Werden der Persönlichkeit in der Kultur
— Schematische Darstellung —

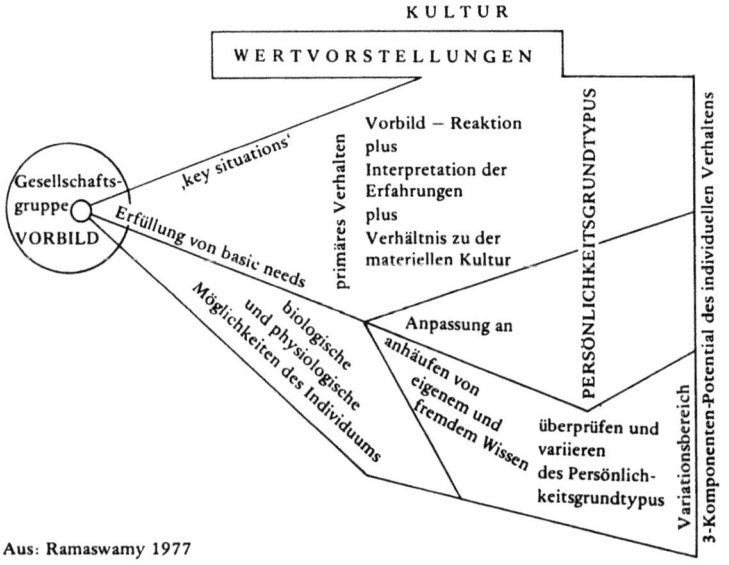

Aus: Ramaswamy 1977

88

Für die praktische Anwendung der aus Kultur- und Persönlichkeitsforschung gewonnenen Erkenntnisse ergeben sich zwei Aspekte: auf dieser Ebene werden die inneren Ursachen der meisten, insbesondere in der sogenannten Dritten Welt, fehlgelaufenen Entwicklungen und das heutige Dilemma erklärbar (s. dazu Ramaswamy, 1977). Zum anderen stellt sich die Frage, inwiefern und in welchem Maße in und von einer Kultur besondere Verhaltensweisen (z. B. Aggressivität) gefördert werden und ob sie bewußt/gezielt abgebaut werden könnten (Alland, 1970; Kaiser, 1973; Schmidbauer, 1973).

Ein spezieller, mit Kultur- und Persönlichkeitsforschung in enger Verbindung stehender Untersuchungsbereich der Cultural Anthropology bezieht sich auf Raumwahrnehmung/-empfinden und der daraus resultierenden (unbewußten) Raumstrukturierung durch das Individuum, sowohl in dessen Interaktion mit seinem unmittelbaren Umfeld (micro-space) als auch in der nicht-verbalen Kommunikation. Dieser Forschungszweig (Hall, 1966) wird *proxemics* genannt. Die bisherigen Untersuchungsergebnisse zeigten, daß proxemisches Verhalten kulturspezifisch und unbewußt ist.

Der Abstand, den ein Individuum gegenüber seinem Gesprächspartner als „passend" ansieht, kann von dem Angehörigen einer anderen Kultur als „zudringlich/unangenehm" empfungen werden; Zäune und Mauern können dem einen das Gefühl von Geborgenheit und Sicherheit geben, während sie in einer anderen Kultur als Einengung des Aktionsraumes oder als Zeichen des „Ein- bzw. Ausgesperrtseins" interpretiert werden. Die scheinbar belanglosen inter-kulturellen Unterschiede in Raumempfinden und Raumnutzung können jedoch zu schwerwiegenden Mißverständnissen (im Extremfall Kulturschock) bei der Kontaktaufnahme mit Angehörigen anderer Kulturen führen, wenn und weil ihre Bedeutung nicht verstanden wird.

Die Proxemics-Forschung unterscheidet drei Kategorien der Raumstrukturierung – unveränderlich (fixed), eingeschränkt variabel (semi-fixed) und variabler (dynamic); welcher Kategorie ein bestimmtes Raumverhalten zuzuordnen ist, wird primär von der Kultur bestimmt. Im allgemeinen werden Grenzen/Mauern als „unveränderlich" eingestuft; für Nomadenvölker sind sie saisonbedingt und gelten daher dort als variabel oder eingeschränkt variabel.

In der Interaktion von Individuen wird das proxemische Verhalten (Entfernung, die zwei Individuen in einer gegebenen Situation zueinander wählen) nach zwei Kriterien klassifiziert: (a) der „kulturellen Tätigkeit" und (b) ihrer gesellschaftlichen Implikation, d. h. im Hinblick auf die gegenseitige Kontaktbereitschaft.

„Kulturelle Tätigkeiten" können „formal" (vollständig in die Kultur integriert); „informal" (von der Situation bestimmt) oder „technical" (bewußt reflektiert) sein. Nach dieser Einstufungsskala ist proxemisches Verhalten interagierender Individuen „informal", d. h. situationsbedingt.

Bezogen auf die Kontaktbereitschaft kann das Verhalten „socio-petal", für die Kommunikation günstig und förderlich, oder „socio-fugal" sein, durch eine Raumstrukturierung, die Absonderung und Einsamkeit impliziert. Auch hier ist die Zuordnung vom kulturellen „Etikettenkodex" abhängig.

Proxemisches Verhalten gehört in die Gruppe kultureller Verhaltensweisen, die von jeder Gesellschaft als gegeben akzeptiert werden und weitgehend unbewußt und „spontan" sind. Für die Forschung wird als wichtig angesehen, auf welcher Bewußtseinsebene sie stattfinden, wie sie internalisiert, d. h. „erlernt" werden, ist von sekundärem Interesse. Die bisherigen Ergebnisse scheinen den Beweis zu erbringen, daß die in ein Nervensystem eingegebenen Daten unterschiedlich „verarbeitet" werden: Raum wird in den einzelnen Kulturen nicht nur unterschiedlich strukturiert, sondern vor allem unterschiedlich erfahren (different patterning of senses) und daher unterschiedlich genutzt.

> „I believe that it is valus, not a series of needs, which is at the vasis of human behaviour."
>
> *D. Lee*, 1948

2.6 Wertbegriff und Wertpositionen in der Ethnologie

Kulturen unterscheiden sich in erster Linie durch Richtungen und Ziele, für die die menschlichen Energien eingesetzt werden, und durch die Mittel, derer sie sich zur Erreichung ihrer Ziele bedienen. Demnach ist der spezifische Charakter jeder Kultur in ihrer Wertorientierung begründet.

Werte müssen aus größerem Zusammenhang verstanden werden als nur auf der Ebene von Identifikation und Motivation. Die in jeder Kultur implizit und explizit vorhandenen ‚Richtlinien für die Lebensgestaltung und das Daseinsverständnis' drükken sich nicht nur in religiösen bzw. philosophischen Systemen und den festgelegten Normen des Zusammenlebens aus, sondern vor allem speziell in der Art, ‚wie das Leben tatsächlich gelebt wird', wobei ‚Werte' als das entscheidende Kriterium begriffen werden.

Die ‚Wertwelt', die sich ein Individuum aufbaut, wird in der Auseinandersetzung mit seiner nächsten Umgebung gewonnen; sie kommt aber aufgrund der kulturbedingten Erfahrungsmöglichkeiten des Einzelnen letztlich aus der Kultur. In der individuellen Wertwelt manifestiert sich die innere Einheit eines Menschen mit den Werten seiner Kultur, seine Identifikation mit der Kultur, der er angehört, schlechthin.

‚Wert' ist ,,(höchstens) Gut", das ,,Wünschenswerte" in Verbindung mit der Überzeugung, daß es ‚recht und richtig' ist.

Der Satz ‚Menschen sollen einander helfen' enthält eine Wertaussage, er ist aber nicht selbst schon ‚Wert'. Werte sind genau so wenig wie Kultur unmittelbar beobachtbar; sie werden ablesbar an dem was getan und gesagt wird; Werte stellen Folgerungen und Abstraktionen aus unmittelbar sensorischen Daten dar. Die Abstraktion ‚Wert' wird vom verbalen und nichtverbalen Verhaltensgeschehen abgeleitet.

Wert ist eine psychologische Realität, die nur im Denken des Individuums vorhanden ist; die spezifische Art dieser Realität ist kulturbedingt. Wert ist (wie Motivation) im Unterbewußten anzusiedeln und als affektiv-dynamisches Phänomen von kognitiven Prozessen abzugrenzen.

Gruppenwerte werden als abstrakter Standard begriffen, der das kulturelle Verhalten generell bestimmt, von spezifischen Situationen aber unabhängig ist, im Gegensatz zu Normen, die präzise Verhaltensregeln darstellen. Werte weisen eine gewisse Dauerhaftigkeit auf. Die einzelnen von einer Gruppe getragenen Wertelemente bilden ein kohärentes Ganzes; das Wertsystem bestimmt sowohl die Auswahl der verfügbaren Arten und Ziele von Einstellungen und Verhalten als auch diese selbst in einer für jede Kultur charakteristischen Konfiguration.

Wertorientierung kann als das verallgemeinerte organisierte Grundverständnis der Angehörigen einer Kultur in bezug auf Natur, die Stellung des Menschen in Natur und Kosmos, zwischenmenschliche Beziehungen und Beziehungen zu anderen Gruppen definiert werden.

Der Fortbestand einer Kultur beruht im wesentlichen auf der Weitergabe ihrer Werte, die durch das Erziehungswesen systematisiert wurde.

In der Geschichte der Ethnologie gibt es zwei auf breiter Basis vertretene *Wertpositionen*: Ethnozentrismus und Kulturrelativismus.

Mit dem Begriff *Ethnozentrismus* wird eine (emotionale) Grundhaltung erfaßt, welche die eingene Lebensart, die Werte und Normen der eigenen Kultur als allen anderen überlegen betrachtet und die Tendenz einschließt, diese als Wertungsmaßstab für die Beurteilung anderer Kulturen anzulegen.

Potentiell ist die Neigung zu Ethnozentrismus immer und überall gegeben: Jeder Mensch wird in eine Kultur hineingeboren, deren Werte und Normen er nicht hinterfragt, weil er sie während seines Enkulturationsprozesses internalisierte. Innerhalb der Gruppe fördert Ethnozentrismus den Zusammenhalt und legitimiert die ‚Gültigkeit‘ der eigenen Kultur.

Der zweite, daraus resultierende Aspekt ist die auf Vorurteilen basierende Mißachtung und Verachtung anderer Kultursysteme. Mit dieser Konnotation ist der Begriff Ethnozentrismus im Sprachgebrauch verknüpft.

Von den Ethnologen des 19. Jahrhunderts wurde Ethnozentrismus mehr oder weniger deutlich vertreten. Das Konzept der kulturellen Evolution ging von der Annahme aus, daß alle Gesellschaften grundlegende Entwicklungsstadien durchlaufen: vom Zustand der Wildheit über Barbarei zur Zivilisation. Obwohl es primär auf technologischen Klassifizierungskriterien beruhte, war die Folgerung, daß sich darin auch die kulturelle Entwicklung manifestierte.

Die den beiden ersten Entwicklungsstadien zugeordneten Bezeichnungen weisen auf einen von Ethnologen, die am „besseren Ende der Skala" standen, praktizierten Ethnozentrismus. Zu ihrer Verteidigung sollte darauf hingewiesen werden, daß sie sich dessen wahrscheinlich nicht bewußt waren, und sie selbst würden sich sicher nicht als Vertreter dieser Wertpositionen gesehen haben; in ihrer Zeit standen sie mit der Beurteilung anderer Lebensformen nach eigenen Wertmaßstäben nicht allein. Die genauen Kenntnisse fremder Kulturen, das Maß an Wissen, das für eine ‚gerechte' Beurteilung erforderlich ist, besaßen die meisten Ethnologen damals nicht.

Die härteste Kritik, die gegen Ethnologen vorgebracht werden kann, ist in ihrer Arbeit ethnozentrisch vorzugehen. Diesem Vorwurf sind die in der angewandten Ethnologie tätigen Wissenschaftler besonders stark ausgesetzt, da sie oft − direkt oder indirekt − am Wandel anderer Kulturen beteiligt sind. Das trifft insbesondere dann zu, wenn ihre Erkenntnisse als Grundlage für in eine bestimmte Richtung gesteuerte Entwicklungsprojekte dienen. Die Kultur, die betroffen ist, mag als „unmodern", „unterentwickelt" oder als „der Dritten Welt zugehörig" abgestempelt werden, die Implikation bleibt die gleiche: es wird versucht, Kulturen zu verändern, damit sie der eigenen ähnlicher werden.

Als Reaktion auf den mit Vorurteilen besetzten Ethnozentrismus und dessen diskriminierende Terminologie entstand im 20. Jahrhundert der *Kulturrelativismus*; er stellt die heute von der großen Mehrheit der Ethnologen getragene Wertposition dar. Der Kulturrelativismus geht davon aus, daß Werte und Normen jeder Kultur ihre eigene spezifische Gültigkeit und Rechtfertigung innerhalb ihres Gesamtsystems haben; nur auf dieser Grundlage ist es möglich, andere Kulturen zu verstehen. Keine Kultur kann Wertmaßstab zur Beurteilung oder Wertung anderer Kulturen sein.

Als Konzept subsumiert Kulturrelativismus zwei Komponenten: die Eigenart jeder Kultur und eine pragmatische Regel für sowohl die theoretische als auch die angewandte Forschungsarbeit.

Eine in den letzten Jahren sich besonders in der amerikanischen Ethnologie abzeichnende Richtung steht dem Kulturrelativismus bzw. dessen Maxime der Wertfreiheit skeptisch gegenüber: eine Grundposition, die einmal Ausdruck emphatischer Toleranz war, könne leicht in „unbeteiligte Gleichgültigkeit" umschlagen. Ein zeitgemäßer Kulturrelativismus sollte sich in der Weise artikulieren, daß die Lebensformen der verschiedenen Gruppen zu nationalen, regionalen und sogar globalen historischen Prozessen in Beziehung gesetzt werden; dann würden die gleichen Kenntnisse über Wesen und Kultur des Menschen, die es der Ethnologie ermöglichten, Rassismus und ethnozentrische Überlegenheitsideologien auszumerzen, sie auch weiterhin befähigen, ihre Beobachtungen sinnvoll auszuwerten.

Wesentlich weiter geht das Konzept eines *Wertuniversalismus* (P. R. Turner, 1983). Ethnozentrismus und Kulturrelativismus werden gleichermaßen als partikularistische Wertpositionen abgelehnt, weil beide von jeweils nur einer Kultur ausgehen, wenngleich aus konträrer Sicht.

Aufgrund der weltweiten kulturellen Veränderungen, ausgelöst sowohl durch die imperialistische Unterwerfung von Stämmen und Völkern in weiten Teilen Amerikas, Afrikas und Asiens als auch den seitens der Industrienationen praktizierten Neokolonialismus auf wirtschaftlichem Gebiet, wovon besonders die ‚jungen Nationen der Dritten Welt' betroffen sind, vertritt der Wertuniversalismus die Auffassung, daß dem Ethnologen die „moralische" Verpflichtung erwachse, in Prozeßabläufe steuernd einzugreifen und Konfliktlösungen im Sinne einer universalen Wertorientierung zu unterstützen.

In Anlehnung an die Zielsetzung der Naturwissenschaft, „über das Wissen der eigenen Gesellschaft hinauszureichen, um zu einer objektiven, kulturübergreifenden Wahrheit über das Wesen der Natur zu gelangen", wird die Formulierung eines kulturübergreifenden Systems grundlegender menschlicher Werte angeregt, für welches Ansätze bereits vorhanden sind, aber kaum Resonanz fanden.

3. Methoden der Forschung

Während ihrer Anfangsphase stützte sich die Ethnologie fast
ausschließlich auf vorhandenes ethnographisches Material, das
sie als Quellen benutzte, wobei sich Theorienbildung und Aus-
wertungsmethoden gegenseitig bedingten. Die evolutionistische
Vorstellung, daß die Frühstadien menschlicher Daseinsformen
an den Kulturen der noch lebenden „Wilden" und „Primitiven"
ablesbar seien, bildeten die Voraussetzung für die *Komparative
Methode*.

Auf Vergleichen basierende Rekonstruktionsmodelle einzelner kultureller Institutionen (Religion, Verwandtschaft, Hei-
rats- und Abstammungsregeln), die in ein Ordnungsschema vom
Einfachen zum Komplexen (H. Spencer) gebracht wurden, sollten die Stufen der kulturellen Entwicklung nachweisen. Tylor,
dem es primär darum ging, die Entwicklung einzelner Institutionen (und damit des menschlichen Geistes) aufzuzeigen, ohne sie
in eine vorkonzipierte Stufenskala einzuordnen, untersuchte
zum einen mit der komparativen Methode kulturelle Merkmale,
die „noch nicht weit von ihren Ursprüngen entfernt waren"
(Mythen, Legenden, Riten, Gestensprache), und solche, die als
Ergebnis einer über Generationen reichenden kumulativen Ein-
übung in einer Gruppe „überlegt" hatten, aber nicht mehr die
früheren Denkkategorien widerspiegelten („doctrine of survivals"). Mit „kulturellen Überbleibseln" hatten sich in ähnlicher
Sehensweise vor Tylor auch schon Maine und McLennan beschäftigt. Zum anderen besetzte Tylor seine komparative Prämisse mit auf statistischen Wahrscheinlichkeitsberechnungen

(„Kalkulation der Adhäsionen", 1889) basierenden Korrelationen. Er war der Ansicht, daß sich mit dieser modifizierten Vergleichsmethode („social arithmetics") ein kultureller Kausalzusammenhang für die ganze Menschheit ermitteln lassen würde.

J. Frazer, der mit umfangreichen Fragebögen arbeitete, ver versuchte mit der komparativen Methode das Vorherrschen bestimmter ritueller Komplexe nachzuweisen; er stellte aufgrund von Ähnlichkeiten in verschiedenen Kulturen eine Verbindung zwischen Religion und Fruchtbarkeit her. In ähnlicher Weise gelang es Van Gennep (1924) Änderungen des sozialen Status einer Person mit bestimmten Ritualkomplexen kulturübergreifend zu korrelieren, ohne aber gesellschaftliche Entwicklungsstufen herauszuarbeiten. Das lehnte er als „historisches" Vorgehen ab, da nur Regelmäßigkeiten kultureller Merkmale, unabhängig von Zeit und Raum, interessant wären. Dadurch unterscheidet er sich von der früheren Anwendungsweise der komparativen Methode, gegen die etwas später von Ethnologen der Einwand erhoben wurde, daß Verhaltensform und/oder Institution aus ihrem kulturellen Kontext herausgelöst werden.

Die amerikanische Ethnologie (ausgehend von Boas) lehnte die komparative Methode ab, weil sie versuche, für alle Gesellschaften eine uniforme Linie der Evolution aufzustellen und historische Fakten nicht berücksichtige. Sie trat für eine „historische Methode" ein, die das Prinzip der Diffusion betonte, um die „Geschichte einer Kultur" zu rekonstruieren, und suchte nach „Gesetzen", die die jeweilige Daseinsform bestimmen, wodurch Ähnlichkeiten verschiedener Kulturen, zwischen denen keine historische Verbindung feststellbar ist, erklärbar werden.

Nachdem die britische Social Anthropology in der Tradition ihrer Pioniere jahrelang mit der vergleichenden Methode gearbeitet hatte, um das Fortschreiten vom Besonderen zum Allgemeinen aufzuzeigen, wozu bisweilen eine Kombination mit historischen Studien erforderlich sei (Radcliffe-Brown, 1951), entwickelte W. Goldschmidt (1966) die Methode des ‚komparativen Funktionalismus'. Sie geht davon aus, daß Institutionen an sich als unvergleichbar zu definieren seien, da sie Produkte jeweils bestimmter Kulturen sind, und jede Kultur nur von ihrem Eigenverständnis her begriffen werden könne. Daher müsse die komparative Untersuchung von Institutionen auch die komparative Analyse ihrer jeweiligen gesellschaftlichen Funktionen miteinander schließen.

Als um die Wende zum 20. Jahrhundert die Ethnologie eine selbständige anerkannte Disziplin wurde, hatte sie einen für sie charakteristischen Forschungsgegenstand — außereuropäische Völker mit oft geringer Naturbeherrschung, eine Methode der ‚Bestandsaufnahme' durch Beobachtung und Beschreibung, und sie hatte eine bestimmte Perspektive, die sich an der Erfasethnischer Gruppen, z. B. Stammeskulturen orientierte. Sie war im wesentlichen eine deskriptive Wissenschaft, die im deutschen Sprachgebrauch als „Kunde" (Völker-Kunde) mit „individuellem Bildgehalt" (Scheler, 1968) definiert wird. Die kohärente Beschreibung eines „Bildgehaltes" verlangt das Vorhandensein einer Gesamtschau, die sich im „Erforschungs- und Beschreibungsvorgang in wechselseitiger Erhellung mit der Erfahrung der konkreten Wirklichkeit entfaltet" (Stagl, 1981).

> „... uns an den Menschen selbst zu wenden,
> ihm selbst die Antwort abzufragen ...".
>
> *A. Bastian*, 1881

Die „Wirklichkeit", die konkreten Gegebenheiten, die die Ethnographie zu beschreiben hat, ist besonders komplex; sie beinhaltet sozio-kulturelle, raum-zeitliche, materielle, organische und auch subjektive Komponenten. Das traditionelle ethnographische Produkt, die Stammesmonographie, verlangt eine Gesamtschau in übersichtlicher Darstellung, aber auch eine gewisse Vereinfachung, so daß das eigentliche Material, auf das sich der Ethnograph stützt, oft in den Hintergrund tritt. Da des weiteren die reale Lebenswelt der untersuchten Gruppe meistens herausgelöst aus ihrer historischen Dimension beschrieben ist, gibt die Monographie einen „hypothetischen Zustand der völligen Authentizität wieder", abstrahiert von ihrer Erkenntnisgrundlage, dem Kulturkontakt. Inwieweit eine Monographie die Gesamtansicht einer bestimmten Kultur darzustellen vermag, und inwieweit diese adäquat ist, hängt von der persönlichen Leistung des Ethnographen ab (Stagl, 1981).

Für die Ethnologie ist die Betrachtungsweise des Holismus, der von Ganzheiten ausgeht, deren Merkmale sich nicht in Einzelbestandteile zerlegen und auf deren raum-zeitliche Konstellationen zurückleiten lassen, von grundlegender Bedeutung. Kultur ist eine Ganzheit, die als solche in der ethnographischen Darstellung erfaßt werden muß.

Die klassische Ethnographie fußte in der Feldforschungssituation ganz auf der persönlichen Interaktion zwischen Ethnographen und Informanten, in dem der „Repräsentant seiner Kultur" gesehen wurde. Bei dieser Art von Ethnographie handelt es sich „gleichsam um die von einem Außenseiter vorgenommene Selbstinterpretation der Kultur" (Stagl 1981). Der Ethnograph fügte die ihm beschriebene, für den Einheimischen selbstverständliche Daseinsform und Lebenswelt zu einem System zusammen. Diese Kulturbetrachtung „von innen heraus" wird insofern durch eine Kulturbetrachtung „von außen her" ergänzt, als in der ethnographischen Arbeit überkulturell-wissenschaftliche Aspekte berücksichtigt werden, deren Einbezie-hung gewissermaßen schon das vorgegebene Gliederungsschema bedingt, das sich nicht immer automatisch aus dem gesammelten Material ergibt.

Die deskriptive Ethnologie hat auf diese Weise eine Fülle von Informationsmaterial zusammengetragen: „Ich zögere nicht, das Gesamtwerk der deskriptiven Ethnographie, das wir hervorgebracht haben, als die bei weitem größte Leistung der Ethnologie zu bezeichnen — dem krönenden Ruhm unseres Faches" (Murdock, 1971). Diese Leistung ist nicht wiederholbar, weil die Kulturen in dieser Form nicht mehr vorhanden sind. Ethnographische Arbeiten der Gegenwart (über Lokalgruppen, ethnische Minderheiten) unterscheiden sich grundlegend von der Darstellungsart der Monographie. Sie müssen Zusammenhänge aufzeigen, „auslegen" und die Problematik des Kulturwandels miteinbeziehen. Die Ethnographie wurde zur Ethnologie, als sie vom Beschreiben (des Beobachtbaren) zum Verstehen und Erklären überging.

Auf die Bedeutung der Feldforschung hatte schon sehr früh (1881) A. Bastian in Deutschland hingewiesen und eine „Induktive Wissenschaft" gefordert.

Die ursprüngliche, simple Vorstellung, allgemeine Aussagen ließen sich direkt vom gesammelten Datenmaterial ableiten, konnte dem Anspruch auf Wissenschaftlichkeit nicht lange genügen. Sie wurde dahingehend modifiziert, daß der einfache Vorgang der Induktion als Prozeß zu verstehen ist: Aufgrund der beobachtbaren Tatsachen wird eine Arbeitshypothese aufgestellt, die durch nochmalige Beobachtung verifiziert und überprüft wird, bzw. modifiziert werden muß, bis die Hypothese mit einem gewissen Wahrscheinlichkeitsgrad gesichert erscheint (Radcliffe-Brown, 1923).

Die Kritik an der induktiven Methode richtet sich gegen die Möglichkeit, Daten zu gewinnen, ohne von einer bereits konzipierten Theorie auszugehen. Die Gegenposition in Form des *„hypothetisch-deduktiven"* Verfahren sieht die Aufgabe der Feldforschung vor allem im Testen von Hypothesen (Jarvie, 1964).

Seit einigen Jahren zeichnet sich die Annäherung der beiden Extreme zu einer Mittelposition ab, auf der (von R. Merton, 1948 formulierten) Grundlage, „daß empirische Forschung weit über die passive Rolle des Verifizierens und Testens von Hypothesen hinausgeht" und mehr tut „als Hypothesen zu bestätigen oder zu widerlegen: sie initiiert, sie formuliert um, sie verändert, und sie klärt die Theorie". Die effektive Konstruktion von Theorien beruht demnach auf beiden Verfahrensmethoden — Induktion wie Deduktion (Pelto, 1970).

Vom ‚Beobachten' und ‚Befragen' zum ‚Verstehen' und ‚Auslegen'

„ ‚They' had to become ‚we' "

B. Malinowski, 1923

Für das Fach Ethnologie hat *Feldforschung* eine Bedeutung, die weit über das bloße Sammeln von Daten hinausreicht — sie soll Zusammenhänge erkennen und aufzeigen. Feldforschung war in der Ethnologie seit vielen Jahren so selbstverständlich ein Teilbereich ihrer Tätigkeit, daß darüber keine methodologischen Reflexionen angestellt wurden; man hat erst in neuerer Zeit damit begonnen (Freilich, 1970; Wax, 1971; Pelto/Pelto, 1973; Koepping, 1973; Stagl, 1974; Szalay, 1975; Schmitz, 1976; Salomone, 1979).

Eine Definition des Begriffes ‚Feldforschung' ist zwar in soziologischer, nicht aber in den gängigen deutschsprachigen ethnologischen Wörterbüchern zu finden. Aus den vorhandenen Lexikon-Abgrenzungen lassen sich folgende bestimmende Kriterien herausarbeiten: „Feldforschung bedeutet Forschung im Lebensraum einer Gruppe durch den Untersuchenden, unter Bedingungen, die ‚natürlich‘ sind, also nicht für Untersuchungszwecke verändert werden. Ziel ist Datengewinnung mit unterschiedlichen Methoden und unterschiedlicher Zielsetzung“ (Fischer, 1981: 65).

Die Grundlage des Erfolges der klassischen Ethnographie und damit der Ethnologie bildete das Malinowskische Feldforschungs-Paradigma: „intensive teilnehmende Beobachtung durch den einsamen Ethnologen in der noch funktionierenden Stammesgesellschaft“ (Stocking, 1978: 532).

Das Umfeld des Ethnologen ist heute grundlegend anders: Er arbeitet mit/in Gesellschaften, deren Kulturen kaum noch autochthon sind, und er muß die zahlreichen Mechanismen und Erscheinungsformen des kulturellen Wandels berücksichtigen; seine persönliche Situation ist hingegen weitgehend die gleiche geblieben. Vorbedingungen für die Arbeit ist das Zugänglich-Machen des Feldes, dessen räumliche Entfernung in der verkehrsmäßig erschlossenen Welt des 20. Jahrhunderts kaum noch problematisch ist. Hingegen besteht in der Überwindung der kulturellen Distanz (die das Erlernen der fremden Sprache einschließt) schon ein Teil der Leistung des Ethnologen. Seine Feldforscher-Tätigkeit wird von der Forderung der Partizipation bestimmt, die von einer registrierend beobachtenden, rezeptiven Grundhaltung ausgeht, um sich in der neuen Umgebung orientieren zu können und schließlich zum ‚Erleben‘ und ‚Verstehen‘ der fremden Kultur zu kommen. Das bedingt notwendigerweise eine ‚Vergesellschaftung‘ zwischen den Partnern unterschiedlicher Herkunft, Lebensführung und Wertorientierung; es bedeutet bis zu einem gewissen Grad ‚Umprägung‘ der soziokulturellen Persönlichkeit des Feldforschers. Seine ‚Sekundärsozialisation‘ kann aber nur eine zeitweilige sein, denn er soll nicht Mitglied seiner Bezugsgruppe werden: er bleibt der „Fremde“, der nach der Rückkehr objektiv, dem wissenschaftlichen Standard entsprechend, berichten soll.

Zugang zur fremden Kultur erhält er zunächst durch ‚Befragen‘, durch ‚Kennenlernen‘, als Voraussetzung für das ‚Verstehenkönnen‘. Das Ergebnis der Befragung hängt in hohem Maße von dem (den) Informanten ab; oft ist es nur ein einziger Gewährsmann, auf den sich der Feldforscher stützt und dessen Sehensweise der ‚Dinge‘ er übernimmt. Dabei kann auch die eigene Interpretation des Befragten mit einfließen, wenn er eine ihm selbstverständliche Lebenswelt verdeutlichen soll. Die Wertigkeit dieser und einer Reihe ähnlich gelagerter Faktoren, die die „Wirklichkeit" verzerren können, muß der Ethnologe gegeneinander abwägen. Dazu ist ‚Verstehen' die unbedingte Voraussetzung, die wiederum nur aus der möglichst engen Gemeinschaft mit der Bezugsgruppe kommen kann. Das „Ich" der anderen ist nicht unmittelbar zugänglich, sondern nur vermittelt über seine Manifestationen in der Außenwelt, die nicht selbstevident sind und der ‚Auslegung' bedürfen, um sie verstehen zu können. Die ethnologische *Methode des Auslegens* beruht auf der Hermeneutik, die (ausgehend von W. Dilthey, 1923/24) zum methodischen Prinzip in den Geisteswissenschaften wurde, unterscheidet sich aber von dieser insofern, als sie im wesentlichen mit Texten, ergänzt durch Kulturobjekte (Kunstwerke, Monumente) arbeitet; es handelt sich um ‚Dinge' deren gemeinsames Merkmal ist, daß sie überliefert, also bereits vorhanden sind. Im Gegensatz dazu muß der Ethnograph, der in weitgehend schriftlosen Gesellschaften tätig ist, die Manifestationen der Kultur bei deren Trägern erst abfragen und ‚erkunden'; ihre Auslegung erfolgt in wechselseitiger Erhellung mit den gegebenen, äußerlich beobachtbaren Verhaltensweisen (einschließlich der symbolischen, wie Riten) und materiellen Objekte.

Die Hermeneutik geht von einem „Vor-Verständnis" aus, ohne das es keine Gemeinschaft und folglich auch kein Verstehen geben kann. Das absolute Minimum an gemeinsamer Voraussetzung im Sinne des Vor-Verständnisses, auf das der Ethnologe im Feld zurückgreifen kann, ist das ‚Mensch-Sein' der Partner.

Die Aufgabe der verstehenden Ethnologie liegt primär darin, den Sinngehalt von Denk- und Verhaltensweisen deutend zu erfassen. Der Zugang zum Denken des Anderen führt u. a. auch äußere Manifestationen — Gesten, Mimik, Sprache, Werke —, die zu deuten sind. So führt in der Praxis für gewisse Aspekte der Weg zum ‚Verstehen' über das ‚Auslegen', das aber logischerweise ersterem nachgesetzt ist.

In dem Methodendualismus von ‚Verstehen' und ‚Erklären' spiegelt sich die Entgegensetzung von „emisch" und „etisch" in der Betrachtungsweise fremder Kulturen (d. h. „von innen heraus" und „von außen her") wider.

Die *Phänomenologie* sieht von diesem Gegensatz ab; sie geht davon aus, daß die kognitive Welt des Menschen von „Bedeutungen durchwirkt" ist (H. Spiegelberg, 1965). Der phänomenologische Ansatz, der die bewußt vollzogene (psychologisch neutrale) menschliche Handlung in den Vordergrund stellt, indem er Geist und Natur auf ihre gemeinsame Grundlage in der Lebenswelt zurückführt (A. Gehlen, 1940, 1960), wurde in der Ethnologie nicht — oder noch nicht — fruchtbar.

> „In the study of men we must realize the importance of the men who study."
>
> *J. Gruber*, 1966

In der ethnographischen Feldforschung hat die Person des Wissenschaftlers außerordentliche Bedeutung, deren Kultur es zu ‚entdecken' und zu verstehen gilt, um sie in ihrer Gesamtheit erfassen und darstellen zu können. Das verlangt, sich von Bekanntem und Gewohntem zu lösen, vor allem von der scheinbar selbstverständlichen Logik der eigenen Kultur. Der Feldforscher hat die Aufgabe, theoriebestimmte Untersuchungen durchzuführen, deren Wissenschaftlichkeit auch im Sinne intersubjektiver Überprüfbarkeit gegeben sein muß. Der Prozeß der ‚Übersetzung' der anderen Kultur in einen, nach wissenschaftlichen Kriterien erstellten Bereich läuft über die Person des Feldforschers. Die Persönlichkeit des Ethnographen, einschließlich seiner individuellen Einstellung zur eigenen Kultur und Gesellschaft, beeinflußt auch seine Beziehungen zur fremden Kultur und deren Sehensweise und damit im Endeffekt die Ergebnisse.

Trotz der niemals völlig auszuschließenden Möglichkeit subjektiver Beurteilung einerseits und Fehlaussagen aufgrund bestimmter (unrichtiger) Informationen seitens der Kontaktperson, ist (wie Pelto 1970 feststellt), erstaunlich, in welchem Maße Ergebnisse ethnographischer Feldforschung sowohl im eigenen Fach als auch anderen Disziplinen kritiklos angenommen wurden, bzw. werden. Die (schon 1922 von Malinowski erhobene) Forderung nach Darlegung möglichst aller Bedingungen für das Zustandekommen ethnographischer Aussagen (soweit es sich um Verfahren handelt), fand bis vor wenigen Jahren kaum Resonanz. Von vergleichend arbeitenden Ethnologen (Murdock-

Schule) wurde auf den Aspekt der Gültigkeit von Aussagen und Ermittlung von Fehlern hingewiesen. Es gibt tatsächlich nur vereinzelt Arbeiten, die die Bedingungen von Feldforschern empirisch untersuchen (z. B. Young/Young, 1961; Fischer, 1967).

Im Zusammenhang mit der notwendigen intersubjektiven Überprüfbarkeit ethnographischer Studien im Hinblick auf Durchführung und Bedingungszusammenhang der Untersuchungen ergaben sich (von H. Fischer 1981 zusammengestellt) drei Erfordernisse: (a) außer den Schlußfolgerungen muß die Veröffentlichung der Forschungsergebnisse sowohl die primären Daten als auch die Umstände, Bedingungen und Fragen enthalten, die zur Datengewinnung führten, was (b) notwendigerweise eine Standardisierung der Feldforschungsverfahren verlangt; (c) schließlich müssen die Möglichkeiten der direkten Überprüfbarkeit durch Konzentration mehrerer Forscher auf ein Gebiet, Teamarbeit und Einsatz technischer Hilfsmittel (Film, Tonband, Videotechnik) genutzt werden. (S. dazu auch Kaberry, 1960; Gluckmann, 1961; Schmitz, 1976; Moles, 1977; Cohen, 1977; Fleising, 1977.)

In diesem Kontext kann die *Wiederholungsuntersuchung* (Restudy) zur Überprüfung von Feldforschungsergebnissen gewisse Bedeutung haben (Radin, 1933). Sie wird (nach Garbett, 1967) als nochmalige in zeitlichem Abstand vorgenommene Untersuchung einer früher erforschten Gruppe definiert; sie kann entweder vom Feldforscher, der die Primärstudie erstellte, oder von anderen durchgeführt werden, wobei auch Verfahrenstechnik und konzeptualer Rahmen unterschiedlich sein können.[21]

Die erste „Restudy" wurde in den USA in den dreißiger Jahren durchgeführt (R. S. Lynd, 1937) und hatte den Zweck, sozio-kulturellen Wandel zu überprüfen. Dieser Aspekt war und bleibt die Hauptstärke dieser Methode. Sie tauchte in der Geschichte der Ethnologie zu einer Zeit auf, als das wissenschaftliche Interesse an einer präzisen Erfassung von Erscheinungsformen und Mechanismen des kulturellen Wandels wach wurde:

---

21 Garbett, G. K., 1976: 116: „The restudy involves the reexamination of a previously studied community after a lapse of time. It may be carried out by the investigator who made the initial study or by others, but the techniques and conceptual framework used may well be different from those used in the first study."

zu einem Zeitpunkt, wo nur räumliche Ausweitung der Forschung keine gewinnbringenden Erkenntnisse mehr versprach, aber eine in die Tiefe gehende Untersuchung von Kultur als unverzichtbar erschien.

Daneben können Wiederholungsstudien zur intensiveren Untersuchung von nur einem Teilbereich einer Kultur eingesetzt werden. Doch mit welcher Zielsetzung auch immer es zu einer „Restudy" kommt — sei es zur Überprüfung früherer Ergebnisse und Verfahrensweisen oder deren Gültigkeit im Lichte neuer Theorien —, der Aspekt des kulturellen Wandels wird in keinem Fall ausgeklammert bleiben können, besonders dann nicht, wenn zwischen der Primäruntersuchung und Wiederholungsuntersuchung eine längere Zeitspanne liegt. Dort liegt auch der Schwerpunkt der meisten „Restudies". Neuere Verfahrenstechniken, wie die sogenannte „Ethnographie der Begegnung" (Goldschmidt, 1972) zielen auf eine noch genauere Erfassung der Erscheinungsformen und Ablaufmuster des Kulturwandels ab. Mit genauen Erkenntnissen über die Mechanismen dieser Prozesse werden gleichzeitig auch Stärke und Verwundbarkeit einer Kultur aufgedeckt, also Ansatzpunkte, die es ermöglichen, den Wandel in eine bestimmte Richtung zu lenken. Damit ist auch die Gefahr des Mißbrauchs ethnologischer Daten gegeben.

Die bei dieser Untersuchungstechnik verlangte Beobachtung/Untersuchung eines bestimmten Personenkreises über längere Zeiträume hinweg, und die aus der nachfolgenden Veröffentlichung der Daten resultierende Bloßstellung dieser Populationsgruppe wirft zweifellos auch Fragen der Ethik auf.

Mit *quantifizierenden Methoden* arbeiten kulturübergreifende Studien (cross-cultural surveys), um inter-kulturelle Gesetzmäßigkeiten aufzuzeigen. Die Vertreter dieser Richtung in der Ethnologie (von P. G. Murdock und dessen Arbeit ‚Social Structure', 1949 begründet) gehen von der Voraussetzung aus, daß Kultur in ihre Bestandteile zerlegt und erst in deren Beziehung zueinander verstanden werden könne; damit lösen sie sich im spezifischen Sinne in den Konzepten, die Kultur als Ganzheit sehen, die nicht auf Einzelelemente in raum-zeitlichen Konstellationen zurückführbar ist und nähern sich dem Anatomismus. Die Problematik der quantifizierenden Methode liegt in der Gefahr, die einzelnen Kulturelemente zu statistischen Zwecken voneinander zu isolieren.

Kulturübergreifende Vergleiche wurden schon sehr früh durchgeführt, im wesentlichen, um kulturelle Evolution nachzuweisen. Die Vorbedingungen — Verfügbarkeit einer großen Anzahl systematisch geordneter (zentral erfaßter) ethnographischer Veröffentlichungen, H. R. A. F. (Human Relations Area Files), und verfeinerte statistische Verfahren —, die relativ gültige Aussagen ermöglichen, waren erst um die vierziger Jahre unseres Jahrhunderts erfüllt.

Bei der Unterscheidung zwischen einem *„objektiven"* und einem *„subjektiven"* Ansatz handelt es sich um ein methodologisches Prinzip. Es geht um die Frage, ob eine Kultur nach kulturunabhängigen Gesichtspunkten, also „objektiv" zu beschreiben ist, oder nach den Kriterien der betreffenden Kultur („subjektiv"). Diese gegensätzlichen Auffassungen drücken sich in zwei unterschiedlichen Forschungsrichtungen in der Ethnologie aus, die beide anerkannt und üblich sind.

4. Arbeitsbereiche und Anwendungsgebiete der Ethnologie

> Du kannst dich deiner Epoche
> nicht entziehen. Ob du dich
> für oder gegen sie entscheid-
> dest, du bleibst immer inner-
> halb ihrer Grenzen.

4.1. Sozioökonomie

Die Schwerpunkte der ethnologischen Forschung haben sich verlagert; weltweite Entwicklungen beeinflussen nicht nur Abgrenzung und Definition des Forschungsgegenstandes sondern stellen der Wissenschaft auch neue Aufgaben. Die Aufgliederung der Ethnologie in Einzelbereiche ermöglicht ein tieferes Eindringen in bestimmte Fragekomplexe. Die einzelnen Arbeitsbereiche sind aus der als Ganzheit verstandenen Kultur nicht herauszulösen: Ausgangspunkt und Grundlage der ethnologischen Tätigkeit bleibt immer die Erfassung kultureller Kollektivitäten, die sich aus einer Reihe von Einzelaspekten zusammensetzt.

4.1.1. Gesellschaft

> "The soil grows castes, the
> machine makes classes."
>
> *M. Young*

Der direkt zugängliche und beobachtbare Bereich jeder Kultur ist ihre Gesellschaftsform.

Gesellschaft ist mehr als die Summe ihrer individuellen Mitglieder (E. Durkheim); sie ist ein Phänomen eigener Art mit spezifischen kulturtypischen Merkmalen, die man nicht verstehen oder voraussagen kann, wenn man lediglich die Merkmale der einzelnen Teile kennt. Die Spencer'sche Analogie von Gesellschaft und Organismus ist heute überholt. Gesellschaften (wie auch Organismen) sind als Systeme zu betrachten, deren einzelne

Bestandteile voneinander abhängig sind und aufeinander einwirken.

Als *Gesellschaft* wird eine relativ große Menschengruppe bezeichnet, deren gemeinsames Merkmal ein sich erhaltendes (self-sustaining) Handlungssystem ist, die innerhalb eines begrenzten Territoriums über Generationen hinweg fortbesteht, und deren Mitglieder sich weitgehend nur aus der eigenen Gruppe (durch Fortpflanzung) rekrutieren.[22]

Das Entstehen von Gesellschaft wird auf die Notwendigkeit menschlichen Zusammenlebens zum Zwecke des ,Überlebens' zurückgeführt und beruht notwendigerweise auf Kooperation. Wie die Zusammenarbeit der Gruppe geregelt wird, ist ein sozio-kulturelles Phänomen, und ein charakteristisches Merkmal jeder Gesellschaft. Die Zusammenarbeit kann auf weitgehend freiwilliger Basis erfolgen oder präzise festgelegt sein (z. B. in Kasten- und Klassengesellschaften).

Gesellschaftliches Zusammenleben erfordert ein System organisierter Maßnahmen, die alle Aspekte des Gruppendaseins in einer gegebenen natürlichen Umwelt regeln. Funktionieren und Fortbestand einer Gesellschaft ist an bestimmte Mindestvoraussetzungen gebunden: —

(1) Manipulations- und Anpassungsmodus an das soziale und natürliche Umfeld;
(2) Ordnungssystem der heterosexuellen Beziehungen, um den Fortbestand der Gesellschaft durch Nachkommenschaft zu sichern;
(3) Status- und Rollenzuweisung im Hinblick auf die Durchführung gesellschaftlich notwendiger Aufgaben;
(4) erlerntes sybolbezogenes Kommunikationssystem;
(5) gemeinsame kognitive Orientierung, einschließlich der Artikulierung von Zielvorstellungen;
(6) Sanktionsmechanismen der Verhaltensregelung;
(7) formelle und informelle Mechanismen zur Weitergabe der Kultur an die nachfolgende Generation. (S. Aberle, 1950: 100—111)

22 Die Soziologie differenziert zwischen ,Gesellschaftssystem' (social system) als Beziehungsregulativ einer Pluralität interagierender Individuen, und ,Gesellschaft' als den spezifischen Typus von Gesellschaftssystem, der alle essentiellen Voraussetzungen für seine Weiterführung als selbsterhaltendes System in sich trägt. (Vgl. Parsons, T. & E. A. Shils, 1951)

Jede Störung des Bezugs- und Funktionszusammenhangs dieser Grundvoraussetzungen, möglicherweise durch externe Einflüsse ausgelöst, bedeutet eine Gefährdung des Fortbestandes dieser Gesellschaft; sie hört auf zu existieren, wenn die Grundbedingungen nicht mehr gegeben sind. Außer der physischen Vernichtung einer Gruppe durch Naturkatastrophen oder Kriegshandlungen, kann auch innerhalb einer Gesellschaft sich verbreitende Apathie bzw. Anarchie deren Untergang herbeiführen.

Es besteht ein grundlegender Zusammenhang zwischen der *Lebensform* einer Gesellschaft und ihrem natürlichen Lebensraum in der Art, daß die Daseinsgestaltung vom Grad der Einbeziehung der jeweiligen Umwelt, der Anpassung an diese, bzw. die Abhängigkeit von ihr bestimmt wird. Gesellschaften mit geringer Naturbeherrschung sind in hohem Maße von den gegebenen Umweltbedingungen abhängig; ihre Lebensweise (Ernährung, Kleidung, Wohnen) müssen sich notwendigerweise an die Gegebenheiten anpassen. Naturerscheinungen und Naturgewalten spielen eine wesentliche Rolle; es sind zumeist unverstandene Phänomene, die sich mit dem Gefühl, ihnen ‚ausgeliefert' zu sein verbinden. Versuche der Interpretation von Naturerscheinungen und Bemühungen in diesem Zusammenhang die eigene Situation zu verbessern, schlagen sich in Glaubensvorstellungen, Praktiken und Riten nieder. Die Natur wird in die Lebensgestaltung weitgehend einbezogen. Die Verbundenheit mit der Natur tritt in dem Maße aus dem Alltagsleben zurück, wie die Unabhängigkeit von ihr wächst, auch wenn sie in bestimmten Festen und Riten (Erntedank, Feldsegnung usw.) relativ lange überlebt. Wenn Natur für die Versorgung und Befriedigung menschlicher Grundbedürfnisse keine Bedeutung hat, wird sie ausgebeutet.

Gesellschaft braucht einen Modus zur Anpassung ihrer Mitglieder an die Umwelt, und sie entwickelt Adaptionsmechanismen, die das Zusammenleben als Gruppe in dieser gegebenen Umwelt systematisiert. Das erfordert organisierte Maßnahmen, die sich aus dem Konsensus über die Art des gesellschaftlichen Handelns auf der Grundlage gemeinschaftlich vertretener Werthaltungen herleiten; diese Vorstellungen erhalten ein hohes Maß an ,,Bestimmtheit" (definitiveness) durch die Festlegung kulturspezifischer Normen, an denen sich die Gesellschaftsmitglieder orientieren, um ihre Lebensbedürfnisse und Interessen zu befriedigen.

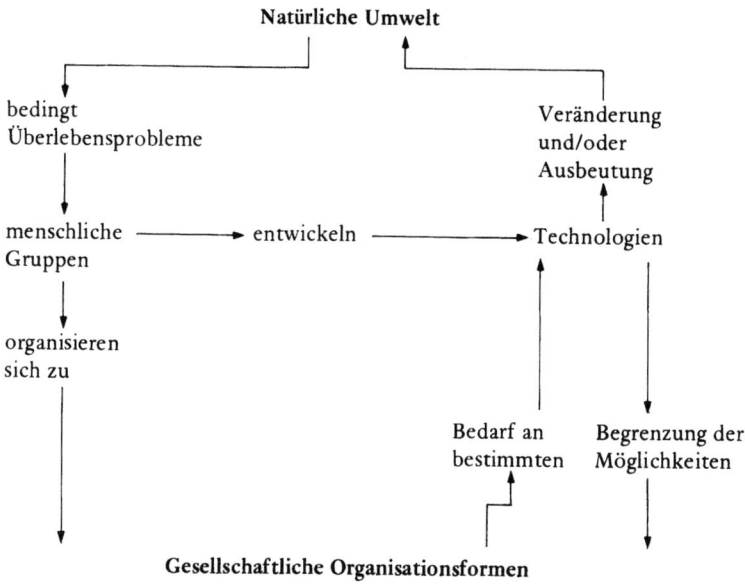

Alle bekannten menschlichen Gesellschaften haben ihren eigenen spezifischen Verhaltensstandard; er setzt sich aus drei Komponenten zusammen: den Normen, als Ziel und Leitfaden des Verhaltens; Rollen, die sich aus den Normen konstituieren; und Verhaltensmuster in Verbindung mit sowohl Rollen als auch Normen.

In der *Institution* verbinden sich ein Konzept (Grundregeln sozio-kulturell sanktionierten Verhaltens) und eine Struktur (Instrumentarium der Organisationsmuster zur Durchsetzung des Konzeptes). Normen beziehen sich also sowohl auf die gesellschaftlich anerkannten Verhaltensformen als auch auf den Organisationsapparat. Nicht alle normativ geregelten Verhaltensmuster sind Institutionen, wobei die Abgrenzung bisweilen nicht eindeutig ist. Tisch-, Eßgewohnheiten oder die Morgentoilette sind für die Mehrzahl der Angehörigen einer Gesellschaft ähnlich und folgen dem gleichen Muster; institutionalisiertes Verhalten liegt nur dann vor, wenn es den Rollenaspekt miteinbezieht.

Die Gesichtspunkte, unter denen versucht wurde, Institutionen zu klassifizieren und kategorisieren, sind unterschiedlich.

Heute werden (1) Heirat, (2) Familie, (3) Erziehung, (4) Wirtschaft, (5) Religion und (6) Regierung als die wichtigsten und in jeder Gesellschaft anzutreffenden Institutionen genannt.

Die Aufstellung basiert auf zwei Annahmen: Daß sich aus ethno-graphischen und historischen Angaben über Vorkommen und Verbreitung bestimmter Institutionen empirisch ein Kategorienschema ermitteln lasse, und daß wichtige Institutionen als kollektive Lösungen für menschliche Grundbedürfnisse zu betrachten sind.

Beide Voraussetzungen fordern Kritik heraus. Diesbezügliche empirische Daten sind stark von der jeweiligen Interpretation bestimmter Verhaltensmuster abhängig; weitverbreitete Praktiken mögen von einigen Beobachtern bereits als Institutionen eingestuft werden, von anderen hingegen nicht. Die zweite Begründung stellt menschlichen Grundbedürfnissen entsprechende Institutionen gegenüber. Nicht nur das Konzept Malinowskis, der Institutionen als die "real units" einer Kultur zur Befriedigung biologischer menschlicher Grundbedürfnisse bezeichnete, wurde fallengelassen, sondern die ‚Bedürfnistheorie' an sich ist umstritten, selbst wenn sie auf eine realistischere Basis gestellt wird und von „Gruppenbedürfnissen" (D. Martindale, 1966) ausgeht.

Unter Einbeziehung der Kultur- und Persönlichkeitsforschung werden (nach G. H. Mead, 1934) Institutionen als gesellschaftlich organisierte „Entsprechungsmaßnahmen" (responsive actions) auf eine Reihe, durch das Gruppenleben bedingter, im wesentlichen identischer und auch gleich verstandener Situationen beschrieben, wobei „Rolle" die Verbindung zwischen Struktur und Persönlichkeit bildet. In der Weiterführung dieses Denkansatzes (Parsons, 1951) werden Institutionen als rollenintegrierende Einrichtungen (role integrates) definiert, die fähig sind, gesellschaftliche Erwartungen in einem gegebenen Interaktionskontext zu organisieren. Demnach haben Institutionen im Gesellschaftssystem strategisch-strukturale Bedeutung.

Die früheste Aufzählung grundlegender Institutionen, die gegenwärtig als die wichtigsten angesehen werden; die genannten Kategorien waren aus der gesellschaftlichen Aufgabenstellung abgeleitet:

(a) Fortbestand ("maintaining and sustaining"): Heirat und Familie
(b) Produktion und Güterverteilung: Wirtschaft

(c) Verhaltensregelung (''regulating and restraining''): Zeremonien, Religion, Politik.

Neuere, speziell aus der Soziologie kommende Klassifizierungen (Chapin, 1935; Parsons, 1951; Martindale, 1966) verwenden teilweise einerseits übereinstimmende Bezeichnungen mit unterschiedlichen Begriffsinhalten (cultural institutions) und andererseits verschiedene Bezeichnungen für die gleiche Art von Institutionen (regulative, relational); praktische Bedeutung haben die Kategorien nicht. Im Hinblick auf die Erfassung einer gegebenen Gesellschaft ist es wichtig zu verstehen, auf welche Weise und wie stark ihre einzelnen Institutionen ineinander integriert sind. Die Enkulturation/Sozialisation des Individuums beginnt in der Familie; sie setzt sich in der Vorbereitung auf das Erwachsenenleben durch die Ausbildung für die später in der Gesellschaft zu übernehmende Aufgabe fort; das Funktionieren anderer Institutionen (Wirtschaft, politische Organisationen) und letztlich der ganzen Gesellschaft ist davon abhängig, wie effektiv die einzelnen Individuen ihre jeweilige Rolle ausfüllen; das hat wiederum entsprechende Rückwirkungen auf Erziehungs- und Ausbildungssystem. Die *Konfiguration* der Institutionen (die Art und Intensität der Integration) ist in jeder Gesellschaft anders und für diese kennzeichnend. ,Familie' hat in den meisten traditionellen Gesellschaften (auch z. B. noch im heutigen Indien) beherrschende Bedeutung; im mittelalterlichen Europa war es die Institution Religion. In modernen Industriegesellschaften haben Wirtschaft und Politik Vormachtstellungen, deren Interessen sich andere Institutionen, wie Familie, Erziehung und Religion, unterordnen müssen. Heirat, Ehe und Familie sind struktural-funktionale Institutionen und universale Kulturphänomene. Unter *Ehe* ist die rechtlich anerkannte und kulturell sanktionierte totale Lebensgemeinschaft von Mann und Frau zu verstehen, die durch den öffentlich gebilligten Heiratsvollzug besiegelt wurde. Keine Definition der Institution Ehe, die dieser eine spezifische gesellschaftliche Funktion zuordnet, z. B. die Legitimierung von Kindern, kann allgemeingültig sein; die Funktionen der Ehe variieren von Kultur zu Kultur. Andererseits sind bestimmte Aufgaben der Ehe, wie Aufzucht der Kinder, wirtschaftliche Partnerschaft von Mann und Frau, die Herstellung der Verbindung zwischen Verwandtschaftsgruppen, in einer Vielzahl von Gesellschaften charakteristische Merkmale der besonderen Art von Beziehungen, die als Ehe bezeichnet werden.

Die kulturspezifischen Praktiken, die Partnerwahl und Heirat regeln/begleiten und meistens mit einer mehr oder weniger aufwendigen Zeremonie verbunden sind, umfassen ein breites Spektrum. Es gibt aber auch Gesellschaften, in denen das Zusammenleben liberal gehandhabt wird. Z. B. bei den Santal, einer Stammesgruppe in Indien, die zwar Heiratsabsprachen und Eherituale kennt, kann eine Verbindung auch nur durch einen „roten Punkt" auf der Stirn legalisiert werden, was auf einen alten Brauch zurückgeht, als sich Ehepartner gegenseitig aus ihrem gemischten Blut ein Zeichen auf die Stirn setzten. Die Toda in Südindien praktizieren den Brauch einer 24-stündigen „Probe-Ehe", die das Paar in einem eigens dafür vorgesehenen Haus verbringt; die Entscheidung trifft das Mädchen durch Annahme eines vorgeschriebenen Geschenkes (Kette und Umhang) ihres Partners, wodurch die Verbindung als besiegelt gilt.

Brautraub wurde von den Begründern der Ethnosoziologie (McLennan) als Urform der Heirat („Raubheirat") gedeutet. Ethnographisch erwiesene Fälle von Heirat durch Brautraub implizieren das Vorhandensein einer allgemein anerkannten Heiratsordnung, so daß diese Praxis nicht älter sein kann als die Institution Ehe. In keiner der bekannten Kulturen läßt sich diese Form der Eheschließung als üblich oder häufig nachweisen. Die symbolische Entführung der Braut (nach offener oder geheimer Absprache mit der Gruppe) ist hingegen nicht so selten anzutreffen (Indonesien, Neuguinea). Es wird angenommen (z. B. von Thurnwald), daß dieser Brauch in Verbindung mit tatsächlichen oder fingierten Hemmungen und Befangenheit zu sehen ist, die sich bei dem Wechsel vom Ledigsein in den Stand der Verheirateten ergeben.

In zahlreichen Gesellschaften werden von der Familie (Gruppe) des Mannes anläßlich der Heirat der Familie (Gruppe) der Frau Waren, Wertgegenstände und/oder Geldbeträge überreicht. Diese Transaktionen waren vielfach der Anlaß, von *Brautkauf* bzw. *Brautpreis* zu sprechen; diese Sitte unterscheidet sich aber in fast allen Fällen eindeutig von den Gegebenheiten eines Kaufes. Diese Institution kann mehrere Funktionen haben; es kann sich um eine ostentative Entschädigung für den Verlust eines Familienmitgliedes handeln oder auch um die feierliche Besiegelung eines Ehevertrages, der einerseits den Eltern der Braut ein Aufsichtsrecht über die Behandlung ihrer Tochter zusichert, und andererseits der Familie des Mannes gewisse Rechte gegenüber den aus der Familie hervorgegangenen Kindern einräumt. Der Brautpreis[23] ist auch als stabilisierendes Element der Ehe gedacht. Höhe und Zusammensetzung sind durch Brauch festgelegt und hängen vom sozialen Status ab. In Gesellschaften, wo die Frau seitens ihrer Familie einen Brautschatz (Mitgift) in Form materieller Güter mit in die Ehe bringt kompensiert das meist den Brautpreis; in anderen Fällen (z. B. bei den Toda in Südindien) erhält die Familie des Bräutigams als „neue Verwandte" ein Gegengeschenk von etwa dem gleichen Wert des Brautpreises.

Bei der *Dienstheirat* werden die materiellen Zuwendungen an die Geburtsfamilie der Braut durch persönliche Dienstleistungen des zukünftigen Schwiegersohnes ersetzt. Er arbeitet eine gewisse Zeit in der Gruppe seiner zukünftigen Frau, um seine Tüchtigkeit unter Beweis zu stellen und erwirbt damit das Recht, das Mädchen später in die eigene Stammesgruppe mitzunehmen. Wird dieses Arbeitsverhältnis auch nach der Eheschliessung weitergeführt, handelt es sich um eine Dienstehe.

Die mit der Eheschließung verbundenen Formalitäten, Riten, Zeremonien und Festlichkeiten, für die im allgemeinen die Familie der Frau zuständig ist, sind in den meisten Fällen in jeder Hinsicht aufwendig. Sie führen vielfach zu Verschuldung und finanziellem Ruin der ohnedies verarmten Bevölkerung in den Entwicklungsländern, die gerade an dieser Tradition besonders festhält. Sie sind mit ein Grund, warum viele Töchter nicht erwünscht sind.

Die Wahl der Partner für eine Ehe wird durch positive und negative Gebote weitgehend bestimmt; die Regelung drückt sich in der *Heiratsordnung* aus, die jede Gesellschaft formuliert.

Geschlechtliche Beziehungen und Heirat zwischen Blutsverwandten (im engsten Sinn gefaßt zwischen den Mitgliedern der Kernfamilien) werden in allen Gesellschaften vermieden und/oder verboten. Der Kreis der Personen, die als blutsmäßig bzw. biologisch verwandt gelten, ist in den einzelnen Gesellschaftsordnungen unterschiedlich, doch bestehen fast überall diesbezügliche strenge Regeln. Der Anwendungsbereich des *Inzestverbotes* wird von jeder Gesellschaft auf ihre eigene Weise definiert. Häufig sind die verbotenen Geschlechtspartner rein

---

23 Die englische Bezeichnung "bridewealth" ist zutreffender.

klassifikatorische Verwandte, während der Verkehr mit Verwandten, zu denen eine relativ nahe biologische Verbindung besteht und allen Mitgliedern der Gemeinschaft bekannt ist, durchaus möglich sein kann. Außerdem kann das Verbot einer sexuellen Verbindung zwischen denselben zwei Verwandten verschieden sein, je nachdem ob es sich um Eheschließung oder außereheliche Beziehungen handelt. Bestimmte Gesellschaften tolerieren inzestuöse Verbindungen zwischen den Mitgliedern bestimmter sozialer Schichten; es handelt sich dabei meist um Beziehungen innerhalb königlicher oder aristokratischer Familien (dynastischer Inzest). Bekannte Beispiele dafür sind Geschwisterehen bei den Ptolemäern im alten Ägypten, im Königshaus der Inka und das dem Adel der zentralafrikanischen Azande zugestandene Recht, die eigene Tochter zu ehelichen. In allen diesen Fällen bedeutet(e) das keineswegs die Aufweichung der allgemeinen Regel oder einen Kompromiß, sondern wird immer als Verstoß gegen das Verbot angesehen, der nur durch außergewöhnliche Gründe gerechtfertigt erscheint.

Die *präferenzielle Heiratsordnung* gibt bestimmten Personen als Heiratspartner den Vorzug, woraus sich nicht notwendigerweise eine Verpflichtung ableiten läßt. Sie gilt im allgemeinen für eine bestimmte Personenkategorie mit einem gewissen Status. Verbreitete Formen sind die sogenannten *„Kreuzbasenheirat"*, die Ehe mit der Tochter des Bruders der Mutter oder der väterlichen Tante, und die *„Parallel-Vettern-Basen-Heirat"*, die patrilateral (ein Mann heiratet die Tochter seines väterlichen Onkels) oder matrilateral (Tochter der mütterlichen Tante) sein kann. Alle anderen Möglichkeiten sind ausgeschlossen. Wenn nur eine der beiden Formen (patrilateral oder matrilateral) praktiziert wird, spricht man von asymetrischer Verbreitung; symetrische Verbreitung bedeutet, daß beide Formen üblich sind.

Für das Auftreten derartiger Verbindungen liegen verschiedene Motive vor, wie die Erhaltung des materiellen Besitzes im weiteren Familienkreis.

Levirat, die Regelung, wonach eine verwitwete Frau sich vorzugsweise mit dem Bruder ihres verstorbenen Mannes verheiraten soll (in der hebräischen Gesellschaft üblich), und analog dazu *Sororat*, das einen Witwer verpflichtet, die Schwester seiner verstorbenen Frau zu ehelichen, können sowohl in die Kategorie der Präferenzheirat fallen, als auch − je nachdem, wie streng die Handhabung der Regel ist — zur Kategorie der präskriptiven (verpflichtenden) Heiratsordnung gerechnet werden.

Als Erweiterung des Inzestverbotes kann *Exogamie* (eine erstmals von McLennan verwendete Bezeichnung) gelten, sofern es sich um das Gebot handelt, den Partner außerhalb des Kreises verwandter Personen zu nehmen. In den meisten Fällen ist der Begriff viel weiter gefaßt und verbietet Heirat mit einem Mitglied der eigenen (definierten) Gruppe; Exogamie ist oft in sehr komplizierten Gesellschaftssysteme eingegliedert. So bestehen innerhalb der einzelnen Gruppen und Untergruppen von Stammesgemeinschaften häufig streng geregelte Exogamie-Vorschriften. Beziehen sie sich auf Personen, die am gleichen Ort wohnen, spricht man von Lokal-Exogamie.

Endogamie (Binnenheirat) schreibt Partnerwahl innerhalb der eigenen Gruppe (Lokal-, Statusgruppe, Clan) vor. Im eigentlichen Sinn ist sie in Stammesgesellschaften und Gruppen mit kastenähnlicher Gliederung anzutreffen, im weiteren Sinn ist sie universal verbreitet, besonders im Rahmen verhältnismäßig großer Sozialeinheiten oder Siedlungsgemeinschaften; dort setzt sich die endogame Gruppe gewöhnlich aus kleineren exogamen Einheiten zusammen.

Die *Ehe* tritt in verschiedenen Formen in Erscheinung; aus ethnologischer Sicht ist *Monogamie* (Zusammenleben eines Mannes mit nur einer Frau) die am weitesten verbreitete Form. Die Einehe ist an keinen bestimmten Kulturtypus oder Gesellschaftsform gebunden. Es ist zu beobachten, daß einfache Lebensbedingungen, geringe Zahl von Gruppenmitgliedern und ein leichter Männerüberschuß im allgemeinen für die Eheform fördernd wirken. Bei vorherrschender Monogamie läßt sich vielfach eine Betonung der sittlichen Note feststellen, was z. T. mythologisch oder religiös begründet wird. Das höchste Wesen gilt häufig als Schöpfer des Stammeselternpaares und somit Begründer der Einehe.

Der Monogamie steht die *Polygamie* (Vielehe) gegenüber, wobei zwischen *Polygynie* (Vielweiberei) und *Polyandrie* (Vielmännerei) zu unterscheiden ist. Im Falle von Polygynie heiratet ein Mann mehrere Frauen, bzw. Schwestern (sororale Polygynie). Im allgemeinen können polygyne Ehen als Aufeinanderfolge mehrerer monogamer Heiraten angesehen werden, wobei eine Frau, zumeist die zuerst geheiratete, als Hauptfrau besondere Vorrechte genießt. Das Nebeneinander mehrerer Frauen in einem

Haushalt wird bei Naturvölkern nicht als Erniedrigung verstanden; es bedeutet Entlastung. Gründe für das Auftreten von Polygynie können neben Mangel an Arbeitskräften auch der Wunsch nach vielen Kindern oder Prestige sein. Bei Polyandrie heiratet eine Frau mehrere Männer; bei fraternaler Polyandrie werden mehrere Brüder in die eheliche Gemeinschaft einbezogen, ohne daß der übliche Heiratsmodus auch wirklich in allen Fällen vollzogen zu werden braucht. Echte Polyandrie gibt es nur in wenigen Kulturen (einzelne Gruppen in Tibet, Polynesien). Grund für Polyandrie kann ein betontes Erstgeborenenrecht (Tibet) sein; der älteste Bruder heiratet die Frau, die jüngeren haben Anrecht auf sie. Wirtschaftliche Notlage bzw. ein hoher Brautpreis (Himastämme in Ruanda) oder hohe soziale Stellung der Frau (Polynesien) können Polyandrie fördern. Wenn ein Mann nur zu bestimmten Zeiten Anrecht auf die Frau eines anderen hat, liegt temporäre Polyandrie vor (Pawuee, Nebraska). Polyandrie ist eher in mutterrechtlich orientierten Kulturen zu beobachten und Polygynie umgekehrt in Kulturen, die zu einer vaterrechtlichen Organisation tendieren.

Eine relativ seltene Eheform ist die *Besuchsehe*: Die beiden Ehegatten verbleiben in ihren Geburtsfamilien und kommen nur zeitweilig zusammen; bei den Ladshaksweeper an der Malabarküste verbringt der Ehemann die Nacht bei seiner Frau und kehrt morgens in sein Elternhaus zurück. Besuchsehe tritt hauptsächlich in matrilineal (mütterliche Linie tritt in den Vordergrund) orientierten Gesellschaften auf; sie ist monogam. Hauptursache ist die Erhaltung der Gruppensubstanz; die Mitglieder der Großfamilie bleiben auch nach der Eheschließung in engem Verband zusammen; die verheirateten Söhne haben zunächst als soziale Väter für die Kinder ihrer Schwestern zu sorgen und erst in zweiter Linie für ihre eigenen Nachkommen, die im Familienverband der Frau leben. Besuchsehe findet sich auch u. a. bei Irokesen und Malayen auf Sumatra. Die Besuchsehe kann unter Umständen später durch uxorilokalen (Mann zieht zur Frau) oder virilokalen (Frau zieht zum Mann) Wohnsitz abgelöst werden (Nayar, Kerala).

Der Erhaltung der Gruppen-(Stammes-)substanz dient auch die *Tauschheirat*; der Weggang eines weiblichen Gruppenmitgliedes wird durch Verheiratung eines männlichen Stammesangehörigen mit einem Mädchen aus der anderen Gruppe kompensiert. Tauschehe hat nichts mit „Frauentausch" zu tun, der Sitte

(Eskimo, Hottentotten), wonach ein Mann seine eigene Frau einem Neuankömmling als Zeichen der Gastfreundschaft anbietet.

Das Vorhandensein von *Gruppenehe* als Institution ist in der Menschheitsgeschichte zu keiner Zeit und nirgendwo nachgewiesen. Der Begriff wurde in der evolutionistischen Theorienbildung verwendet, als man uneingeschränkte *Promiskuität* als Beginn menschlichen Zusammenlebens ansah.

Der Zeitpunkt der Eheschließung ist unterschiedlich, doch liegt er bei den meisten Kulturen bald nach der Geschlechtsreife. Auch im Falle der so stark kritisierten „Kinderehe/Kinderheirat" in vielen Teilen Indiens wurde die Ehe erst nach Geschlechtsreife des Mädchens aufgenommen. Die Partner wohnten bis dahin in ihren jeweiligen Familien, die zu einem sehr frühen Zeitpunkt eine mehr oder weniger feierliche Heiratsabsprache getroffen hatten.

Die *Heiratswohnfolge* bezeichnet die durch Vorschriften und Tradition geregelte Wahl des Wohnsitzes nach der Eheschließung (Maritalresidenz); neben Verwandtschaftsrechnung und sozialer Struktur spielen oft ökonomische und besitzrechtliche Verhältnisse, Seßhaftigkeit und Nomadeismus, aber auch emotionale Faktoren eine gewisse Rolle. Der Variationsbereich ist relativ breit gefächert. Der Typus der Maritalresidenz ist unilokal, wenn innerhalb einer Gemeinschaft eine einheitliche Regelung der Wohnfolge vorliegt; die ambilokale Wohnfolge gestattet einem verheirateten Paar die Wahl seiner Wohnung bei den Eltern des einen oder des anderen Gatten, was im wesentlichen bei bilateral (bilinear) — nicht nur an einer Abstammungslinie — orientierten Gesellschaftsmustern üblich ist. Wenn das Paar in die Gruppe des Vaters des Gatten zieht (patrilineare Deszendenz) spricht man von partilokaler Residenz; wenn es bei der mütterlichen Linie wohnt, in Gemeinschaften mit matrilinearer Abstammungsrechnung, handelt es sich um einen matrilokalen Wohnsitz. Nimmt in der Gesellschaftsform der mütterliche Onkel eine besondere Stellung ein, und wohnt das Paar bei diesem, ist die Maritalresidenz avunkular; zieht es zur väterlichen Tante der Frau, spricht man von amitalokalem Wohnsitz.

Bleiben die Ehegatten in ihrer jeweiligen Geburtsfamilie (Besuchsehe), so liegt natolokale oder duolokale Wohnfolge vor. Bei alternierender Wohnfolgeordnung wechselt ein Paar mit seinen Kindern in entsprechenden Intervallen (z. B. jedes Jahr) den Wohnsitz zwischen uxorilokal (mit der Gruppe der Gattin) und virilokal (zumindest in der Nähe der Familie des Mannes). Ein Beispiel dafür sind die Dobu, melanesische Inselbevölkerung im Westpazifik. Neolokal bedeutet, daß ein Paar nach seiner Verheiratung bei keiner der beiden Geburtsfamilien wohnt. Später vorgenommener Residenzwechsel wird, je nach Ausgangssituation, als patri-matrilokal oder umgekehrt matri-patrilokal bzw. patri- oder matrilokal bezeichnet.

Der Übergang von Ehe zu *Familie* ist quantitativ: Ehe bezieht sich auf zwei Individuen − Mann und Frau, während Familie eine Reihe von Blutsverwandten einschließt.

Familie als Basis und Kerneinheit der Gesellschaft wird in allen Kulturen angetroffen, jedoch weisen Form und Zusammensetzung zum Teil erhebliche Unterschiede auf.

Aufgrund der gegenwärtigen Erkenntnislage wird im Zusammenhang mit archäologischen Forschungsergebnissen vermutet, daß Familie eine der frühesten gesellschaftlichen Institutionen darstellt und sich zu den Anfängen menschlichen Zusammenlebens zurückverfolgen läßt.

Als Familie wird „ein Ehepaar oder eine andere Gruppe Verwandter" bezeichnet, „die im wirtschaftlichen Bereich und in der Aufzucht der Kinder zusammenarbeitet, wobei alle oder die meisten in einem gemeinsamen Haushalt leben" (K. Gough, 1971).

Mit dieser modernen ethnologischen Definition ist die Grundlage für eine zusammenhängende Betrachtungsweise solcher universaler Kulturelemente wie Familie und Verwandtschaft, Wohnordnung, Sexualbeziehungen, Arbeitsteilung, Fortpflanzung und Primärenkulturation der Kinder gegeben. Sie beinhaltet, implizit und explizit, diejenigen Funktionen von Familie, die bei allen bekannten menschlichen Gesellschaften als absolutes Minimum gelten.

Die wesentlichen Faktoren, die den jeweiligen Familientypus einer Gesellschaft bestimmen, sind Anzahl der Mitglieder, Eheform, Funktionen und innere Organisation.

Die *Kernfamilie* (Nuklear-/Konjugalfamilie, Kleinfamilie, biologische Familie) ist die kleinste Grundeinheit jeder Gesellschaftsordnung und Basis der sozialen Struktur. Sie besteht in der engen Lebensgemeinschaft der Ehepartner und deren Kinder.

Als Grundlage der Gemeinschaft wird sie schon für die ältesten, frühgeschichtlichen Menschengruppen angenommen (B. Malinowski, G. P. Murdock, u. a.). Ihre Universalität als Mittelpunkt der verschiedenen auf Verwandtschaftsbeziehungen gegründeten Sozialorganisationen wird immer wieder kontrovers diskutiert. Der Begriff der Kernfamilie ist durch zwei Aspekte bestimmt, die für alle menschlichen Gesellschaften gelten: für die Person, die sich verheiratet, ist sie mit Ehepartner und Kind(ern) Fortpflanzungsfamilie (Prokreationsfamilie), und sie ist Orientierungsfamilie, in der eine Person geboren und erzogen wird.

In den meisten Gesellschaften sind die einzelnen Kernfamilien zu komplexen Aggregaten unterschiedlicher Größenordnung und Organisationsform verbunden. Die Familienform, die über den Rahmen der Einzelfamilie hinausgeht, trägt die Bezeichnung Großfamilie (erweiterte, zusammengesetzte Familie, "joint

Familienformen

Zeichenerklärung

△ Mann

○ Frau

⌐⌐ Heirat

⌐⌐ Kinder/Geschwister

| Abstammung

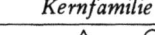

Kernfamilie

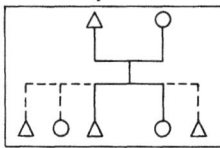

Polygame Großfamilie

a) Frau mit zwei (oder mehreren) Gatten

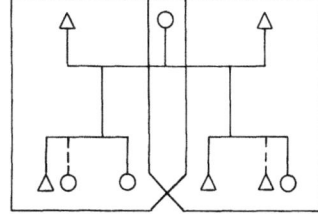

b) Mann mit zwei (oder mehreren) Frauen

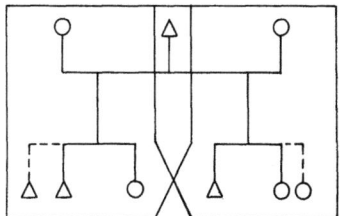

119

Erweiterte Familie

a) Zusammenschluß von
   zwei oder mehreren
   Geschwisterpaaren

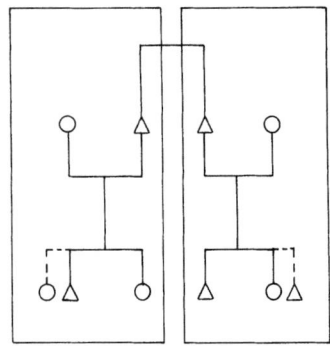

b) Familienverband
   von drei Generationen

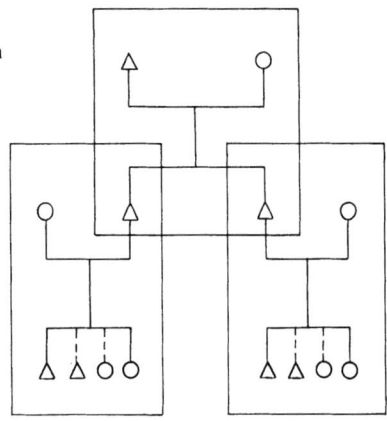

family"). Die Gruppe besteht jeweils aus zwei oder mehreren Kernfamilien; sie ist durch die Ausweitung der Eltern-Kinder-Beziehungen verbunden, lebt im gemeinsamen Haushalt oder zumindest auf demselben Landstück. Ihr spezifischer Typus beruht im wesentlichen auf der Art ihrer Zusammensetzung.

Die große erweiterte Familie setzt sich aus den Kernfamilien von mindestens zwei Geschwistern zusammen, wobei jede dieser Familien aus zwei Generationen besteht. In dem häufig dafür gebrauchten englischen Begriff "joint family" ist implizit die Betonung der engen Zusammenarbeit/Arbeitsteilung der Gemeinschaft in der Kindererziehung und in wirtschaftlicher Hinsicht enthalten.

Die kleine erweiterte Familie umfaßt die Gemeinschaft der Elterngeneration und mehrere (mindestens zwei) der darauffolgenden Generationen.

Bei dem Typus der minimal erweiterten Familie oder Stammfamilie sind lediglich die Eltern in die Hauptfamilie einbezogen.

Bei erweiterten Familien (Großfamilien) kann es sich um Zusammenschlüsse von monogamen wie auch polygamen Einzelfamilien handeln.

Die Fragestellung zu Autorität, Prestige und Machtbefugnis innerhalb von Familie und Verwandtschaftsgruppe bewegt sich um die Begriffe Patriarchat und Matriarchat.

Patriarchat (Vaterrecht) bezeichnet ein allgemein streng nach der väterlichen Linie ausgerichtetes Strukturmuster mit allen sich daraus ergebenden Konsequenzen.

Der Begriff *Matriarchat* bezieht sich auf die Vormachtstellung der Frau im Familienkreis und/oder in der Gesellschaft.

Die beiden Termini haben heute in der Ethnologie keine Bedeutung mehr. Zur Zeit des Evolutionismus hatten sie signifikanten Stellenwert im Zusammenhang mit der allgemeinen Diskussion gesellschaftlicher Entwicklungsstufen und im engeren Sinn der Autoritätsbeziehungen innerhalb der ersten hominiden Familiengruppen.

Angefangen von dem schweizer Juristen J. Bachofen („Das Mutterrecht", 1861) entwickelten einige Gesellschaftstheoretiker wie J. F. McLennan, L. H. Morgan und F. Engels die Vorstellung, daß in frühen Gesellschaftsformen das Matriarchat vorherrschend gewesen und dem Patriarchat vorausgegangen sei. Sie verstanden darunter die besondere Organisationsform, in der Frauen die Führungspositionen im öffentlichen Leben innehatten, die Abstammung exklusiv nach der weiblichen Linie rechneten und in deren Religion Mutterkult im Mittelpunkt stand. Dem widerspricht die von H. Maine und E. A. Westermarck vertretene Denkrichtung, die Patriarchat als die ursprüngliche Organisationsform annahm.

Beide Hypothesen werden von den meisten modernen Ethnologen verworfen. Alle diesbezüglichen Überlegungen und/ oder aus Sekundärquellen (Archäologie, Primatenstudien, noch existente Jäger- und Sammlergesellschaften) abgeleitete Schlußfolgerungen bleiben reine Vermutung und entbehren der wissenschaftlichen Grundlage. In der Feldforschung konnte nicht die

Existenz von auch nur einer echten matriarchalischen Gesellschaft nachgewiesen werden. Das Konzept selbst besteht zum Großteil aus Fehlinterpretationen und Mißverständnissen von matrilinearer Abstammung und matrilokaler Wohnfolge.

Die Bezeichnung *Verwandtschaft* bezieht sich auf eine Gruppe von Menschen, die über Blutsbande und Heiratsverkettung (Affinalverwandte) miteinander verbunden sind. Die Zahl der Personen, mit denen ein Individuum in einem verwandtschaftlichen Verhältnis steht, ist außerordentlich groß.

Beziehungen verwandtschaftlicher Art bestehen primär zu der Familie, in die das Individuum hineingeboren wird (Geburts-, Orientierungsfamilie) und zu jener die es später selbst gründet (Gatten-, Fortpflanzungsfamilie), sekundär aber auch zu anderen Personenkreisen, wie zu den Familien der Eltern und Geschwister im weitesten Sinne des Wortes.

Die personalen Beziehungen innerhalb einer Verwandtschaftsgruppe werden in den einzelnen Gesellschaftsordnungen durch spezielle Regeln der *Verwandtschaftsrechnung* bestimmt; unter *Deszendenz* versteht man in der Ethnologie allgemein die Verwandtschaftsrechnung in absteigender Linie.

Die Abstammungsregel ist (a) *patrilineal* (agnatisch), wenn die väterliche Linie im Vordergrund steht; daraus ergeben sich ganz spezifische Relationen, Rechte und Pflichten, die in Erbfolge (Sukzession), Familienbildung, Heiratswohnfolge, männlicher Autorität u. a. zum Ausdruck kommen; (b) die *matrilineale* (uterin) Abstammungsregel betont die mütterliche Linie, die demgemäß vorrangig ist. (c) Die *bilineale* (Kognatische) Abstammungsrechnung erfolgt sowohl in der väterlichen als auch der mütterlichen Linie. Personen, die von denselben Vorfahren abstammen ohne Berücksichtigung ob über Männer oder Frauen werden Kognaten genannt.

Der (von Rivers, 1924 geprägte) auch im Deutschen verwendete Terminus „Kindred" bezieht sich auf eine Personengruppe, die durch die vielseitigen Verwandtschaftsbeziehungen eines Individuums gebildet wird; die Verwandtschaftsrechnung folgt hier nicht der absteigenden Linie von einem Gründer-Ahnen aus, sondern wird, ausgehend von Geschwistern bilateral nach oben bzw. zurückverfolgt.[24]

24 Aus Angaben des World Ethnographic Sample geht hervor, daß 30 Gesellschaften bilaterale Verwandtschaftsrechnung akzeptieren; 288 sind patrilineal und 77 matrilineal orientiert.

Der Begriff der Deszendenz ist streng von der genealogischen (oder biologischen) Verwandtschaft zu trennen, die grundsätzlich väterliche und mütterliche Verwandte einschließt. In der Deszendenz kommen lediglich die in einzelnen gesellschaftlichen Strukturmustern betont hervortretenden Korrelationen zum Ausdruck. Der Begriff selbst ist noch nicht einheitlich wissenschaftlich determiniert.

Filiation ist das den „Kindred" Gruppen zugrundeliegende Prinzip zur Regelung verwandtschaftlicher Beziehungen.

Ein Individuum hat emotionale und materielle Bindungen zu den Verwandten beider Elternteile (bilateral). Das trifft vor allem in bestimmten persönlichen Verpflichtungen und in der Vererbung von Besitz in Erscheinung. Die Filiationsregelung legt die Verwandtschaftsgruppe fest, deren Mitglied ein Individuum wird, und sie entscheidet darüber, wie es aufgrund seiner Geburt seine gesellschaftliche Identität und die wesentlichen Merkmale seines Status erhält.

Die Filiationsregelung kann auch innerhalb unilinear ausgerichteter Gesellschaften/Gruppen Anwendung finden (Komplementärfiliation); die Erbfolge und mitunter auch die Weitergabe von Ämtern richtet sich dann nach einer Regel, die der allgemein vorherrschenden (patrilinealen oder matrilinealen) Verwandtschaftsrechnung widerspricht. Wenn sich die Filiationsregelung an dieser orientiert, ist sie entweder patrilineal oder matrilineal: Eine Person erhält ihre wichtigen Statusmerkmale über die patrilineale bzw. die matrilineale Blutsverwandtschaft.

Um im eigentlichen Sinn von Filiation zu sprechen, muß (nach E. R. Leach) der jeweilige Übertragungsmechanismus für die Zugehörigkeit zur Verwandtschaftsgruppe und für den Status automatisch sein und darf dem Individuum keine Option hinsichtlich der Gruppenzugehörigkeit gestatten. Diese Definition wird als zu eng gefaßt von einigen Ethnologen abgelehnt; sie vertreten die Ansicht, daß die in manchen Sozialeinheiten dem Individuum zugestandene Wahlfreiheit seiner Verwandtschaftsgruppe die ethnologische Brauchbarkeit des Filiationskonzeptes nicht infrage stellen sollte.

Wenn genealogische Beziehungen nachgezeichnet, oder die verschiedenen, den einzelnen Verwandten gegebenen Namen bestimmt werden sollen, muß ein Bezugspunkt gewählt werden; der dafür gebräuchliche Terminus ist (ein männliches oder weibliches) *Ego*. Der Ego-Begriff ist wichtig, denn manche Verwandtschaftsgruppen definieren sich von einem Ahnen her, andere von einer lebenden Person her. In diesem Fall handelt es sich um eine ego-zentrische Gruppe (Quasi-Gruppe); sie ist nicht von Dauer und hört als solche mit dem Tod der Person auf, die zu ihrer Definition gedient hat.

Viele Gesellschaften bauen ihr Verwandtschaftssystem mit zusätzlichen, formalisierten Beziehungen aus, die dem biologischen Verwandtschaftsverhältnis nachempfunden sind. Zu diesen *fiktiven* oder *künstlichen Verwandtschaften* gehören Patenschaften, ,,Mitelternschaft" (comparazco in Lateinamerika) und Blutsbrüderschaft. Bei letzterem handelt es sich um ein besonderes Freundschaftsverhältnis, das dieselben Pflichten und Rechte umfassen soll, wie sie durch die Beziehungen unter ,,natürlichen" Brüdern begründet sind. Die Beziehungen von Blutsbrüdern, die also blutsmäßig nicht miteinander verwandt sind, erhalten ihren besonderen Charakter nur durch das Zeremoniell, bei dem man in irgendeiner (jeweils festgelegten) Weise Blut vergießt. Daß der Bund mit Blut besiegelt wird, liegt an der besonderen Bedeutung, die dem Blut als Träger des Lebens und geheimer Kräfte bei verschiedenen Völkern beigemessen wird.

Gesellschaftlich wirken Rechtsunsicherheit und große Unabhängigkeit der einzelnen Gruppenangehörigen fördernd auf das Entstehen derartiger künstlicher Verwandtschaften, deren wesentliches Merkmal darin besteht, daß man so handelt, ,,als ob" Blutsbrüder auch biologische Brüder seien. Daraus erwachsen beiden Partnern Verpflichtungen, die so weit gehen können, daß auch die Beziehungen zwischen Familien und Sippen beeinflußt werden; z. B. können Heirats- und Sexualverbote auf die durch Blutsbrüderschaft verbundenen Personen ausgedehnt werden, und der Blutsbruder kann bei bestimmter Regelung gewisse Rechte auf Vermögen und Eigentum, eventuell auch die Frau des Blutsbruders haben.

Im Gegensatz zu Blutsbrüderschaft ist *Meidung* eine in vielen Gesellschaften vorgeschriebene Beziehungsregelung zwischen bestimmten Kategorien von Verwandten (die aber auch in anderer Hinsicht in Erscheinung treten kann, z. B. im Zusammenhang mit der während der Menstruation als unrein empfundenen Ehefrau).

Meidung kann entweder nur physische Kontakte zwischen bestimmten Personen verbieten, oder aber auch eine ganze Skala von Verboten beinhalten, wie den Namen des betreffenden Verwandten auszusprechen, sich mit ihm unter einem Dach aufzuhalten oder seinen Weg zu kreuzen, usw. Gegenstand von Meidung in Bezug auf Verwandte sind in den meisten Gesellschaften einerseits Brüder und Schwestern und andererseits Schwiegersöhne und Schwiegermütter.

Ähnlich organisiert sind auch die sogenannten *Scherzbeziehungen*, einem vorgeschriebenem Brauch, daß sich bestimmte Verwandte „spaßig" zueinander verhalten; das kann in der Form von bloßen Hänseleien geschehen oder aber bis hin zu obszönen Anspielungen reichen; meistens ist es immer dieselbe Person, die sich diese Vertraulichkeiten erlauben darf, die der andere (häufig ein weibliches Mitglied der Affinalverwandtschaft) ohne Wimpernzucken hinzunehmen hat.

Aus ethnologischer Sicht ist Verwandtschaft weder das Ergebnis von Deszendenz noch damit gleichzusetzen. Verwandtschaft beruht auf einer oder mehreren Eltern-Kind-Beziehungen (Filiation) und Heiratsverkettung (Affinität) bzw. einer Kombination beider Elemente.

Jede Verwandtschaftsstruktur umfaßt notwendigerweise drei Arten familiärer Beziehungen: eine Kollateralitätsbeziehung (zwischen Geschwistern), eine Allianzbeziehung (zwischen den Ehepartnern) und eine Filiationsbeziehung (Elternteil-Kind). In der Sehensweise des Strukturalismus (Lévi-Strauss, 1958) setzt sich die kleinste Gruppe, die dieser dreifachen Erfordernis entspricht, aus vier Elementen (Bruder, Schwester, Vater, Sohn) zusammen, die untereinander durch zwei „korrelative Gegensatzpaare" verbunden sind; der irreduzible und universale Charakter, der dieser als „Verwandtschaftsatom" bezeichneten Fundamentalstruktur beigemessen wird, leitet sich in dieser Theorie direkt aus der Universalität des Inzestverbotes ab.

„Elementarstrukturen" der Verwandtschaft (ein von Lévi-Strauss 1949 geprägter und popularisierter Terminus) bezeichnen jede Form der Gesellschaftsorganisation, in der das Verwandtschaftssystem nicht nur bedeutsam genug ist, vorzuschreiben, wenn man nicht heiraten darf, sondern auch die Personenkategorien festlegt, die man heiraten muß. Die Wahl des Ehepartners wird ausschließlich nach den Gesichtspunkten der Verwandtschaftsrechnung bestimmt; dieser „positiven" Regelung (durch Gebote) der Heiratsordnung stehen die „komplexen Strukturen" der Verwandtschaft gegenüber, die nur negative Regeln (Verbote) haben. Die Partnerwahl wird in diesem Fall von politischen, ökonomischen oder anderen Faktoren bestimmt.

Verwandtschaftsregeln bringen kulturspezifische Vorstellungen darüber zum Ausdruck, wie die Menschen einer durch Blutsbande und Heiratsverkettung gegebenen Gruppe zueinander in Beziehung stehen oder stehen sollen. Das *Verwandtschaftssystem* ist ein kulturelles System; es stellt sich als gegliedertes Ganzes dar, in welchem sich manifestiert, wie die verschiedenen verwandtschaftlichen Beziehungen in Verhaltensweisen, Status und Rollendefinitionen realisiert werden, die durch sozio-kulturelle Normen festgelegt sind.

Eine der Ausdruckformen, die ein Verwandtschaftssystem kennzeichnen, ist die Verwandtschaftsterminologie; sie umfaßt die Bezeichnungen, derer sich Personen bedienen, um einander anzusprechen, oder um ihre Verwandtschaftsbeziehungen anderen gegenüber zu verdeutlichen und zu beschreiben. Die Verwandtschaftsterminologien, die charakteristisch sind, bilden die Grundlage für Versuche, eine Typologie der Verwandtschaftssysteme zu erarbeiten.

Das erste (von L. H. Morgan 1851) aufgestellte System einer Verwandtschaftsterminologie war klassifikatorisch; es wurde damals als das in einfachen Gesellschaften übliche System ausgewiesen im Vergleich zur deskriptiven (europäischen) Verwandtschaftsterminologie. Heute wird es abgelehnt. Es vernachlässigt völlig oder zumindest teilweise den Unterschied zwischen Verwandten der direkten Linie und den kollateralen Verwandten. Man weiß, daß in allen Verwandtschaftssystemen sowohl klassifikatorische als auch deskriptive Bezeichnungen vorkommen.

Eine weitere (von G. P. Murdock 1949 versuchte und 1969 ausgebaute) Klassifikation beschränkt sich auf einige wenige Haupt[termini (vor allem die Bezeichnungen für Vettern und Basen, Onkeln und Tanten) und unterscheidet „Eskimotyp", „Hawaityp", „Iroquois- (und Dakota-)typ", „Crowtyp", „Omahatyp" und „Sudantyp".

Eine Verwandtschaftsbezeichnung, die sich auf nur eine Kategorie von Verwandten bezieht wird denotativ genannt. Sie bildet hinsichtlich dreierlei Beziehungen, nämlich Generation, Geschlecht und genealogische Verbindung zu Ego eine organische Einheit. Der Terminus gilt manchmal nur für eine Person (wie „Vater" im Deutschen), kann aber auch verschiedene Personen umfassen (z. B. „Schwester"). Wenn sich dieselbe Bezeichnung auf mehrere Kategorien von Verwandten bezieht, die sich in Bezug auf Generation, Geschlecht oder die genealogische Verbindung zu Ego unterscheiden, ist die Terminologie klassifikatorisch. Die Auswahl der drei Kriterien ist umstritten.

Die Erforschung von Verwandtschaftsterminologien und Verwandtschaftssystemen wird gegenwärtig im wesentlichen von drei Theorien bestimmt. Die Deszendenztheorie geht von der Hypothese aus, daß sich in den Verwandtschaftsbezeichnungen die Kategorisierung der Verwandten (und Verwandtschaftsgruppen) aufgrund gemeinsamer Abstammung ausdrückt.

Der Allianztheorie zufolge bezeichnen Verwandtschaftsnamen jeweils die Verwandtenkategorien, die einander heiraten dürfen. Grundlage ist die Annahme einer organischen Solidarität der Gemeinschaft, die auf der durch Regeln bestimmten Heiratsverkettung beruht.

Beide Theorien werden gleichermaßen kontrovers diskutiert.

Ein dritter (im weiten Sinne neo-evolutionistischer) Ansatz sucht Ähnlichkeiten der Verwandtschaftsterminologien unter dem Gesichtspunkt einer kulturellen Ökologie zu erklären; die zugrundeliegende Hypothese geht davon aus, daß Gruppen, die unter vergleichbaren Daseinsbedingungen zusammen leben und arbeiten, auch dazu tendieren, sich terminologisch in ähnlicher Weise zu gruppieren.

Das gemeinsame Element aller drei Theorien ist die Annahme, daß Verwandte, die gleiche Bezeichnungen erhalten, auch andere Gemeinsamkeiten aufweisen — das können Beschäftigung, Rechte und Pflichten oder erwartete Verhaltensweisen sein. Damit bestätigt sich verallgemeinert die bekannte Korrelation zwischen Verwandtschaftsbezeichnungen und kulturellem Verhalten. Neuere Untersuchungen von Verwandtschaftsterminologien arbeiten mit analytischen Methoden, wie der Komponentenanalyse (St. Tylor, 1969), um auf diese Weise sowohl Ähnlichkeiten als auch Unterschiede der verschiedenen Systeme genauer erklären zu können.

Das Studium von Verwandtschaftssystemen als Grundlage historischer Rekonstruktionen (E. B. Tylor, L. H; Morgan, G. P. Murdock) und für verschiedene Arten formaler Analysen (Lévi-Strauss) stand lange Zeit im Vordergrund des Interesses. Derartige Untersuchungen der Verwandtschaftsbeziehungen bleiben in dem Maße wichtig, wie sie in einer Vielzahl von Gesellschaften, mit denen sich die Ethnologie befaßt, grundlegend alle sozialen, wirtschaftlichen und politischen Aspekte der Lebensgestaltung koordinieren und umfassen. Bei Gemeinschaften/Gesellschaften ohne definiertes politisches System ist es unmöglich, die Organisation von Güteraustausch, Dienstleistungen, Machtverhältnissen zwischen Personen und Gruppen etc. zu verstehen, wenn man nicht weiß, wie das Verwandtschaftssystem die Individuen untereinander und mit Institutionen verbindet, bzw. daraus Status und Rollendefinition ableitet.

In manchen Gesellschaften gibt es keine Person, die nicht mit allen anderen Mitgliedern in tatsächlichen oder symbolischen Verwandtschaftsbeziehungen steht; in diesem Fall deckt sich das Verwandtschaftssystem mit der Gesamtheit der Gruppe.

Die verschiedenen Begriffe, welche auf die Verwandtschaftssystemem basierenden Sozialeinheiten bezeichnen, sind gegeneinander nicht wissenschaftlich exakt abgegrenzt.

Das Sozialgebilde, das mit der aus dem Englischen übernommenen Bezeichnung *'Lineage'* erfaßt wird, ist nach linealer Deszendenz in entweder der väterlichen oder der mütterlichen Linie orientiert und meistens exogam. Die Mitglieder setzen sich aus einer unterschiedlichen Zahl von Generationen zusammen; sie sind Blutsverwandte, deren Abstammung von einem realen Vorfahren (Patrilineage bzw. Matrilineage) sich jederzeit nachweislich zurückverfolgen läßt. Diese Gruppierung ist meist an einem Ort in einer eigenen Siedlungsgemeinschaft lokalisiert; aufgrund ihrer zahlenmäßigen Größe kann sie auch auf mehrere benachbarte Wohneinheiten verteilt sein. Sie bildet eine Wirtschafts- und Solidaritätseinheit und übt nicht selten auch eine politische Funktion aus.

Der *Clan* (Klan) ist ebenfalls eine unilineal orientierte, meist exogame und an einem Ort lokalisierte Sozialeinheit. Seine Mitglieder leiten ihre Abstammung von einem gemeinsamen, jedoch nicht realem, bzw. genealogisch nicht nachweisbaren Vorfahren ab; in der bestehenden Siedlungs- und Wirtschaftsgemeinschaft stehen meist ideologische und rituelle Bindungsmotive im Vordergrund und können auch politische Bedeutung haben.

In manchen Gesellschaftsordnungen sind die einzelnen unilinealen Verwandtschaftsgruppen rangmäßig gestaffelt und nehmen eine gewisse Sonderstellung ein (Kriegerclan, Priesterclan, usw.). (Vgl. Hirschberg) 1965: 71/72)

Als Clan wird des weiteren eine aus einer oder mehreren Lineages gebildete Gruppe bezeichnet, die exogam sein kann, es aber nicht sein muß und auch nicht unbedingt lokalisiert zu sein braucht. Um aber als Clan betrachtet zu werden, muß sie ein deutlich ausgeprägtes Zusammengehörigkeitsgefühl erkennen lassen und den Rahmen für eine aktive Solidarität herstellen. Die Mitglieder können (im Unterschied zur Lineage) ihre genealogische Verbindung mit einem eponymen Vorfahren nicht angeben. (Vgl. Panoff, Perrin, 1975: 64/65)

Als Bezeichnung einer unilieal ausgerichteten Sozialeinheit von Blutsverwandten, deren Abstammung von einem gemeinsamen Ahnen zu weit zurückreicht, als daß die Mitglieder der Gruppe ihre verwandtschaftlichen Bindungen noch zurückverfolgen könnten, wurde (von G. P. Murdock) vorgeschlagen, den unzureichend präzisierten Begriff 'clan' durch den Begriff *"sib"* (Sippe) zu ersetzen.

Zwischen den Begriffen Clan und Sippe im deutschen Sprachgebrauch bestehen Zusammenhänge und Parallelen; eine allgemein gültige terminologische Trennung erfolgte bislang nicht.

Als *Sippe* wird eine unilineal orientierte, mitunter exogame Sozialeinheit bezeichnet, die über räumlich oft weit voneinander entfernte Gebiete verteilt ist. Daher treten gemeinsame wirtschaftliche Interessen sowie ideologisch-rituelle Bindungen stark in den Hintergrund. Die gemeinsame Abstammung ihrer Mitglieder geht auf einen mythischen oder legendären Vorfahren zurück.

Der *Sippenverband* als Zusammenschluß von Großfamilien zeigt mitunter einen starken Zusammenhalt, der durch gemeinsame Zeremonienstätte, Toten- und Ahnenkult, Titel, Zeichen usw. bekräftigt wird. Die Interessen des Einzelnen treten hinter den Interessen der Gruppe zurück; ein dem Einzelnen zugefügtes Unrecht trifft die ganze Sippe und wird von dieser gesühnt. Äcker und Weideland sind Gemeinschaftseigentum. Innerhalb des Sippenverbandes besteht eine mehr oder weniger streng eingehaltene Rangstufenordnung, wobei im allgemeinen der ältesten Person (männlichen Geschlechts) die höchste Autorität zukommt.

Aus der einfachen, losen Sippenorganisation entwickelte sich das institutionelle *Häuptlingstum*; dem Sippenoberhaupt steht dann meist ein Ältestenrat (Rat der alten Männer) zur Seite (Gerontokratie); die Entscheidungen der Ratsversammlung sind bindend. Die Nachfolge in das Häuptlingsamt kann durch Wahl oder Erbfolge geregelt sein. Meistens sind mit dem Amt wirtschaftliche, zeremonielle und sexuelle Privilegien verbunden. Die

Autorität des Häuptlingtums hat oft einen geheiligten, „unverletzlichen" Charakter, der durch Genealogien gerechtfertigt werden kann, die auf göttliche Vorfahren zurückgehen, oder — weiter gefaßt — durch eine Ideologie, in der politische Macht, rechtliche Verpflichtungen und religiöse Berufung miteinander verschmolzen sind. Der Begriff des Häuptlingstums impliziert permanente Autorität und kann nicht auf eine Führungsperson (einer ähnlich zusammengesetzten/strukturierten Sozialeinheit) angewendet werden, die das Amt nur vorübergehend ausübt oder Sprecher eines Kollektivs ist (wie es häufig in Gesellschaften des tropischen Amerika anzutreffen ist).

In verschiedenen Teilen der Welt wurden regionale Bezeichnungen für den Begriff ‚Häuptling‘ geprägt (‚Scheich‘ in Nordafrika, ‚Kazike‘ in Lateinamerika, ‚Sachem‘ in Nordamerika).

Weitere Entwicklungsmöglichkeiten des Häuptlingstums sind das Fürstentum eines sakral gebundenen Machthabers, ferner der durch eine mehr oder weniger ausgebildete Beamtenschaft regierende Despot, und schließlich der Tyrann, der sich auf eine militärisch organisierte, persönliche Anhängerschaft stützt.

Phratrie (Bruderschaft) ist eine aus dem Zusammenschluß mehrerer Clans oder Sippen gebildete Sozialeinheit innerhalb einer geschlossenen Siedlungsgemeinschaft; ihre Mitglieder betrachten sich miteinander durch eine unilineale Filiationsregelung verbunden; die Verwandtschaftsbeziehungen sind in vielen Fällen nur vorausgesetzt und ziemlich unbestimmt; die ideologischen Bindungen haben mitunter totemistischen Charakter. Der Bildung derartiger Zusammenschlüsse liegen meist mythische oder rituelle Motive zugrunde.

Der ethnologische Begriffsinhalt von Phratrie unterscheidet sich von dem Gebrauch des Wortes in der Psychoanalyse, die es auf die Gruppe der Geschwister gegenüber ihren Eltern in europäischen Familien bezieht.

Als *Stamm* wird eine homogene, in politischer und sozialer Hinsicht autonome Gruppe bezeichnet, die ihr eigenes Gebiet bewohnt. Es handelt sich um die umfassendste Sozialeinheit, die für diejenigen Gesellschaften kennzeichnend ist, mit denen sich die Ethnologie üblicherweise beschäftigt(e).
Ethnologie üblicherweise beschäftigt(e).

Die Stammesgesellschaft ist aus Gruppen geringerer Größenordnung (Clans, Sippen) zusammengesetzt und stellt eine ethnische Einheit dar. Anzahl der Mitglieder und Flächenausdehnung des Stammesgebietes weisen große Unterschiede auf.

Das Stammesbewußtsein tritt besonders dann deutlich in den Vordergrund, wenn der Stamm eine wirtschaftliche und/oder politische Einheit bildet; dabei sind Religion und Kulthandlungen oft bedeutsame Faktoren, die zur Vertiefung der innertribalen Beziehungen und der Zusammengehörigkeit beitragen. Diese wird oft äußerlich in Tatauierung, Bemalung und Zeichen zum Ausdruck gebracht. Das Zusammengehörigkeitsgefühl innerhalb territorialer Großverbände variiert jedoch stark, und die Beziehungen der Untergruppen zueinander sind bisweilen locker und undeutlich; in ausgedehnten Stammesgebieten mit verstreuten Siedlungseinheiten kann dann der Fall eintreten, daß einzelne Untergruppen zu stammesfremden Populationen, mit denen sie in enger Nachbarschaft leben, mehr Beziehungen haben als zu den Mitgliedern des eigenen Großverbandes, so daß äußerlich die Zugehörigkeit nur am Stammesnamen ablesbar ist.

Geschlossene Stammesgesellschaften mit ausgeprägter politischer Funktion und meist auch hoher Sozialorganisation können sich vorübergehend oder dauernd für bestimmte Zwecke zu Konförderationen zusammenschließen, die aber fast niemals ein zentralisiertes System politischer oder rechtlicher Autorität aufbauen.

Wenn eine Gesamtgesellschaft (Stamm) oder eine geschlossene Siedlung bei geltender unilinearen Filiationsregelung in zwei, sich gegenseitig ausschließende Gruppen gegliedert ist, in der Weise, daß jede Person aufgrund der Abstammungsrechnung entweder zu der einen oder der anderen Gruppe gehört, spricht man von *Hälfte* oder *Moity*. Die Moity, die bei Stammesorganisationen gewöhnlich mehrere Sippen/Clans umfaßt, kann exogam oder endogam sein, sowie nach der väterlichen (Patrimoity) oder der mütterlichen (Matrimoity) Linie ausgerichtet sein. Zu der ihr gegenüberstehenden komplementären Stammes- oder Siedlungshälfte bestehen Antagonismen verschiedener Art (Zeremonien, Symbole, Wettkämpfe, Totem, usw.). Moities können kosmischen Gegensätzen, Gegensatzpaaren aus Tier- und Pflanzenwelt, oder Farben zugeordnet sein. Vielfach tritt auch eine unterschiedliche Rangstellung und ein betontes reziprokes Verhältnis in den Vordergrund.

Exogame Hälften können auch nur die Aufgabe der Heiratsregelung haben, indem sie alle Personen in mögliche und in verbotene Heiratspartner einteilen (Quasi-Moities).

Diese Funktion hat auch das Heiratsklassensystem; es tritt in Gesellschaften (australische Stämme, Melanesien) auf, die in zwei exogame Hälften geteilt sind und eine patrilineale und eine matrilineale Filiationsregelung anerkennen. Es besteht darin, daß jede Person einer Heiratsklasse zugewiesen wird, die sowohl von der Gruppe ihres Vaters als auch von der ihrer Mutter verschieden ist und den Partner aus einer weiteren Heiratsklasse nehmen muß. Die Angehörigen der alternierenden Generationen derselben Hälfte gehören derselben Heiratsklasse an, was dem Funktionieren des Gesellschaftsmechanismus einen zyklischen Charakter gibt.

Über den möglichen Ursprung und genaue Funktion des Heiratsklassensystems herrscht Unklarheit; manche Wissenschaftler nehmen an, daß es nur der Heiratsregelung diene und das Ergebnis des Nebeneinanderbestehens eines matrilinealen und patrilinealen Hälftepaares sei; andere vermuten eine rituelle Funktion, deren Ursprung in einer reziproken Exogamie liegt.

Die Stammesgesellschaft ist dem Typus nach *segmentär*; der Begriff besagt, daß die einzelnen Teilgruppen verschiedener Größenordnung in der Gesamtgesellschaft immer nebeneinander existieren, aber in der Daseinswirklichkeit nur in besonderen Situationen bemerkbar werden, etwa wenn eine Person es für nötig ansieht, auf ihre Zugehörigkeit zu einer bestimmten Verwandtschaftsgruppe hinzuweisen.

Sippen, Clans, Altersklassen usw. benennen sich oft nach einem Tier oder einer Pflanze − ihrem *Totem*, mit dem sie sich auf besondere Weise verbunden fühlen.

Totemismus ist eine Wortprägung, die von dem der Indianersprache entnommenen "totam" (Klan, Sippe, Vereinigung mehrerer Verwandtschaftsgruppen) bzw. "ototeman" (= „er ist aus meiner Verwandtschaft") abgeleitet wurde. Der Begriff umschreibt eine Geisteshaltung, bei der eine Einzelperson oder eine Gruppe dauernde Beziehungen zu Tieren, Pflanzen oder Gegenständen/Erscheinungsformen unterhält, indem man sich diesem gefühlsmäßig oder in einem mystischen oder verwandtschaftlichen Sinn (durch Abstammung) verbunden glaubt. Diese Totems werden vielfach als Schützer, Helfer, Pfründe oder mythologische Verwandte begriffen und erfahren demgemäß eine entsprechend ehrfurchtsvolle Behandlung, die in Kulten oder Tabus (Tötungs-, Speise- und Berührungsverboten) in Erscheinung tritt.

Als sich die Wissenschaft gegen Ende des 19. Jahrhunderts mit Totemismus als Aspekt der Daseinsgestaltung zu beschäftigen begann, sah man darin die elementarste Form von Religion; die bekannteste, auf dieser Konzeption beruhende Arbeit dürfte „Totem und Tabu" (S. Freud, 1911) sein. Ab etwa 1920 verwarf die Ethnologie Konzepte, die Totemismus als eigenständige und deutlich bestimmte kulturelle Institution betrachteten. Zu der viel diskutierten Frage des Ursprungs gibt es unterschiedliche Ansichten. Eine Hypothese (W. Koppers, 1924), die das Entstehen von Totemismus aus wirtschaftlicher Perspektive zu erklären versucht, geht davon aus, daß bestimmte, im Überfluß vorhandene und für den Tauschhandel bevorzugte Tiere allmählich zum Totemobjekt wurden, weil sie in ihrer Gesamtheit für den Tausch bereitgehalten werden mußten und nicht mehr für den Eigenbedarf zur Verfügung standen.

Andere Überlegungen (F. Graebner, B. Ankermann, P. W. Schmidt) basieren auf der Vermutung, daß einfach nur das enge Zusammenleben einer Menschengruppe mit einer besonderen Tierart oder das Vorkommen einer besonderen Pflanze bestimmend für das Entstehen von Totemismus gewesen sei.

Eine dritte Hypothese (H. Baumann, 1950) geht von einem Stadium „prä-totemistischer" oder prototototemistischer Mentalität aus, die durch ein stark religiös geprägtes Mensch-Tier-Verhältnis ausgezeichnet ist, wo die Unterschiede verwischt sind und es nur mehr eine einzige Gemeinschaft von Lebewesen gibt, ohne daß daraus feste gesellschaftliche Ordnungen erwachsen mußten. Man glaubt, von dieser weltanschaulichen Basis her die verschiedenen Formen von Totemismus (Individual-/Personaltotemismus, Gruppen-/Kollektiv- bzw. Klantotemismus) erklären zu können. Durch Vererbung des Individualtotems (als Schutz- und Hilfsgeist verstanden) eines Vorfahrens oder Gruppenoberhauptes an seine Nachkommen könne man sich (nach J. Häckel, 1939/50) unschwer auch den Gruppentotemismus entstanden denken.

Grundlage dieses Erklärungsansatzes bildet ein, bei einfachen Jägergesellschaften beobachteter Vorstellungskomplex, der eine magische, mystische und religiöse Bindung an Tiere verrät und diese als menschenähnliche, beseelte oder mit Zauberkräften ausgestattete Wesen erscheinen läßt.

Für das Vorhandensein oder Nichtvorhandensein von Totemismus konnten bisher keine Regelhaftigkeiten festgestellt werden. Das scheint die Vermutung zu bestätigen, daß diesem Fragenkomplex viele Jahre lang eine ungerechtfertigt hohe Bedeutung beigemessen wurde. Nach C. Lévi-Strauss (1962) ist Totemismus eine Illusion der Wissenschaft, der — getragen von der eigenen Geisteshaltung und geforderten Diskontinuität zwischen Mensch und Natur — ein Daseinsverständnis in vollkommener Übereinstimmung mit der Natur als ein Phänomen erschien, das dringend erforscht werden müsse.

Jedes *Gesellschaftssystem* wird von drei eng miteinander verknüpften Komponenten bestimmt: Struktur, Organisation und Funktion.

Der Begriff der Struktur, insbesondere der Sozialstruktur, wird in der Ethnologie seit langem verwendet, aber seine Definition war uneinheitlich und umstritten. Im Strukturalismus nahm er eine präzise Bedeutung an, die den systematischen Charakter der Gesellschaftsstruktur betonte und in der Weise bestimmte, daß jede Veränderung eines ihrer Elemente auch die Veränderung aller anderen Elemente nach sich zieht.

Gesellschaftsstruktur wurde häufig als gleichbedeutend mit Gesellschaftsorganisation angesehen bzw. verwechselt. Heute sind die beiden Begriffe ethnologisch klar gegeneinander abgegrenzt (Firth, 1951).

Unter *Gesellschaftsstruktur* ist die Gesamtkonfiguration der sozialen Ordnung innerhalb einer Kultur zu verstehen; sie dient der Erhaltung geordneter Beziehungen zwischen Individuen und Gruppen zur Regelung der Produktion, Verteilung des Reichtums und schafft die Gegebenheiten für Aufzucht und Enkulturation/Sozialisation der neuen Gesellschaftsmitglieder.

Die Sozialstruktur beinhaltet unter anderem Verwandtschaftsmuster, Rollen- und Statusregelung, ein technisch-ökonomisches System und die politisch-rechtliche Ordnung, wobei ethische und ideologische, aber auch umweltbedingte Momente prägend werden können. Sie besteht aus Idealen und Erwartungen und gibt den Mitgliedern der Gesellschaft eine zuverlässige Richtschnur des Handelns. Die Sozialstruktur ist der statische Aspekt jedes Gesellschaftssystems, dessen Kontinuität sie ermöglicht.

Innerhalb der Ethnologie ist nicht geklärt, ob Gesellschaftsstruktur als konkrete Wesenseinheit zu sehen ist, die aus beobachtbaren Fakten besteht, oder ob sich das Konzept nur auf die Prinzipien bezieht, nach denen die gesellschaftlichen Tatsachen

geordnet sind. Zu dieser inneren Ordnung, die sich in der Sozialstruktur darstellt, führt die *Sozialorganisation*, die auf das geplante Zusammenwirken aller gesellschaftlichen Einrichtungen
und die ethnische Einheit ausgerichtet ist. Sie stellt innerhalb
der gesellschaftlichen Gelegenheiten und der vielfältigen menschlichen Interrelationen die Verhaltensmuster auf, die der jeweiligen Gesellschaftsstruktur entsprechen, und prägt das soziale
Handeln des Einzelnen.

Im Gegensatz zu Sozialstruktur, deren Aufbau meist starre,
kontinuierliche Formen aufweist, hat sich die Sozialorganisation
den zeitlich und räumlich bedingten Kräften anzupassen und die
Aufgabe, die der Gemeinschaft eigenen sozialen Strukturprinzipien zu verifizieren. Der Handlungsbereich der Individuen ist
durch die Sozialstruktur vorgegeben und begrenzt den Spielraum möglicher Alternativen.

Sozialorganisation impliziert vom Begriff her einheitlich
ausgerichtete, geplante und kontinuierliche Anstrengungen oder
Handlungen von in Gruppen zusammengeschlossenen Individuen,
die über einen Zeitraum hinweg kooperieren; es handelt sich um
den Prozeß, der als Ergebnis fortwährender Entscheidungsfin-
dungen seitens der Gesellschaftsmitglieder Ordnung in menschliche Aktivitäten bringt. Sozialorganisation stellt den dynamischen Aspekt des Gesellschaftssystems dar: Sie reagiert auf Impulse, die innerhalb einer Gesellschaft auftreten und auf Einflüsse, die von außen kommen, so daß organisatorische Änderungen zu grundlegenden Veränderungen der Werte, Normen,
Ideale und Erwartungen der Gesellschaft führen können.

Jedes Gesellschaftssystem ist zweckorientiert; sein funktio-
naler Aspekt bezieht sich auf die Art und Weise, wie Sozialstruktur und Sozialorganisation der Erfüllung der jeweils gesetzten
Ziele dienen (können).

In der Ethnologie ist es wichtig, außer der Strukturbetrach-
tung auch eingehende Untersuchungen der betreffenden Gesellschaftsorganisation anzustreben.

Im wesentlichen hat man zwischen egalitären und stratifi-
zierten Gesellschaftssystemen zu unterscheiden.

Als *egalitär* wird in der Regel eine homogene Gesellschaft
bezeichnet, in der ,,weder eine institutionelle Autorität noch andere soziale Unterschiede deutlich vorhanden sind" (R. Thurnwald, 1935).

Gleichrecht verlangt, im Gegensatz zu vaterrechtlichen oder mutterrechtlichen Tendenzen eines Gesellschaftssystems, die wesentliche Gleichberechtigung der Geschlechter durch eine nach beiden Seiten ausgeglichene *bilaterale Sozialordnung*, wenn auch bestimmte Aspekte (Familienvorstand, Namensträger usw.) etwas stärker hervortreten. Solche Gesellschaftsordnungen sind vor allem bei einfachen Jäger- und Sammlerstämmen anzutreffen, wo Männer und Frauen in gleichem Maße zur Erhaltung der Existenz beitragen, wo also die Nahrungsmittelbeschaffung nicht einseitig ausgerichtet ist.

Bei vielen Völkern ist eine sogenannte *Altersherrschaft* (Gerontokratie) anzutreffen, wenn auch nicht institutionell, so doch im Prinzip. Gewöhnlich bilden die älteren Männer der Gruppe einen Rat, der als oberste Instanz bei lokalen Streitigkeiten auftritt, aber auch innerhalb des gesamten Sozialgefüges eine richtungsweisende Stellung einnimmt. Er kann als oberstes Führungsgremium an der Spitze einer Gemeinschaft stehen, oder auch nur einer Führungskraft zur Seite gestellt sein, aber ohne seine Zustimmung kann dieser meist keine Entscheidung treffen. Gelegentlich bestehen neben dieser rechtlichen Position auch noch Vorrechte auf verschiedene Nahrungsmittel, die für jüngere Gruppenmitglieder tabuisiert werden.

Dieses Prinzip ist bei vielen Sammlerstämmen mehr oder weniger stark ausgeprägt; zur Einrichtung wird es jedoch vor allem bei Gesellschaften mit pflanzerischer Wirtschaftsstruktur und erlangt dort Bedeutung für die Ordnung des Gemeinwesens.

Bei einfachen Jäger- und Sammlergesellschaften ist häufig ein differenziertes System von Rollen- und Statuspositionen anzutreffen, das aber noch nicht als Stratifikation anzusprechen ist. Gesellschaftliche *Stratifikation* (Schichtung) setzt ein auf „Ungleichheit" beruhendes Anordnungsschema von Status- oder Untergruppen innerhalb der Gesamtgesellschaft voraus, das diese in höher und niedriger gestellte Ränge (Klassen, Kasten) gliedert. Die soziale Schichtung bedingt Unterschiede im Zugang zu bestimmten Gütern, und sie schränkt die für die einzelnen Rangstufen erreichbaren Zielvorstellungen (Eigentum, Produktionsmittel, Privilegien, Prestige, Macht, usw.) ein.

Komplexe Gesellschaftssysteme sind nahezu immer in irgendeiner Form stratifiziert; der Variationsbereich der Stratifikationsmuster ist breit gefächert, sowohl im Hinblick auf die Kriterien der Differenzierung als auch auf die Abgrenzung der

Rangstufen gegeneinander, die sehr starr sein kann oder eine gewisse Mobilität zuläßt. Als klassisches Beispiel einer starren hierarchischen Gesellschaftsstruktur gilt die Kastenordnung, die zwar nicht auf Indien beschränkt, dort aber betont entwickelt ist.

Die Kaste ist eine innerhalb der sozialen Rangabstufung streng abgegrenzte Gruppe mit eigenem rituellem, rechtlichen und wirtschaftlichen Lebensbereich, der durch blutsmäßige Bindungen bestimmt und nicht zu überschreiten ist. Sie wird (von der indischen Ethnologin I. Karve) als eine exklusive Gruppe definiert, die mit mehr oder weniger weiter Streuung in einem bestimmten Areal vertreten ist; das Individuum wird in diese Gruppe hineingeboren und hat das bestehende Endogamiegebot zu beachten. Dieses kann durch Hypogamie umgangen werden, einer Regelung, die eine legale Heirat zwischen einem Mann aus höherer und einer Frau aus niedriger Kaste zuläßt, im Gegensatz zu Hypergamie, die einer Person, die einer bestimmten Statusgruppe (soziale Schicht, Kaste) angehört, verbietet, ihren Ehepartner aus einer Gruppe von niedrigerem Status zu nehmen.

Die Mitglieder einer Kaste gehen traditionellen Beschäftigungen nach, die innerhalb der Familien weitergegeben werden. In einer Siedlungsgemeinschaft leben meist mehrere Kasten zusammen; als Berufsgruppen sind sie ökonomisch im Sinne der Arbeitsteilung voneinander abhängig.

Als Statusgruppe hat die Kaste eine oft streng determinierte, oft aber auch flexible Position in einer hierarchischen Rangordnung und stellt eine erweiterte Verwandtschaftsgruppe dar, da die Mitglieder durch ständige Binnenheirat miteinander verbunden sind.

In der Ethnologie ist soziale Schichtung, die (nach Thurnwald, 1935) „teils auf Besitz von Wertsymbolen und Nahrungsquellen, teils auf Beziehungen zur Zentralmacht beruht", von der *ethnischen Schichtung* zu unterscheiden. Der Begriff bezieht sich hier auf die Bevorzugung bestimmter Familien, die beim Zusammentreffen verschiedener Kulturen, bzw. infolge der Überlegenheit der einen Kultur, zu besonderem Ansehen gelangen; parallel zu diesem Vorgang vollzieht sich die Abwertung von Personen oder Familien anderer Herkunft, Tätigkeiten oder Funktionen in der Gesamtgesellschaft.

Für die Kriterien, wonach Führungskräfte einer Gesellschaft bestimmt, bzw. Führungspositionen besetzt werden, oder wie lange eine Person ein Amt innehaben kann, lassen sich keine allgemeinen und an bestimmte Sozialstrukturen gebundene Regelungen erkennen. Die ursprüngliche Praxis dürfte in der Wahl des jeweils „Tüchtigsten" zu sehen sein, deren spezifische Kriterien sich an den gesellschaftlichen Erfordernissen orientierten; in einer Vielzahl von Gesellschaften bleiben Führungspositionen und Ämter an bestimmte Familien gebunden und werden innerhalb dieser Statusgruppen vererbt.

Die Erledigung von Gemeinschaftsaufgaben der Sozialeinheit ist im Zusammenhang mit ihrer jeweiligen Sozialordnung zu sehen und kann unter gewissen Umständen durch Besitz- und Eigentumsregelung bestimmt sein.

Individualeigentum und Gemeinbesitz sind bereits in Jäger- und Sammlergesellschaften anzutreffen; ersteres erstreckt sich auf Geräte, Waffen, Kleidung, Schmuck, Behausung und Nahrung, d. h. auf alle Dinge, die durch persönliche Arbeit beschafft werden. Dieses Individualeigentum ist durch eine uneingeschränkte Verfügungsfreiheit des Besitzers gekennzeichnet. Grund und Boden sind meistens Gemeinbesitz der Lokalgruppe; er umfaßt das Jagd- und Schweifgebiet, den Lebensraum der Gemeinschaft, mit allem, was dieser für die Erhaltung des Daseins bietet, wobei jedes anerkannte Mitglied der Gemeinschaft Nutzungsrecht hat.

Nach diesem bei Naturvölkern im allgemeinen geltenden Eigentumsrecht bezieht sich das Besitzrecht auf alles durch eigene Arbeit, Schenkung oder Vererbung Erworbene. Es erfährt insofern eine gewisse Einschränkung, als ein bestimmter Teil der persönlichen Jagd- und Sammelbeute (sofern es sich nicht um eine Gemeinschaftsaufgabe handelt) an die Mitglieder der Gruppe abgegeben wird, da das Areal gemeinsamer Besitz ist. In ähnlicher Weise wird auch bei Hirtennomaden das Weidegebiet als Gemeineigentum des Stammes angesehen.

Unter der Vielfalt von Gesellschaftssystemen finden sich auch solche, deren gesamte Daseinsform in sehr starkem Maße von Gemeinschaftlichkeit geprägt ist, wie das Beispiel der Khamti (einer Stammesgesellschaft im Norden Indiens) zeigt. Ungeachtet einer festen Rangordnung, (die jedoch nur protokollarische Bedeutung zu haben scheint,) werden innerhalb der einzelnen dörfischen Siedlungseinheiten alle anfallenden Feldarbeiten gemeinsam erledigt; nicht nur das Erntegut zur Versorgung der Gemeinschaft wird zentral gelagert und in täglichen Rationen an die

Haushalte entsprechend der Anzahl gestellter Arbeitskräfte verteilt, sondern auch alle handwerklichen Erzeugnisse fallen unter die gemeinsame Bevorratungspraxis (von der auch das Stammesoberhaupt nicht ausgeschlossen ist).

Der gesamte Bereich *Wohnen, Haus-* und *Siedlungsformen* fand in der Ethnologie bisher wenig Beachtung; die darüber vorliegenden ethnographischen Daten sind spärlich, und die Wohnform als kulturspezifisches Phänomen ist aus holistischer Sehensweise, wenn überhaupt, nur in vereinzelten Fällen erfaßt worden.

Die Tendenz, Unterkünfte bzw. Behausungen zu schaffen und in (nach unterschiedlichen Kriterien gebildeten) Gruppen beisammen zu wohnen ist bereits bei einfachen Sammler- und Jägergesellschaften gegeben. Der offensichtliche Zweck wird darin gesehen, sich sowohl gegen Witterungseinflüsse als auch vor den Gefahren einer potentiell bedrohlichen Umwelt zu schützen, einen relativ sicheren Schlafplatz zu haben und in einer bestimmten Art und Weise nicht nur in der Gruppe zu leben, sondern auch zu kooperieren.

Aufgrund des vorliegenden Berichtsmaterials ist anzunehmen, daß es nur sehr wenige Gruppen gibt, die keinerlei künstliche Unterkunft bauen, wie z. B. die Gaddi; sie sind ein nomadisierender Stamm, der unter klimatisch keineswegs günstigen Bedingungen als Schafhirten (Himachal Pradesh, Indien) lebt und in der kalten Jahreszeit mit seinen großen Herden aus dem Gebirge in die Täler zieht.

Die meisten nomadischen Wildbeutergruppen benutzen auf ihren weiten Streifzügen vorübergehende Unterkünfte wie Schlafgruben im Sand (Australien), Mulden in ausgetrockneten Flußbetten (Philippinen), Höhlen und Felsdächer; gewöhnlich ist aber auch eine künstliche Wohnstätte vorhanden, deren einfachste Form der Windschirm darstellt. Es handelt sich um eine, meist nur für begrenzte Zeit benutzte Behausung; sie ist entweder bogenförmig oder viereckig, bzw. platten- und pultförmig angelegt und aus Zweigen, Rinde, Blättern und Gras gefertigt. Mitunter läßt sich ein Übergang vom Bogenwindschirm über die halboffene Kuppelhütte zur geschlossenen Kuppelhütte verfolgen, oder auch zum Fellzelt (Toldo, in einigen Regionen Südamerikas) und zur Firsthütte.

Schon bei diesen einfachsten Behausungsformen sind Varianten zu beobachten, die nicht ausschließlich auf ökologische Gegebenheiten zurückzuführen sind, sondern deutlich kulturspezifische Merkmale zum Ausdruck bringen, die durch andere Faktoren bedingt sind. Die Surara-Pakidai, Jäger-Bodenbauer in Bralisisch-Guyana, haben in einem Kreis von etwa 50 m Durchmesser pultförmige, 5–10 m hohe Windschirme aus Palmblättern stehen; geschlossene Windschirmreihen sind u. a. von den Waika (Venezuela) bekannt. Künstlerische Gestaltung zeigen die auf Feldspalten errichteten Rundhütten der Chenchu (Honigsammler in Adhra Pradesh, Indien), obwohl sie nach einiger Zeit verlassen werden; Ruten, Stroh und Blattwerk sind so verwoben, daß sich geometrische, farb- und materialmäßig unterschiedliche Streifenmuster ergeben.

Neben den wohl verbreitetsten, am Boden errichteten Wohnstätten, treten auch andere Formen in Erscheinung, wie das (in die Erde versenkte) Grubenhaus und die ‚erhöhte‘ Behausung in Bäumen oder auf Plattformen (Pfahlbau). Bei der definitorischen Abgrenzung der Begriffe Hütte und Haus wird die Art des verwendeten Materials nicht berücksichtigt; als Hütte wird eine Behausung bezeichnet, die eine bauliche Einheit ist, während das Haus aus zwei Bauelementen — Wänden und Dach — besteht.

Zelte werden als besonderer (transportabler) Typus der Kategorie Hütte zugeordnet. Die Klassifizierung der verschiedenen Haustypen beruht im wesentlichen auf Grundriß und Dachform.

Zwischen Klima und Hausform besteht offensichtlich eine gewisse Verbindung, aber es steht fest, daß der Behausungstypus nicht vom Klima bestimmt wird. Das zeigt sich schon an der großen Variationsbreite von Bauformen, die in verschiedenen Regionen unter klimatisch vergleichbaren Bedingungen die notwendigen Erfordernisse des Kälteschutzes in ganz unterschiedlichem Ausmaß abdecken. Entscheidungen darüber, welchen konkreten Zweck und auf welche Weise eine Behausung diesen erfüllen soll, richten sich nicht nach klimatischen und physiologischen Kriterien; vielmehr scheinen sozio-kulturelle Faktoren eine große Rolle zu spielen. Anderenfalls wäre die große Vielfalt von Wohn- und Bauformen, die unter annähernd gleichen ökologischen Bedingungen und technologischen Voraussetzungen anzutreffen sind, nicht erklärbar.

Mit dem Begriff Siedlungsform wird die Art und Weise erfaßt, wie die einzelnen Familien ihre Wohnstätten innerhalb eines gegebenen Areals anordnen. Für die Anlage einer Siedlung sind, abgesehen von der Umwelt (Wasser, Weide- und Ackerland, Wald), eine Reihe anderer Faktoren, wie Gesellschaftsstruktur, Wirtschaftsform und politische Organisation bedeutsam; Sicherheitsverhältnisse spielen eine gewisse Rolle, doch ebenso können Glaubensvorstellungen Ausrichtung der Hauseingänge, Straßenführung nach Himmelsrichtung eine Rolle spielen.

Als Haupttypen dörfischer Siedlungsform gelten das Runddorf und das Straßendorf (Reihendorf); die Größe der einzelnen Siedlungen ist sehr unterschiedlich. Von der Anlage hier erscheinen sie in manchen Fällen „ungeplant", in anderen ist ein klares Anordnungsschema erkennbar. Häufig wohnen die Familien der Siedlungsgemeinschaft gruppenweise nach bestimmten Kriterien (Verwandtschaft, Status, Beschäftigung, Kaste) geordnet in „Bezirken" beisammen, die mehr oder weniger deutlich gegeneinander abgesetzt sind.

In Reihendörfern stehen die Häuser (bisweilen doppelzeilig) entlang der Hauptstraße, in Runddörfern sind sie kreisförmig um einen Mittelpunkt angeordnet; das kann der Dorfplatz sein, der gleichzeitig als Versammlungsort dient, oder eine Kultstätte bzw. ein Heiligtum.

Außerhalb der Siedlungen liegen oft die sogenannten Menstruationshütten; sie sind das äußere Kennzeichen von Gesellschaftssystemen mit ausgeprägtem Geschlechtsantagonismus, der primär in Gruppen beobachtet wird, deren Wirtschaftsform auf Jagd oder Viehzucht beruht. Mentruierende Mädchen und Frauen ziehen sich in diese eigens für diesen Zweck geschaffenen Hütten zurück, um während dieser Tage, an denen sie als innerlich unrein gelten, jede Berührung mit Männern zu vermeiden. Die Absonderung von der Öffentlichkeit kann auf den Eintritt der ersten Regel beschränkt sein und bildet dann einen Teil der Pubertätsbräuche (Südwestafrika, Toda in Indien).

In vielen traditionellen Siedlungsgemeinschaften bildet das Männerhaus nicht nur das bauliche Zentrum des Ortes, sondern hat auch sozio-kulturelle Bedeutung, was mitunter durch eine aufwendigere Bauweise (Verzierungen) zum Ausdruck gebracht wird. Männerhäuser sind eine weltweit verbreitete Einrichtung, aber es sind kulturspezifische Unterschiede ihrer Funktion(en) vorhanden. In der Regel werden dort Versammlungen und wichtige Beratungen abgehalten, Gäste empfangen und beherbergt. Oft steht das Männerhaus im Mittelpunkt kultischer Zeremonien, dient als Aufbewahrungsort sakraler Gegenstände, und es kann

Bestattungsort sozial hochgestellter Personen sein. Eine wichtige Rolle spielt es als Stätte gesellschaftlicher und politischer Erziehung der Jugend und insbesondere im Zusammenhang mit der Knabeninitiation (Aufnahme in die Erwachsenengruppe). Eine Sonderform stellt das Knabenhaus dar, das vor allem in Kulturen anzutreffen ist, wo die Knabeninitiation relativ früh und vor der Geschlechtsreife stattfindet. Es kommt hierbei notwendigerweise zu einer Verschiebung der ursprünglichen Funktion des Männerhauses, da verschiedene dafür charakteristische Merkmale wegfallen.

In manchen Dorfgemeinschaften gibt es getrennte Schlafhäuser für männliche und weibliche Jugendliche (z. B. Khamti, Indien), die dann an entgegengesetzten Ortsenden stehen. Vereinzelt werden auch Jugendschlafhäuser angetroffen (wie bei den Muria/Gond, Indien), wo beide Geschlechter gemeinsam und gezielt (einschließlich Sexualerziehung) auf das spätere Zusammenleben vorbereitet werden.

Das Männerhaus steht in enger Verbindung mit den Altersklassenverbänden und dem Geheimbundwesen und ist für Frauen und Kinder im allgemeinen tabuisiert. Im Bereich der Südsee ist die Einrichtung am vielfältigsten entwickelt und erfährt eine betont künstlerische Gestaltung. In Australien, Südamerika und im allgeinen auch in Indien sind Männerhäuser nicht üblich.

Wohn-, Haus- und Siedlungsformen stehen miteinander in engem Zusammenhang und sind in hohem Maße von der jeweiligen Kultur geprägt. Sie bringen die spezifische Lebensform einer Gesellschaft, ihre Interaktionsmuster und besondere Beziehungen zu bestimmten Mitgliedern der Gemeinschaft, bzw. das Meiden anderer zum Ausdruck; an dem Komplex Wohnen im weitesten Sinne des Wortes werden soziologische, weltanschauliche, technologische und wirtschaftliche Aspekte der Kultur ablesbar.

Auf dem Gebiet der Kultur- und Persönlichkeitsforschung liegen einige wenige Studien vor. Insgesamt aber gibt es keine genauen Untersuchungen darüber, was z. B. in den verschiedenen Kulturen das Haus für die Familie bedeutet, wie es genutzt wird, wie der Privatbereich definiert ist, usw.

Feste und *Feiern* werden in jeder Gesellschaft einerseits von dem ihr eigenen Daseinsverständnis und andererseits von den im Leben wichtigen Ereignissen bestimmt. Weiterhin ist zwischen profanen und sakralen Feierlichkeiten zu unterscheiden, die jedoch bei Naturvölkern nicht voneinander zu trennen sind, weil die Glaubensvorstellungen mit der Lebensgestaltung eine Einheit bilden.

Geburt und Tod sind die einschneidenden Vorkommnisse im Dasein des Einzelnen, betreffen aber die Familie insgesamt; sie werden in allen Kulturen von einem mehr oder weniger großen Verwandtschaftskreis rituell begangen. Diesem Komplex sind im weiteren Sinne auch die Riten und Zeremonien der Namensgebung (sofern das überhaupt eine Rolle spielt) und der Bestattung der Toten zuzuordnen.

Der Form der Eheschließung wird in einfachen Gesellschaften selten besondere Bedeutung beigemessen; erst im Bereich der seßhaften Ackerbauern und Viehzüchter tritt ein ausgebildetes Zeremoniell in Erscheinung. Dabei macht sich deutlich das Bestreben geltend, das Paar durch magische bzw. symbolhafte Handlungen vor Übelwollen feindlicher Mächte zu schützen.

Alle jene Riten, die den Übergang eines Menschen von einem Daseinszustand oder Sozialstatus in einen anderen vorbereiten oder begleiten, werden mit dem Begriff *Übergangsriten* erfaßt; in der einschlägigen Literatur wird häufig der (1909 von Van Gennep geprägte) aus dem Französischen übernommene Ausdruck "rites de passage" benutzt. Diese Riten sind dazu bestimmt, die übernatürlichen Bedrohungen oder Gefahren abzuwenden, die der Moment der Schwebe zwischen dem früheren und dem neuen Zustand für die Betroffenen oder die ganze Gemeinschaft mit sich bringen könnte. Alle bedeutenden kritischen Perioden des menschlichen Lebens (Geburt, Pubertät, Heirat, Tod) werden durch jeweils kulturspezifische Übergangsriten und Zeremonien hervorgehoben, deren Ablauf von drei Aspekten bestimmt ist: Trennung von der früheren Stellung oder der früheren Lebensform; „Abstand", der dem gefahrvollen Zwischenzustand entspricht, und Aufnahme, durch die eine Person mit dem neuen Status in die Gesellschaft eingegliedert wird.

Der Übergang vom Kind zum geschlechtsreifen Erwachsenen steht bei den meisten traditionellen Kulturen im Mittelpunkt gesellschaftlicher, religiöser und mystisch-magischer Festlichkeiten, an denen direkt oder indirekt die ganze Gemeinschaft teilnimmt. Die damit verbundenen Riten, die sehr große kulturelle Unterschiede aufweisen, bringen die zeremonielle Anerkennung der physischen Reife zum Ausdruck; erst danach ist der Jugendliche vollwertiges Mitglied seiner Gesellschaft. Gelegentlich gilt das auch für Mädchen, aber im wesentlichen betrifft es in starkem Maße nur die männliche Jugend, und mancherorts sind Frauen, wenn überhaupt, nur beschränkt zu den Feierlichkeiten zugelassen. Die vorausgehende Vorbereitungszeit stellt den eigentlich wichtigen Aspekt dar; sie dient der systematischen Einführung in die zukünftigen Aufgaben und der Festigung der Tradition (in Bezug auf Mythologie, Stammesgeschichte, überlieferte Texte usw.).

Im Zusammenhang mit diesen Zeremonien, die eine ganze Altersklasse betreffen, welche dadurch von einem gesellschaftlichen Status in einen anderen übergeht, findet die Bezeichnung Initiation weitverbreitete Verwendung. Dieser Begriff sollte auf nur diejenigen Riten und Prüfungen beschränkt bleiben, deren Ziel es ist, bestimmte Kandidaten in geschlossene Gruppen einzuführen (Geheimbünde, Bruderschaften etc.). Initiationsriten, in diesem engeren Sinn definiert, gewährleisten oder feiern die Rekrutierung einer Elite, bzw. die Auswahl bestimmter privilegierter Individuen. Aus diesem Grunde stellen sie Mut, Geschichlichkeit, esoterisches Wissen oder die Verläßlichkeit der Kandidaten auf die Probe.

Das den Übergang in das Erwachsenendasein markierende zeremonielle Brauchtum ist (wie aus kulturvergleichen Untersuchungen hervorgeht), essentiell das gesellschaftliche Integrationsritual zur Festigung der Gruppensolidarität. Diese Funktion haben implizit auch die großen Gemeinschaftsfeste, wenngleich sie in erster Linie Ausdruck von Lebensfreude sind. Bei den Völkern, die mit der Natur verbunden und in ihrer Existenz weitgehend davon abhängig sind, steht die aus dieser Perspektive gesehene Arbeitswelt als Anlaß für verschiedene Veranstaltungen unterschiedlicher Dauer im Vordergrund (zeremonielle Jagd, Aussaat, Ernte, Heimholen der Herden von der Weide, usw.); einen wesentlichen Bestandteil bilden daher pantomimische Darstellungen der verschiedenen Tätigkeiten und des weiteren Theateraufführungen über stammesgeschichtliche Ereignisse oder der Mythologie entnommene Themen. Tänze, sowohl von bestimmten Gruppen als auch mit Beteiligung der Gesamtgemeinschaft und verschiedentlich auch Wettspiele sind die charakteristischen Merkmale der Feste und Feiern.

Eine besondere Variante stellen die sogenannten Verdienstfeste dar. Sie sind relativ weit verbreitet und im allgemeinen nur in Kulturen mit „demokratischer" Gesellschaftsordnung anzutreffen. Die zugrundeliegende Idee ist, besondere Taten und Leistungen zu sammlen, um diese gegenüber den anderen Mitgliedern der Gemeinschaft aufzuzeigen. Es kann sich ein förmlicher „Verdienstadel" herausbilden, der in Grade gegliedert ist, die man nacheinander durchläuft, um immer höher aufzusteigen; danach kann man wieder von vorn beginnen (Naga) oder die Stellung eines halbgöttlichen Ahnen erlangen (Neue Hebriden). Die Verdienste sind je nach kultureller Akzentuierung unterschiedlich; Verdienst-Taten können in Tötung von Großwild oder Feinden (häufig eng mit Kopfjagd verknüpft); in einer großen Anzahl von Kindern, Haustieren/Herden, vor allem im Besitz materieller Güter zum Ausdruck kommen. Während des Verdienstfestes muß (prahlerisch) darauf hingewiesen werden; Reichtum wird verschwendet (Schlachten von Vieh, Verteilen von Wertgegenständen) oder sogar vernichtet, um einen „Wert" zu erhalten. Das kann zur totalen Verarmung des Festgebers führen, der aber unter Umständen auf diese Weise das höchste Ansehen erreicht. „Verdienstvolle" erhalten außer allgemeiner Hochachtung besondere Privilegien, die in Kleidung, Schmuck, Hausrat, Denkmälern, Grabbauten usw. in Erscheinung treten können.

Der Verdienstkomplex tritt im wesentlichen erst bei Kulturen auf, deren Wirtschaftsform intensiver Feldbau ist, der die Voraussetzung für die Produktion der Nahrungsmittelmengen bildet, die eine Verdienstfeier überhaupt ermöglichen. Verdienstfeste bzw. der Verdienstkomplex sind in Westafrika (Cross-Fluß), Äthiopien, im Hindukusch, Assam, im östlichen Indonesien, auf den Philippinen und in Melanesien anzutreffen.

4.1.2. Wirtschaftsführung

> „Wir leben in einem gefährlichen Zeitalter. Der Mensch beherrscht die Natur, bevor er gelernt hat, sich selbst zu beherrschen."
>
> *A. Schweitzer*

Der Begriff Wirtschaft umfaßt die sozio-kulturellen Prozesse, die mit der Versorgung von Menschen mit den für sie notwendigen Unterhaltsgütern und Bedarfsgegenständen in Zusammenhang stehen. Wirtschaft ist neben Technologie und Ergologie (Werkzeug/Geräte) ein wesentlicher Bestandteil der Kultur und bestimmt weitgehend die Daseinsgestaltung.

Außer der Nahrungs- und Rohstoffgewinnung, zu der die verschiedenen Formen der Art und Leistung zu rechnen sind, der Verteilung der Unterhaltsgüter und dem Güterverkehr gehören auch der Besitz und die Bildung von Überschußgütern zum Gesamtkomplex der Wirtschaft.

Die Grundelemente wirtschaftlicher Prozesse sind: (a) Produktion, derjenige Aspekt menschlicher Tätigkeiten, wobei Wirtschaftsgüter durch Arbeit hervorgebracht werden; (b) Arbeit, die Art der Aktivität, durch welche Güter beabsichtigt geschaffen und erhalten, oder Leistungen erbracht werden; (c) Verteilung, wodurch die Güter dem Einzelnen bzw. Gruppen zugänglich gemacht werden; und (d) Konsum, der den Verbrauch der produzierten Güter betrifft.

Im Laufe der Entwicklung ethnologischer Forschung wurde der Begriff Wirtschaft von verschiedenen Gesichtspunkten aus betrachtet und daher oft unterschiedlich weit gefaßt. So wurden innerhalb der jeweiligen Forschungseinrichtungen einzelne Teilaspekte in den Vordergrund gerückt und andere vernachlässigt. Darüber hinaus ist in der Gesamtheit einer Kultur die ganue Abgrenzung des wirtschaftlichen Bereichs nicht immer möglich. Einerseits bestehen enge Relationen mit anderen Teilgebieten besonders im Hinblick auf die materiellen Produkte insgesamt, und ökonomische Gegebenheiten haben Auswirkungen auf die Gesellschaftsordnung, die politische Organisation, Brauchtum und Rechtswesen, andererseits können aber auch Aspekte des Glaubens, des Daseinsverständnisses und die Sozialstruktur für die Wirtschaftsform prägend werden.

Den Kernkomplex jeder Wirtschaft bildet die *Nahrungsmittelgewinnung*, auf der das Schwergewicht der (zeitaufwendigen) wirtschaftlichen Tätigkeit liegt; sie ist auch für die Bezeichnung der einzelnen Wirtschaftsformen von grundlegender Bedeutung. Grundsätzlich ist zwischen *aneignender* und *produzierender* Wirtschaft zu unterscheiden: erstere besteht im Sammeln, Jagen, Erbeuten aller von der Umwelt dargebotenen Naturprodukte; der Mensch ist Allesesser und nimmt die ihm zur Verfügung stehende Nahrung unverändert zu sich.

Das Kennzeichen der produzierenden Wirtschaftsform ist das bewußte Eingreifen des Menschen in Wachsen und Werden der Natur; damit überwindet er seine totale Abhängigkeit von den gegebenen Umweltverhältnissen und beginnt dann, sich die Natur dienstbar zu machen. Die ersten Schritte in dieser Richtung sind die Domestikation von Wildtieren und Wildpflanzen und führen in den Bodenbau, das Hirtentum und die Viehzucht; die vorhandenen Nahrungsquellen werden ausgewählt und Überschüsse bevorratet. Der weitere Verlauf bringt eine immer größere Spezialisierung der Wirtschaftsweise, an deren Ende die mechanisierte Lebensmittelproduktion der Industriekulturen steht.

Eine für die Wirtschaftsprozesse ausschlaggebende Erfindung stellt die Feuererzeugung dar; sie bildet eine der Voraussetzungen für die Entwicklung der Wirtschaft überhaupt nach einer langen Zeitspanne, während der das durch Naturereignisse entstandene Feuer lediglich bewahrt werden konnte. Die Möglichkeit, Feuer zu entfachen, wurde wahrscheinlich an mehreren Orten der Erde entdeckt. Die offenbar einzige Ethnie, die in der Gegenwart keine Methode der Feuererzeugung kennt (oder zumindest bis vor kurzem nicht kannte), dürften die Andamaner (Inselbewohner in der Bucht von Bengalen) sein. Die Beherrschung des Feuers brachte einschneidende Veränderungen in die Bodennutzung (Brandrodung), Nahrungsmittelzubereitung, Geräteherstellung (Brennen von Tongefäßen) und der Siedlungsbauweise (Ziegelerzeugung).

Nach dem derzeitigen Kenntnisstand wird das Kriterium zur Unterscheidung der verschiedenen Wirtschaftsformen (Wirtschaftssysteme, Wirtschaftshorizonte) in den vorwiegend verwendeten Techniken zur Nahrungsmittelgewinnung gesehen.

1. Sammelwirtschaft

Diese älteste Wirtschaftsform ist dem Typus der aneignenden Wirtschaft zuzuordnen und umfaßt die Gruppe der Wildbeuter und die der spezialisierten Sammler, Jäger und Fischer.

Die (von E. Grosse 1896 aufgezeigte) Unterscheidung zwischen „höherer und niederer" Jagd- und Sammlerwirtschaft soll keine Entwicklungsreihe aufstellen, sondern nur eine allgemeine Einteilung treffen; diese kann jedoch nur relative Geltung haben, da in der Praxis eine genaue Abgrenzung meistens nicht möglich ist. Sie ist auch nicht als Aussage über das entwicklungsgeschichtliche Alter der einzelnen Jäger- und Sammlerkulturen zu verstehen, da diese Wirtschaftsform in hohem Maße von den ökologischen Gegebenheiten abhängig ist. Eine Verschlechterung der Umweltbedingungen kann oder mußte zur Wiederaufnahme der einfacheren Wirtschaftsform führen.

Wildbeuter ernähren sich ausschließlich oder überwiegend von gesammelten Wurzeln, Samen, Beeren, Früchten, Insekten, Kleintieren, Fischen.

Charakteristisch ist eine relativ große Bandbreite der für die Ernährung in Frage kommenden Produkte, aber nicht alles im Prinzip Genießbare wird tatsächlich verwendet; eine kulturspezifische Auswahl ist zu beobachten.

Die Zusammensetzung der Nahrung wechselt im Zusammenhang mit den jahreszeitlichen Veränderungen; die Abhängigkeit von der gerade vorhandenen Nahrung und dem Vorhandensein von Trinkwasser bedingen häufigen Ortswechsel.

Die Bezeichnung Wildbeuter wurde geprägt, da es sich in gewisser Weise um ein „Ausbeuten" der von der Natur gebote-

Frühformen der Sammlerwirtschaft

Umwelt

geringe Erträge

saisonal hohe Erträge

kein Nahrungsüberschuß

Überschüsse an Nahrung

Vorratshaltung (Konservieren)

vorübergehende Seßhaftigkeit

Spezialisierte Sammler, Jäger und Fischer

Feldbau

dauernde Seßhaftigkeit

keine Bevorratung

häufiger Ortswechsel Nomadisieren

Wildbeuter

nen pflanzlichen und tierischen Produkte handelt, ohne zur Vermehrung und Sicherheit des Fortbestandes der Arten beizutragen.

Die wildbeuterische Lebensweise kann sehr einfach sein, aber auch bereits Ansätze zu Bodenbau und Tierhaltung zeigen. Sie ist bei niedriger Bevölkerungsdichte auf die großflächige Nutzung von Naturräumen abgestellt, die relativ geringe Ernährungsmöglichkeiten bieten.

Der Lebensraum der heute noch existenten Wildbeuterkulturen (Nordamerika, Australien, Sri Lanka, Indien) in den sogenannten Rückzugsgebieten wird durch Eingriffe von außen (industrielle Großprojekte und der damit verbundenen Umweltzerstörung) so weit eingeschränkt, daß ihr Verschwinden/Aussterben oder ihre Proletarisierung abzusehen sind.

Eine besondere Ausprägung findet die Sammelwirtschaft im systematischen Suchen/Auffinden der Vorräte von Nagetieren, Ameisen und Einsammeln von Wildhonig (Chenchu/Indien, Wedda/Sri Lanka, lateinamerikanische Indianer, Australien).

Der Begriff Feldbeuter (P. Schebesta, 1936) für eine essentiell wildbeuterisch ausgerichtete Wirtschaftsmethode, die aber ihren täglichen Nahrungsbedarf durch gelegentliches Einpflanzen schnell wachsender Schößlinge sicherzustellen versucht, hat sich in der Ethnologie nicht durchgesetzt.

Spezialisierte Sammler, Jäger und Fischer sind in Regionen zu finden, wo — jahreszeitlich bedingt — eine Überfülle an einem bestimmten Sammelgut oder einer bestimmten Tierart besteht. Große Mengen eingebrachten Sammelgutes ermöglichen Vorratshaltung (Trocknen), um die Ernährung während des ganzen Jahres sicherzustellen.

Als *Erntevölker* werden (nach dem von J. Lips 1964 in die Ethnologie eingeführten Begriff) Sammler bezeichnet, die bei der Nahrungsbeschaffung das Hauptgewicht auf ein systematisches Einernten saisonmäßig vorkommender Wildpflanzen legen, welche — konserviert — die Basis der Ernährung bilden und relative Seßhaftigkeit ermöglichen. Derartige Ethnien weisen größere Bevölkerungsdichte innerhalb kleinerer, bevorzugter Räume auf. In ihrer Organisation sind sie den anbautreibenden Sozialeinheiten ähnlich.

2. Anbauwirtschaft

Der Allgemeinbegriff Anbauwirtschaft umfaßt im wesentlichen zwei Arten nicht-mechanisierter Ackerbaumethoden: Feldbau und Intensivanbau.

Feldbauern decken ihren Bedarf an Nahrungsgütern vorwiegend durch eine Wirtschaftsform, die auf dem Anbau von Nutzpflanzen auf gerodeten Waldflächen beruht; da sie die Versorgung der Gruppe weitgehend sicherstellt, ist deren Aufenthalt innerhalb eines relativ kleinen Gebietes für eine längere, aber begrenzte Zeit möglich.

Die Nährstoffgehalt des Boden entsteht hauptsächlich durch die Asche von Bäumen und anderen Pflanzen, die beim Roden der Flächen verbrannt werden. Die zunächst hohen Erträge bei verhältnismäßig geringem Arbeitsaufwand sinken nach einigen Jahren. Diese Wirtschaftsform führt notgedrungen zu unstabiler, schweifender Lebensweise, da die Anbauflächen wegen Erschöpfung des Bodens immer wieder gewechselt werden müssen. Die aufgegebenen Felder können, wenn sich der Pflanzenbewuchs (abhängig vom Klima nach 7−15 Jahren) regeneriert hat, wieder genutzt werden. Es gibt Gruppen (z. B. Gond/Indien), die innerhalb ihres Stamm-/Klan-Gebietes nach einer Art Rotationssystem in bestimmten Abständen in die alten Siedlungen zurückkehren. Angebaut werden in den Waldregionen neben Knollenfrüchten, Getreide (Hirsearten) und Bananenstauden auch Gemüse und Fruchtbäume; auf jeweils einer Fläche wachsen die verschiedenen angebauten Nutzpflanzen zwischen stehengebliebenen Stümpfen und großen Wurzeln und vermitteln den Eindruck einer Naturlandschaft.

Als Geräte verwenden die Feldbauer Grabstöcke, Hacken und Brechstangen beim Anbau, Steinbeile und Messer (abgesehen vom Feuer) zum Roden.

Das charakteristische Merkmal dieser Wirtschaftsform, die auch Brandrodung, Rodungsbau oder Schwendwirtschaft genannt wird, ist die verhältnismäßig kurze Nutzungszeit der Flächen, die häufiges Roden bedingt. Je nach den Gegebenheiten wird Feldbau mit Sammeln, Jagen, Fischen und Viehhaltung kombiniert. Schwendwirtschaft wird heute noch in weiten Gebieten Afrikas, Asiens und Amerikas betrieben (auf rund 36 Mio qkm mit einer auf diese Fläche entfallenden Bevölkerung von etwa 200 Mio.). Eine wesentliche Voraussetzung für den Fortbestand von Feldbau-Kulturen ist die Regenerationsfähigkeit der Umwelt, bzw. deren Erhaltung. Schrumpfung des Lebensraumes infolge äußerer Eingriffe oder rapides Bevölkerungswachstum führt zu Bodenverschlechterung und schließlich Versteppung, womit den Feldbauern ihre Lebensgrundlage entzogen ist.

Zur Beurteilung einer Feldbau-Kultur aus wirtschaftsethnologischer Sicht sind eine Reihe verschiedener Aspekte und Faktoren in Betracht zu ziehen. Eine wichtige Rolle spielen die demographischen Verhältnisse (Bevölkerungsdichte, Verbreitung und Zahl der Population, Wachstumsrate, usw.); ferner sind die ökologischen Gegebenheiten wie Klima, Niederschlagsmenge und Feuchtigkeitsgrad, Topographie, Bodenbeschaffenheit, Vegetation, Flora und Fauna im kulturellen Gesamtkontext zu berücksichtigen.

Die Tendenz zu permanenter Flächennutzung, wobei einzelne Felder nur vorübergehend brach liegen bleiben, weist auf eine Bewirtschaftungsform hin, die als *Intensivanbau* bezeichnet wird. Sie ist mit Seßhaftigkeit verbunden: eine relativ große Bevölkerungszahl kann sich von den Erträgen relativ kleiner Flächen ausreichend ernähren. Es werden in erster Linie Getreidesorten (Roggen, Weizen, Mais, Hirse, Reis), aber auch Knollenpflanzen (Kartoffelarten), Gemüse (Hülsenfrüchte und Kürbissorten) und Fruchtbäume angebaut. Die Ertragsfähigkeit wird durch eine Reihe verschiedener, kombiniert angewandter Methoden wie Fruchtwechsel, Düngung, Kompostbildung, künstliche Bewässerung und mechanische Aufbereitung des Bodens (Pflug), aber auch durch die Berücksichtigung bestimmter Geländeformen (Terrassenanlagen) gesteigert. Während die Jagd als Nahrungsquelle in den Hintergrund tritt, bleibt die Fischerei in verschiedenen Formen weiterhin bestehen.

Intensivanbau hat mehrere Varianten; seine jeweiligen Formen haben sich in den verschiedenen Regionen der Welt kulturspezifisch entwickelt.

Der *Ackerbau* (Anbau mit Bodenaufbereitung), insbesondere durch Verwendung des Pfluges, verbreitete sich aus Vorderasien seit etwa dem 4. Jahrtausend v. Chr. in weiten Teilen Europas, Süd- und Ostasien und Afrikas. Ackerbau ist in besonderem Maße mit subsidärer Viehhaltung kombiniert, die in gewisser Weise erforderlich wird (Zugtiere, Düngung).

Intensivanbau und Ackerbau erfordern in der Regel einen höheren Arbeitsaufwand als Schwendwirtschaft, weil diese Wirtschaftsform zur Erhaltung der Ertragsfähigkeit die ständige

Pflege der Nutzflächen verlangt; bei Störungen in der Nutzung können weite Gebiete leicht unbrauchbar werden.

3. Hirtenwesen

Diese Wirtschaftsform basiert auf Viehhaltung. Sie ist baumarmen, trockenen Landschaften (Steppen, Savannen, Tundren, kargen Hochgebirgsregionen) besonders gut angepaßt und stellt in diesen Regionen als Alternative zur wildbeuterischen Lebensform das geeignete Wirtschaftssystem dar. Da auf den wasserarmen Flächen mit relativ geringem Pflanzenwuchs nur eine begrenzte Anzahl von Tieren herdenmäßig erhalten werden kann, ist notwendigerweise die Zahl der von dieser Wirtschaftsform abhängigen Menschen niedrig, bzw. die Bevölkerungsdichte gering. Die Herdenhaltung erfordert für die aktiv am Hüten und Versorgen der Tiere beteiligten Gruppenmitglieder eine weitgehend nomadische Lebensweise, die vielfach durch einen jahreszeitlich bedingten Wanderzyklus zu den jeweils günstigeren Weideflächen und Wasserstellen bestimmt ist. Im allgemeinen werden Siedlungen häufig verlegt, was nicht ausschließt, daß in klimatisch begünstigten Regionen mit ausreichend vorhandenem Weideland auch ausschließlich mit Herdenhaltung befaßte Gruppen seßhaft sind (Toda/Südindien).

Klimaschwankungen und/oder Überweidung bei steigender Herdengröße können mitunter sehr schnell zu einer dratischen erzwungenen Reduzierung der Tiere und damit zu Hungersnot führen. Hirten leben überwiegend oder ausschließlich von den Produkten ihrer Herdentiere (Schafe, Ziegen, Rinder, Kamele, Rentiere); das Hauptnahrungsmittel bildet Milch (Butter/Käse). Der Fleichsbedarf wird, falls überhaupt vorhanden, nur durch allerlei Kleintiere gedeckt. Hingegen gilt warmes (abgezapftes) Rinderblut in einigen Kulturen (z. B. bei den Massai/Ostafrika) als stärkendes Getränk.

Im Bereich des Hirtennomadismus und Kulturgefügen, in denen die Herdenhaltung einen dominierenden Wirtschaftsfaktor darstellt, wird das Schlachten von repräsentativen Herdentieren meistens abgelehnt. Diese Haltung beruht einerseits auf der hohen Wertschätzung der Tiere, sowohl als Nahrungsspender als auch als Vermögensgrundlage, andererseits spielen emotionale Gründe und Prestige ebenfalls eine Rolle. So werden die Tiere höchstens zu Opferzwecken, bzw. anläßlich bestimmter Ahnen- und Verdienstfeste getötet.

Zu der Frage, wie oder auf welcher Basis das Herdenwesen entstand, stehen sich in der Ethnologie zwei Lehrmeinungen gegenüber. Die Vertreter der einen Denkrichtung nehmen an, daß Jäger und Sammler, die mit allen Lebensbereichen der Tierwelt eng verbunden sind, in bestimmten Regionen und unter gewissen Bedingungen durch Zähmung/Züchtung von Herdentieren zu nomadisierenden Hirten wurden. Die Verfechter einer zweiten Hypothese gehen davon aus, daß die Überführung von Herdentieren in den Haustierzustand in seßhaften, ackerbaulich orientierten Kulturen erfolgte, und daß sich das Hirtennomadentum zu einem späteren Zeitpunkt aus einer gemischtwirtschaftlichen Kultur herausgelöst habe, indem der Feldbau aufgegeben wurde bei gleichzeitigem Übergang zur alleinigen Viehwirtschaft mit nomadisierender Lebensweise.

Aus den verschiedenen Wirtschaftssystemen wird die Art der menschlichen Anpassung an die naturgegebenen Umweltbedingungen ablesbar; trotz einfachster Werkzeuge vollbrachte schon der frühe Mensch erstaunliche Leistungen, die ihn als vernunftbegabtes, zu kausal-logischem Denken fähiges Wesen ausweisen.

Der Mensch stellt Geräte her, die den Arbeitsaufwand bei bestimmten Tätigkeiten erleichtern (Werkzeuge, Vorrichtungen zur Bodenbearbeitung, zum Fangen/Jagen von Tieren). Für die pfluglose Bodenaufbereitung war die Hacke ein weit verbreitetes Handgerät. Daher wird vielfach verallgemeinernd (unrichtigerweise) anstatt von Feldbau von Hackbau (E. Hahn, 1919) gesprochen. Die Hacke ist durchaus nicht überall das bevorzugte Gerät, sondern wird neben anderen verwendet oder fehlt ganz. Eine Klassifizierung der Feldbaumethoden müßte zwischen Grabstockbau, Spatenbau, Hackbau usw. unterscheiden.

Sowohl zur Nahrungsmittelgewinnung als auch zur Herstellung von Gegenständen des täglichen Gebrauchs werden bestimmte Methoden angewendet; sie fallen unter den Begriff *Technologie*, der aber weiter gefaßt ist: er beinhaltet die Gewinnung und Verarbeitung von Rohstoffen, die mit dem Gesamtprozeß verbundenen Tätigkeiten in ihrer zeitlich-räumlichen Dimension und die Organisation des notwendigen Arbeitsaufwandes. Für die Erfassung einer gegebenen Technologie ist ihr struktural-funktionaler Einbau in das jeweilige Kulturgefüge von ausschlaggebender Bedeutung.

Der Bereich Technologie wurde von der Ethnologie weitgehend vernachlässigt, abgesehen von generalisierenden Feststellungen, die ihn als denjenigen Aspekt einer Kultur bezeichnen, in dem sich die Relation zwischen Mensch und Umwelt artikuliert.

Ethnographische Arbeiten enthalten mitunter sehr genaue Beschreibungen von Werkzeugen/Geräten, die in der untersuchten Kultur angetroffen wurden; es fehlen aber theoretische Reflexionen über die inneren Zusammenhänge zwischen Werkzeug und Information. Im ethnologischen Sinn umfaßt „Werkzeug" alles (auch Hände und Füße), mit dessen Hilfe „Material" der Nutzung durch den Menschen zugänglich gemacht bzw. zu diesem Zweck „bearbeitet" wird. Die Verwendung des Werkzeuges setzt Information voraus. Auch die einfache Sammeltätigkeit erfordert Kenntnisse über die Brauchbarkeit von Pflanzen als Nahrung und deren jahreszeitliche Verfügbarkeit; Jäger und Fallensteller müssen über das Tierverhalten Bescheid wissen, usw. Information, im Sinne von Wissen, das durch Erfahrung oder Erlernen erworben wird, bildet die „theoretische" notwendige Komponente der Technologie.

Ein weiterer Aspekt der Betrachtungsweise bezieht sich auf das Zusammenwirken von Rohstoff, Tätigkeiten und Fertigkeiten, woraus sich durch die Verwendung von Werkzeugen deren Umsetzung in Werte des menschlichen Gebrauchs ergibt. Werkzeug, Aufgabenstellung und Tätigkeit bestimmen einander einerseits, doch sind sie andererseits bis zu einem gewissen Grad auch voneinander unabhängig: in vielen Fällen können mit einem Werkzeug verschiedene Aufgaben ausgeführt werden und umgekehrt. Die Verwendung eines bestimmten Werkzeugs zu einem bestimmten Zweck kann kulturspezifisch bedingt sein, aber es lassen sich auf dieser Ebene keine Aussagen über die Technologie einer Kultur machen. Erkennbar wird ihre Logik nur in der Zusammenschau des jeweils vorhandenen Grundinventars an Werkzeugen, der verfügbaren Rohstoffe aus zeitlicher und räumlicher Perspektive in Verbindung mit den Fertigkeiten, Tätigkeiten und Kenntnissen zu deren Nutzung unter Einbeziehung des ideologischen Hintergrundes spezifischer Arbeitsmuster.

Die Technologie einer Kultur wird in ihren materiellen Erzeugnissen zum Ausdruck gebracht. Das *Handwerk* ist in besonderer Weise mit der Wirtschaftsform verknüpft. In der Ethnologie bezieht sich der Begriff nicht (nur) auf eine gewerbsmäßig betriebene Tätigkeit, sondern allgemein auf die Herstellung der materiellen Dinge, die eine Gesellschaft benötigt, wobei die Geschicklichkeit des Ausführenden einen maßgeblichen Anteil hat.

Sofern die Fertigung von Gebrauchsgegenständen nur für den Eigenbedarf der Familie bestimmt ist, handelt es sich um Hauswerk. Der Produktionsablauf kann, muß aber nicht arbeitsteilig sein. Dorfwerk weist sich durch eine bereits vorhandene Spezialisierung einzelner Familien auf die Anfertigung gewisser Produkte (Töpferwaren, Korb-/Flechterzeugnisse, Metallgegenstände usw.) aus, ohne daß die Herstellung notwendigerweise auf jene beschränkt bleibt; Hauswerk kann durchaus daneben weiterbestehen. Die Bindung bestimmter handwerklicher Produktionszweige an bestimmte Familien (-gruppen) und damit auch die Weitergabe besonderer Kenntnisse und Fertigungstechniken erfährt ihre deutliche Ausprägung in kastentypisch oder gilden-(zunft-)-mäßig strukturierten Gesellschaftssystemen.

Die kleinste ökonomische Einheit ist die Familie. In den nicht-industriellen Kulturen sind Familien und Haushalte Selbstversorger im Hinblick auf Produkte und Leistungen; dieses System wird *Subsistenz*-Wirtschaft genannt, im Vergleich zu anderen Wirtschaftsformen, die auf einem bestimmten, mehr oder weniger komplizierten, Verteilungsschema für Waren und Leistungen basieren.

Für die Kulturen der Wildbeuter, Sammler, Jäger und Fischer ist Subsistenzwirtschaft charakteristisch; in den Wirtschaftsformen der Feld- und der Intensivbauer überwiegt Selbstversorgung für die Bereiche der Nahrungsbeschaffung und die Gegenstände des täglichen Gebrauchs. Auch heute noch bildet in nicht-industriellen Kulturen Unterhaltswirtschaft vielfach die Existenzgrundlage der ländlichen Bevölkerung. Gebrauchsgegenstände werden zum Teil im Familienverband gefertigt, zum Teil erworben; in diesem Zusammenhang und bei gemischten Wirtschaftsformen trifft die Bezeichnung Subsistenzsektor zu.

Verteilung und Austausch von Gütern setzt auf der einen Seite Überschuß und auf der anderen Bedarf voraus: auf dieser Grundlage kann *Handel* entstehen. Er findet seine einfachste Ausprägung in der Form des sogenannten Depothandels oder stummen Handels, der zwischen einander fremden Gruppen stattfindet. Ein Partner hinterlegt seine Waren an einer bestimmten Stelle und zieht sich zurück, um abzuwarten, ob der andere Partner seine mitgebrachten Waren gegen diese einzutauschen gewillt ist. Wenn das der Fall ist, werden die zurückgelassenen Tauschobjekte von der ersten Gruppe abgeholt. Nimmt der Partner die Waren nicht an, werden sie unter Umständen ergänzt (z. B. tauschen auf diese Weise Pygmäen Wildfleisch, Felle, Elfenbein mit Negern gegen pflanzliche Nahrungsmittel). Die beiden Tauschpartner nehmen keinen Kontakt miteinander auf. Derartige Formen des Tauschhandels wurden schon von Herodot und Plinius beschrieben; sie sind u. a. auch zwischen Weddas und Singhalesen, bzw. Negritos und Malaien anzutreffen.

Der den Tauschhandel bewirkende Faktor ist nicht immer Produktionsüberschuß; das Vorkommen begehrter Rohstoffe in bestimmten Regionen und handwerkliche Erzeugnisse besonderer Art waren schon in der Frühzeit Anlaß zu einem oft weit verbreiteten Handel zwischen den Stämmen und oft über große Strecken hinweg (Fernhandel).

Afrika scheint das ,,klassische Land der Märkte" zu sein, wo alle Formen des Markthandels − angefangen vom einfachen, von Frauen betriebenen Markt bis hinaus zum gut organisierten Karawanenhandel − vertreten sind.

Marktwesen wird als das ,,Vorhandensein regelmäßig wiederkehrender an bestimmte rechtliche Vorschriften gebundener Zusammenkünfte mehrerer Gruppen zum Zweck des Warenaustausches und in den entwickelten Formen des Warenverkaufs mit eingeschalteten Wertmessern" definiert (W. Fröhlich, 1940). Ortsbindung und Regelmäßigkeit sind die entscheidenden Kriterien. Die ethnologisch interessanten Aspekte sind die Fragen, wo der Markt stattfindet (innerhalb oder außerhalb der Siedlung und aus welchen Gründen), welche Warenauswahl in Realtion zur Wirtschaft angeboten wird und wie sich der Abnehmerkreis zusammensetzt.

In einfachen Wirtschaftsformen wird nicht immer Wert gegen Wert abgewogen; die Verfügbarkeit spielt eine gewisse Rolle, primär geht es aber um den Austausch von Gütern/Gaben. Nach der vorherrschenden Lehrmeinung entwickelte sich der Handel aus Geschenkaustausch. Dazu führten nicht wirtschaftliche Faktoren, oder nur in sehr geringem Maße, sondern soziale und emotionale Überlegungen. Das über die ganze Erde verbreitete Phänomen des Geschenkaustausches, der in vielerlei Varianten praktiziert wird, gewann im Strukturalismus in der These von der Reziprozität grundlegende Bedeutung, indem der Zusammenhalt und die Beziehungen der Individuen und Gruppen zueinander in Abhängigkeit von dem Prinzip der Gegenseitigkeit gesehen werden (M. Mauss, 1925, dtsche Ausg. 1968).

Die Theorie des Wirtschaftsdeterminismus führt alle kulturellen und historischen Erscheinungsformen auf ökonomische Gründe zurück; sie wird von Gesellschaftswissenschaftlern aller Richtungen heftig angegriffen und darf nicht mit dem Historischen Materialismus verwechselt werden, der postuliert, daß die jeweilige Wirtschaftsform zwar sehr bedeutsam ist, jedoch keinesfalls von anderen Bereichen menschlicher Tätigkeit losgelöst, sondern speziell in Verbindung mit der Gesellschaftsordnung (Klassensystem) zu sehen ist; nur aus ihrer Gesamtheit lassen sich historische und sozio-kulturelle Phänomene verstehen und erklären.

Wirtschaftsethnologie ist eine Forschungsrichtung, die sich mit all den Phänomen beschäftigt, die in unserer Gesellschaft in den Bereich der Ökonomie fallen. Dieser Zweig der Ethnologie scheint in Begriff zu sein, eine relativ autonome Position zu erlangen. Die Wirtschaftsethnologie unterscheidet sich von der allgemeinen Ethnologie einerseits durch ihre betont empirische Ausrichtung, aufgrund derer sie Sachverhalte hervorhebt, denen von der traditionellen Ethnographie nur zweitrangige Beachtung geschenkt wurde, und andererseits durch die Anwendung von Theorien und Methoden (der Wirtschaftswissenschaft), die sich an Industriekulturen orientieren. Es wird angestrebt, auf ein allgemeingültiges, für alle Kulturen zutreffendes theoretisches Grundlagenwissen zu kommen.

Die Eigenständigkeit der Forschungsausrichtung in zweifacher Hinsicht, in Verbindung mit dem Bestreben, einen unabhängigen Platz zwischen den universitären Disziplinen einzunehmen, führt — nicht ganz unbegründet — zu dem Vorwurf, die geforderte kulturelle Gesamtschau (von M. Mauss, 1950, totales Sozialphänomen genannt), als „goldene Regel" der Ethnologie, nicht ausreichend zu berücksichtigen.

4.1.3. Religion

"To describe a way of life is to describe a religious way of life."

D. Lee, 1952

Seit den ersten ethnographischen Berichten über fremde Kulturen war das Interesse für deren Glaubensformen und Praktiken groß, da es nicht dem entsprach, was der meist christliche Beobachter aufgrund seiner Erziehung unter Religion verstand. Angefangen von Vorstellungen über in Aberglauben verstrickte „bedauernswerte Primitive" reicht die breite Palette bis hin zu Behauptungen, bei den Naturvölkern sei alles uneingeschränkt religiös. Die Vorstellung, daß sie einen Gottesbegriff oder monotheistische Religionen haben könnten, war mit den positivistischen und evolutionistischen Dogmen des 19. Jahrhunderts unvereinbar. Die axiomatische Feststellung (E. B. Tylor), daß der Gottesbegriff erst nach einer langen Entwicklung animistischen Denkens entstanden sei, wurde allgemein akzeptiert. Untersuchungen, die aufzeigten, daß die Evidenz — soweit es die meisten noch existenten einfachen Kulturen betrifft — zu einer entgegengesetzten Schlußfolgerung (A. Lang, W. Schmidt) fanden damals wenig Beachtung. Heute sieht man in diesen sogenannten Ursprungstheorien (im chronologischen Sinn des Wortes) nur wenig mehr als spekulative Überlegungen. Man erkennt klarer, daß das Leben der untersuchten Ethnien in bestimmten Zusammenhängen religiös, in anderen progan ist, daß es in einigen Bereichen von irrationalen Glaubensvorstellungen durchdrungen ist, in anderen den Erfordernissen der Logik entspricht; das Vorstellungsbild eines höchsten Wesens ist ebenso gegeben wie der Glaube an Geister, Gespenster und Dämonen.

Aus früheren ethnozentrischen Arbeiten und den damit verbundenen Kontroversen wurde die Unterscheidung zwischen Religion und Magie übernommen; sie ist auf die beobachtete Wirklichkeit nur schwer anwendbar, bleibt aber von gewissem theoretischen Interesse.

Magie setzt den Glauben an das Vorhandensein übernatürlicher persönlicher Kräfte voraus, die beeinflußbar sind und nutzbar gemacht werden können. Bei ihrer Ausübung handelt es sich um streng determinierte, institutionelle Praktiken von zwingender Wirksamkeit; sie sind auf konkrete Ziele gerichtet, die im wesentlichen dem Wohl der Gemeinschaft dienen. Wenn die magischen Handlungen nicht zu dem gewünschten Ergebnis führen, wird das mit einem dabei unterlaufenen rituellen Fehler oder Irrtum erklärt; die Möglichkeit, daß sich die übernatürlichen Kräfte gegen den Magier auflehnen, ist nicht gegeben.

In der Ethnologie wird begriffsinhaltlich zwischen Magie und *Zauberei* unterschieden. Bei gleichem ideologischen Grundprinzip ist das Kriterium der Abgrenzung die strikte Exklusivität der Zauberpraktiken und ihre Anwendung zur Erlangung individueller Wünsche, die Nutzen oder Schaden bedeuten können (Schadenzauber). In der Praxis ist die Trennung zwischen Magie und Zauberei kaum aufrecht zu erhalten.

Der Begriff *Religion* ist heute in der Ethnologie weit gespannt. Es gibt aber keine Definition von Religion, die allgemein akzeptiert ist. Der Grund, weshalb hinsichtlich der zu erfassenden Phänomene keine Übereinstimmung erzielt wurde bzw. wird, dürfte einerseits in der großen kulturellen Vielfalt religiöser Erscheinungsformen liegen, andererseits aber auch auf Werturteile und stereotype historische Einstellungen zurückzuführen sein, die bis zu einem gewissen Grad, zumindest unterschwellig, noch vorhanden sind. Grundsätzlich geht man davon aus, daß der Glaube an eine transzendente Wesensheit (ein oder mehrere Wesen bzw. Mächte) oder an transzendente Gegebenheiten (z. B. Nirwana im Buddhismus) das wesentliche Merkmal von Religion sind. Nur dann von Religion zu sprechen, wenn Glaube an ein einziges höchstes Wesen vorliegt, ist eine Begriffseinengung, die dem Sachverhalt nicht entspricht, die aber in der älteren Fachliteratur relativ häufig vorkommt.

Das zweite Kriterium zur Definition von Religion besteht in einem gefühlsbetonten, aber bewußten Abhängigkeitsverhältnis und dem Herstellen von Kontakten zu dem Transzendenten durch kultische Handlungen.

Neuere, vor allem aus dem anglo-amerikanischen Raum kommende Definitionsversuche heben die funktional-strukturalen Aspekte von Religion hervor. Der Begriff Religion umfaßt demnach die institutionalisierten „kulturellen Interaktionsmuster" des Menschen mit „kulturell postulierten Wesen" bzw. Mächten, die ihm helfen oder schaden können (Spiro, 1956). Um Rolle und Funktion beschreiben zu können, müssen psychologische und soziologische Faktoren berücksichtigt werden;

159

Glaubensformen und Glaubenspraktiken "shape an ethic manifest in the behavior" (N. Birnbaum, 1964), und sie sind so organisiert, daß sie für die einzelnen Religionssysteme charakteristisch sind. Die Definition von Religion als "a system of symbols which acts to establish powerful pervasive and long-lasting moods and motivations in men by formulating conceptions of a general order of existence and clothing these conceptions with an aura of factuality that the moods and motivations seem uniquely realistic" (Geertz, 1966) betont ebenfalls implizit den psychologischen Aspekt der Glaubensformen; sie stellt m. W. eine brauchbare Grundlage für die zukünftige ethnologische Religionsforschung dar.

Für Untersuchungen über die Wechselbeziehungen zwischen Religion und Gesellschaft (wobei der Schwerpunkt oft auf der soziologischen Sicht liegt) kann die Ethnologie nur das Material liefern, um dann die Ergebnisse der psychologischen Forschung in ihre Schlußfolgerung einzubeziehen.

Die phänomenologische Betrachtungsweise der Religion strebt eine vergleichende Analyse der Erscheinungen des Glaubenslebens an, um gemeinsame Wesensmerkmale festzustellen, historische Gesichtspunkte werden dabei nicht berücksichtigt.

Mehrfach wurde versucht, Klassifizierungssysteme der Glaubensformen aufzustellen; im allgemeinen werden Animismus, Magismus, Manismus (Ahnenkult), Dynamismus, Naturismus, Polydämonismus, Polytheismus und Monotheismus genannt. Das Kriterium für derartige typologische Gliederungen ist das Verständnis der transzendenten Wesensheit; die einzelnen Religionen mit ihren kultischen und rituellen Manifestationen werden unter dem Gesichtspunkt ihres jeweiligen „inneren Kerns" den einzelnen Obergruppen zugeordnet. Derartige Klassifizierungen erscheinen wenig sinnvoll, da sie den „Tatbeständen nicht gerecht werden können".

Darüber hinaus sind die Begriffe selbst nicht immer eindeutig abgegrenzt. Animismus bezieht sich einerseits auf die spezifische Art des „Glaubens an Geisterwesen", die (nach den zwischen 1860 und 1870 formulierten Ursprungstheorien von Th. Waitz und E. B. Tylor) als Urform der Religion angesehen werden; andererseits versteht man darunter im weiteren Sinne eine Form religiöser Weltanschauung, nach der nicht nur dem Menschen eine „Seele" zukommt, sondern auch Tieren, Pflanzen und Naturerscheinungen; durch Opfer oder Zauberpraktiken sollen diese Seelen/Geister besänftigt oder dienstbar gemacht werden.

Dynamismus ist die (von Van Gennep in die Fachliteratur eingeführte) Bezeichnung für Glaubensformen, denen die Vorstellung einer unpersönlichen dynamischen Lebenskraft zugrunde liegt. Diese ist in der Natur vorhanden, wird aber in bestimmten Gegenständen, Tieren und Personen besonders wirksam. Diese außergewöhnliche Kraft kann durch Fasten, Einsamkeit usw. erworben und vermehrt werden, aber auch wieder verloren gehen. Dynamische Aspekte sind mit unterschiedlichen Bezeichnungen auch in Verbindung mit anderen Glaubenselementen in vielen Religionen anzutreffen. Er erlangt im Mana-Glauben (Polynesien/Melanesien) eine spezifische Ausprägung und ist dort mit zahlreichen Tabu-Vorschriften verbunden.

Im Sinne dynamistischer Vorstellungskomplexe werden einem bestimmten Gegenstand häufig schützende oder abwehrende Kräfte zugeschrieben. Er wird (seit C. de Brosses, 1760) als *Fetisch* bezeichnet, wird entsprechend geschätzt und gelegentlich mit Anrufungen bzw. magischen Handlungen bedacht, wobei es sich aber nicht im eigentlichen Sinn um Kult handelt. Wenn der betreffende Fetisch (Stein, Horn figürliche Darstellung) von einem Geist bewohnt gedacht wird, dem eine bestimmte Funktion zukommt, und dessen Aufenthaltsort, d. h. der Fetisch selbst als Symbol dieses speziellen Geistes gilt (z. B. Westafrika), liegt eine Sonderform animistischer Prägung vor.

Im Vergleich zum Fetisch ist das *Amulett* (Naturfund, künstliches Ding, Knochen usw.) ein Gegenstand, dessen geheimnisvolle Kräfte ganz allgemein dem Träger (und vielfach auch dessen Familie) dienstbar sind, indem sie seine Fähigkeiten stärken und ihn schützen (Abwehrzauber gegen den „bösen Blick"). Ein Amulett behält seine Wirksamkeit, solange der Besitzer festes Vertrauen in dessen Eigenschaften hat. Es ist als Fetisch zu bezeichnen, wenn sich der Träger eines Amuletts an dieses wie an eine Person wendet, um Hilfe zu erbitten.

Als *Talisman* (vorderer Orient) wird ein Gegenstand bezeichnet, dessen geheimnisvolle Kräfte erst durch einen magischen Spruch aktiviert werden und den Besitzer vor Unglück und Schaden bewahren sollen. Einem Talisman kann die glücksbringende Kraft wieder genommen werden.

Eine besondere Form, mit transzendenten Wesen (Geistern, Dämonen) in direkte Verbindung zu treten und deren Kräfte zu nutzen, ist der *Schamanismus*. Er beruht auf religiösen und magischen Vorstellungen, die durch ekstatische Praktiken speziell dazu berufener (durch Traum oder Vision) Personen Gestaltung finden. Schamanistische Handlungen dienen meistens dem Wohl der Gemeinschaft (Krankenheilung, Wahrsagen, usw.) und sind im allgemeinen an keine bestimmte Religion gebunden. Der Schamane gerät durch Ekstase in einen körperlichen und seelischen Ausnahmezustand; dieser wird durch lange Vorbereitung (Tanz, Gesang, Rezitationen oder vorübergehende Einsamkeit) mit Hilfe eines Schutzgeistes erreicht. Sobald die Trance eingetreten ist, wird der Schamane vom transzendenten Wesen ergriffen (Besessenheit); seine individuelle Persönlichkeit ist ausgeschaltet. Vielfach besteht auch die Vorstellung, daß sich ein Schamane vorübergehend in andere Personen oder auch Tiere und Geister verwandeln kann.

In Nord- und Zentralasien hat der Schamanismus besondere Prägung erhalten; Praktiken und schamanistische Tendenzen finden sich aber auch in anderen Gebieten (Afrika, Feuerland, Australien).

In allen Religionen bringt der Mensch seine Ehrfurcht gegenüber dem (den) transzendenten Wesen und seine Unterordnung unter dessen (deren) Macht im *Kult*, d.h. durch Gebete, Opfer, Symbole und bestimmte Zeremonien bzw. Riten zum Ausdruck. *Riten* sind kulturspezifisch determinierte in traditionell festgelegten Formen vollzogene religiöse oder magische Handlungen. Nach E. R. Leach (1954) ist Ritual der symbolisch signifikante Aspekt von Routine. Kalendarische Riten sind immer öffentlich, gelten dem Gemeinwohl und markieren für die Gesellschaft wichtige Ergebnisse (z.B. Feldsegnung, Aussaat, Erntebeginn usw.); Übergangsriten werden innerhalb eines bestimmten Personenkreises beim Eintritt des Individuums in einen neuen Daseinszustand (Geburts, Reife, Initiation, Heirat, Tod) vollzogen. Aufgrund der Durkheimschen Dichotomie sakral/profan wird zwischen dem vom mystischen Element bestimmten Ritual und Zeremonie unterschieden, wodurch eine feine Trennlinie zwischen magischen und religiösen Handlungen gezogen wird.

In den modernen Industriekulturen waren Säkularisierung und sinkender Einfluß der institutionellen Religion (Kirche) von einer starken Hinwendung zum Okkulten begleitet; hier lassen symbolisches Verhalten und Ritual die Aspekte des Heiligen

(Religiösen) mit denen des Profanen (Technologischen) zusammenfließen.

4.1.4. Recht und Norm – Rechtsverständnis und Rechtspraxis, Gebrauchsrecht

> "... man acts to relieve tension ..."
>
> *D. Lee*, 1948

Sozialgebilde müssen, unabhängig von ihrer Größenordnung, eine gewisse Dauerhaftigkeit aufweisen, um – im weitesten Sinn des Wortes – die Bedürfnisse ihrer Gruppe zu befriedigen und ihr Sicherheit zu geben. Eine der wesentlichen Voraussetzungen dafür ist die Ordnung des Zusammenlebens der Mitglieder einer Gesellschaft; die erforderliche Grundlage dafür sind

(a) Festlegung kultureller Normen zur Regelung der Interaktionsmuster im Hinblick auf Rechte und Pflichten innerhalb der Gemeinschaft;

(b) Festsetzung von Verfahrensweisen zur Beilegung von Auseinandersetzungen aufgrund von Interessenkonflikten und

(c) Schaffung von Einrichtungen, um die Befolgung und Durchsetzung der formulierten Regeln zu erleichtern.

Eine Gemeinschaftsordnung ist eine *Rechtsordnung*, wenn sie imstande ist, die Existenz der jeweiligen Gruppe zu sichern, bzw. wenn ohne ihre Wirksamkeit die Gruppe auseinanderfallen würde.

Das Rechtsdenken wird von religiös und ideologisch bestimmten Wertvorstellungen geprägt; in schriftlosen Gesellschaften ist es meistens nur in seinem kulturellen Gesamtzusammenhang überhaupt faßbar.

Das Recht dient in erster Linie der Aufrechterhaltung der sozialen Ordnung nach allgemein verbindlichen, dauerhaften Regeln, auch wenn diese nicht expressis verbis in einem corpus iuris systematisiert sind. Es hat eine gesellschaftliche Kontrollfunktion, die bei Übertretung der Regeln wirksam wird, indem sie bestimmte im Recht verankerte Sanktionen (festgelegte Strafen, Buße, Ausschluß aus der Gemeinschaft usw.) verhängt. Sowohl die Ordnungs- als auch die Kontrollfunktion des Rechts sind für das Funktionieren einer Gesellschaft unverzichtbar.

Auch eine auf Tradition beruhende Rechtsordnung, die durch Glaubensvorstellungen „geheiligt" als verbindlich empfunden wird, kann weder Konflikte vermeiden, noch ohne gewisse Zwänge auskommen. Das wird einerseits an der großen Vielfalt von (rituellen) Praktiken zur Wahrheitsfindung und andererseits an zahlreichen Tabu-Vorschriften ablesbar. Psychologische Zwangsmittel (Tabus, magische Schutzmittel) haben in einem bestimmten Rechtskontext (nach L. Adam/R. Thurnwald, 1958) nicht bloß abschreckenden Effekt, sondern „wirken nach vollzogener Rechtsverletzung eo ipso als Strafe oder aus Ausmerzung des Störens der Ordnung an der Ordnungsgemeinschaft."

Im Unterschied zu den komplexen Rechtssystemen moderner Gesellschaften sind in traditionellen Kulturen die Grenzen zwischen öffentlichem Recht und Privatrecht schwer zu ziehen; im allgemeinen steht die Gemeinschaft im Vordergrund (als schlimmste Strafe gilt Ausschluß) und so tritt auch die Solidarität mit allen ihren Folgen (z. B. Blutrache) stärker in Erscheinung.

Ausgehend davon, daß grundlegende soziale Prozesse dem Prinzip von Leistung und Gegenleistung folgen, kann (wie R. Thurnwald 1934 ausführt) die „Grundlage für menschliches Gerechtigkeitsgefühl" und damit auch die „sozialpsychologische Grundlage allen Rechts" in der Reziprozität gesehen werden. Auf dieser gedanklichen Ebene ist Recht als System von Regeln zu verstehen, welche „die Verpflichtungen einer Person und die rechtmäßigen Ansprüche einer anderen" festsetzen und „durch Vereinbarung reziproker Dienste" dann „gegenseitige Abhängigkeiten" schaffen (Malinowski, 1926). Schon im Entzug der Gegenleistung sei eine wirksame Sanktion gegeben, um eine gestörtes Gleichgewicht gesellschaftlicher Beziehungen wieder herzustellen.

Die komplexe Verzahnung von Rechtsverständnis und Gesamtkultur bleibt für die allgemeine Ethnologie der wesentliche Aspekt und die Grundlage ihrer Untersuchungen. Während sich frühere Studien vorrangig damit befaßten, die formalen Strukturen der Rechtsordnung zu erfassen und die für die Rechtsprechung zuständigen Autoritäten und Institutionen zu ermitteln und zu beschreiben, steht heute der Systemcharakter des Rechts nicht mehr im Vordergrund. Wichtige Fragen sind vielmehr, wie bestimmte Rechtsnormen im Alltag angewendet und durchgesetzt werden, bzw. inwieweit Rechtspraxis und Rechtsvorstellungen übereinstimmen. Erkenntnisse über den Prozeßcharakter des Rechts können im allgemeinen nur auf der unteren Ebene des Rechtsgeschehens, in der sogenannten Mikroperspektive gewonnen werden: an konkreten Rechtsbrüchen und den jeweiligen Sanktionen, bzw. an Konfliktfällen und deren Lösungen wird deutlich, was in der jeweiligen ethnischen Gruppe als Recht gilt; Fallstudien sind für die Ethnologie eine wichtige Methode, zu einem realistischen Bild tatsächlicher Rechtsregeln zu gelangen. Aus Ergebnissen von Fallstudien geht hervor (Pospischil, 1971), daß auch in relativ homogenen Gesellschaften das System ihrer Rechtsnormen insofern nicht immer einheitlich ist, als auf den verschiedenen „sozialen Ebenen" die Regeln variieren und auch von den Individuen unterschiedlich verstanden und ausgelegt werden.

Spezifische Rechtsinterpretationen und Anwendungspraktiken können, wenn auch in relativ langfristigen Prozessen, interne Veränderungen der Rechtsordnung bewirken, indem das „Gebrauchsrecht" zur Norm wird. Externe Einflüsse führen unter Umständen zu Rechtspluralismus, der dann gegeben ist, wenn traditionelles Recht und neue Rechtsformen nebeneinander existieren. Diese Situation ist für viele Gesellschaften in ehemaligen Kolonialgebieten kennzeichnend, wo die Fremdmacht ihr geltendes Recht einführte (Erbrecht in Indien, Eherecht in Afrika, usw.).

Die Frage, wie der Begriff ‚Recht‘ in der Ethnologie definiert werden sollte, löste kontroverse Diskussionen aus; dabei kristallisierten sich sehr unterschiedliche Grundpositionen heraus.

Die Befürworter einer funktionalstischen Definition betonen den Funktionszusammenhang zwischen den zur Aufrechterhaltung der gesellschaftlichen Ordnung festgelegten kulturellen Normen und anderen Bereichen der Lebenswirklichkeit (Verwandtschaftsbeziehungen, Religion, Wirtschaft), ohne jedoch von vornherein bestimmte Regeln im Sinne von Rechtsordnung in ein System zu bringen. Demgegenüber gehen legalistische Definitionen von Rechtsbegriffen der eigenen (westlichen) Kultur aus. Es wird versucht, diese — mehr oder weniger modifiziert — auf andere Kultursysteme zu projizieren und zur Untersuchung von deren rechtlichen Gegebenheiten heranzuziehen. Dabei wird bei normwidrigem Verhalten die Verhängung von Sanktionen durch das „Rechtsorgan" der Gesellschaft als entscheidendes Begriffskriterium angesehen. Demnach würden Sozialgebilde, die kein organisiertes System von Sanktionen besitzen, nur Sitten, Gebräuche und „soziale Gewohnheiten" (A. R. Radcliffe-Brown, 1952) praktizieren, aber kein „Recht" und ständen außerhalb der Gruppe „geordneter" Gesellschaften.

Im Zusammenhang mit der Definitionsfrage wird eine grundsätzliche Problematik der modernen Rechtsethnologie angesprochen: Inwiefern der Begriff „Recht" überhaupt brauchbar oder gerechtfertigt ist; er enthält, wie auch andere Begriffe dieses Gesamtkomplexes (Strafe, Buße, Eigentum u. a. m.) vielfach kulturspezifische, kaum bewußte Nebenbedeutungen.

Daraus ergibt sich für manche Wissenschaftler (Gulliver, 1969; Roberts, 1979) die Konsequenz, auf eine Definition von „Recht" überhaupt zu verzichten, weil sie überflüssig erscheint. Schließlich können Untersuchungen, die sich darauf beziehen, wie die Mitglieder einer Gemeinschaft innerhalb eines gegebenen Netzwerks von Beziehungen und sozialen Prozessen zueinander oder gegeneinander stehen, welchen gesellschaftlichen Effekt (Konformität, soziale Kontrolle) eine Sanktion hat, und welche Formen der Konfliktbeilegung bevorzugt werden, auch ohne die Definition eines Rechtsbegriffes auskommen, dem eigene Denkkategorien zugrundeliegen.

Wenn „Recht" als Inbegriff der Normen und Regeln zu verstehen ist, mit deren Hilfe Struktur, Organisation und Verwaltung einer Gesellschaft „in Ordnung" gehalten werden, macht es auch die Institutionalisierung von Methoden zur Beilegung von Konflikten erforderlich. Konfliktfälle ergeben sich aus der Übertretung von Rechtsnormen und aufgrund entgegengesetzter Interessenlagen, die in keiner Gesellschaft völlig vermieden werden können und nach neueren Forschungen für deren Fortbestand nötig sind. Es gehört aber zu den wichtigen Funktionen von Recht, Ausgleich zwischen zwei oder mehreren streitenden Parteien, seien es Individuen, Gesellschaftsgruppen oder Institutionen, herzustellen. Konflikte treten in sehr unterschiedlichen Formen (verbale Beschimpfung, Zauberpraktiken, öffentliche Kontroversen, Streiks, Zensur, gerichtliche Prozesse, gewaltfreier Widerstand, Revolution usw.) in Erscheinung. Vor welche Foren Streitigkeiten gebracht werden, bzw. welche Instanzen für die Schlichtung zuständig sind, legt die jeweilige Rechtsordnung oder auch nur die traditionelle Rechtspraxis fest.

Die Methoden der Konfliktlösung weisen große kulturelle Unterschiede auf; in Relation zu der sozial-politischen Struktur können Gesellschaften die Tendenz zeigen, auf dem Verhandlungsweg eine Kompromißlösung zu finden und so den sozialen Frieden wieder herstellen, aber sie können auch Entscheidungen durch Schieds-/Richterspruch bevorzugen, der dann in der Regel zugunsten des einen oder des anderen Kontrahenten ausfällt.

Die Ethnologie hat bislang keine allgemeine Konflikttheorie aufgestellt und in der Praxis gegebenenfalls auf die Erkenntnisse anderer Disziplinen zurückgegriffen. Das mag damit zusammenhängen, daß die Ethnologie aufgrund ihrer traditionellen Konzeption von Kultur als integratives, ausgewogenes System in Konflikten irreguläre (wenn nicht pathologische) Abweichungen von der kulturellen Norm sah, die einen Störfaktor darstellen. Logischerweise hat sie sich mit den Fragen der Konfliktbewältigung eingehend beschäftigt und die in den untersuchten Kulturen angetroffenen Formen und Methoden der Konfliktbereinigung in einer *Typologie* zusammengefaßt.

1. Bei *Verhandlung* suchen die Gegner nach einer für beide Parteien akzeptablen Lösung ohne Einschaltung eines Dritten, doch oft mit Unterstützung anderer.
2. Bei *Vermittlung* wird ein Dritter eingeschaltet, um bei der Lösung des Konfliktes zu helfen; das kann auf dreierlei Weise geschehen:
   - jeder der beiden Opponenten kann die Einschaltung eines Vermittlers verlangen;
   - ein Verwaltungsorgan ernennt einen Vermittler;
   - der Vermittler kann sich aus eigenem Ermessen als die an der Konfliktbeilegung interessierte Partei einschalten. wobei auch Sanktionen als mögliches Druckmittel infrage kommen.

   Voraussetzung für die Intervention ist die Zustimmung beider gegnerischen Parteien, unabhängig von den Umständen, die dazu führen.
3. *Rechtssprechung* verlangt eine Entscheidungsfindung durch eine offizielle Stelle oder Autoritätsperson, die ermächtigt ist, ein Urteil zu fällen. Die Institutionalisierung der Rechtsprechung tendiert zur Formalisierung von Verhaltensnormen und Verfahrensweisen, und sie kann im allgemeinen nicht ohne entsprechende Druckmittel/Sanktionen auskommen.

4. Beim *Schiedsspruch* stimmen beide Parteien einer Intervention von dritter Stelle zu und erklären sich darüberhinaus vorher bereit, das Urteil anzunehmen.
Eine Sonderform dieser Art von Konfliktlösung stellt Schiedsspruch durch Gottesurteil (z. B. Feuerprobe) und Weissagung (z. B. bei Schamanen) dar; sie ist in vielen schriftlosen Gesellschaften in verschiedenen Varianten anzutreffen. Das Urteil wird als von einer höheren/übernatürlichen Macht kommend verstanden.

5. *Umgehung* (avoidance) entspricht einer indirekten Konfrontation; die eine Partei unternimmt nichts im Hinblick auf Wiedergutmachung von Schaden oder Unrecht; allerdings soll durch diese Taktik ein Einlenken des Gegners erreicht werden.

6. Bei *Nötigung* erzwingt eine der streitenden Parteien den Ausgang der Auseinandersetzung zu ihren Gunsten und bestimmt, ob und welche Konzessionen sie macht. Gewaltandrohung ist als Möglichkeit gegeben; sie führt in der Regel zur Verhärtung des Konflikts und verhindert eine friedliche Lösung.

Soziokulturelle Phänomene werden unter der Prämisse „faßbar", das Zusammenleben in der Gruppe soziales Handeln bedeutet; dieses wird jedoch erst durch das gemeinsame Grundverständnis von Werten möglich. So kann sich die Erfassung einer Kultur nicht in der Anhäufung von Daten und Fakten erschöpfen; sie beinhaltet notwendigerweise Erkenntnisse über das Ineinandergreifen der einzelnen sozio-kulturellen Einrichtungen, ihren Stellenwert innerhalb des Gesamtkomplexes aufgrund kultur-

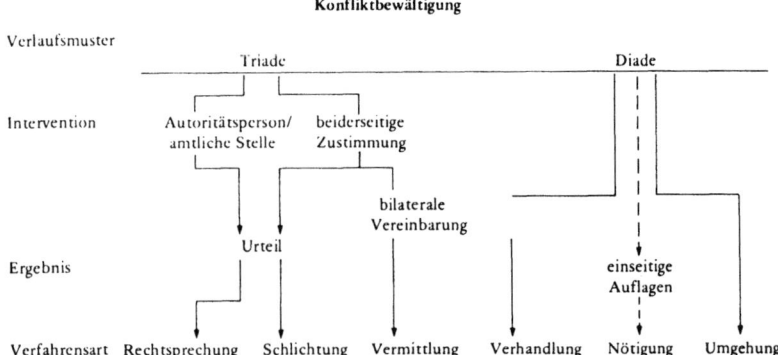

Konfliktbewältigung

spezifischer Interpretationen und deren Bedeutsamkeit in der Lebenswirklichkeit. Das verlangt die Einbeziehung vieler anderer Aspekte und deren Relationen zueinander im Gesamtkontext. Jagd ist in manchen schriftlosen Gesellschaften der bestimmende Faktor der Wirtschaftsform, weil sie die Hauptquelle der Nahrungsmittelversorgung darstellt. Ihre Formen weisen aber eine große Bandbreite von Varianten auf. Die Jagd kann — aus sehr unterschiedlichen Gründen — eine Angelegenheit des Einzelnen sein, oder ein Gemeinschaftsunternehmen der Gruppe und zum gesellschaftlichen Ereignis werden. Damit verbinden sich eine Reihe von weiteren Fragen: Wer nimmt an der Jagd teil; welche „Waffen" werden verwendet; werden nur bestimmte Tiere gejagt und warum; wie wird die Beute verteilt; welche Rolle spielen Tabu-Vorschriften auch im Hinblick auf den Verzehr oder die Ablehnung bestimmter Teile des Tieres; wie groß ist der zeremonielle Aufwand, usw. Fliegende Tiere oder solche, die sich dem Blick des Menschen schnell entziehen, werden oft mit bestimmten Seelenvorstellungen in Verbindung gebracht. So spielt z. B. die Schlange in zahlreichen Kulturen eine wichtige Rolle; sie hat als Kult-Tier nahezu universale Verbreitung, was sich vielfach auf die Fähigkeit zurückführen läßt, ihre Haut abzustreifen und zu erneuern (Unsterblichkeit). Andererseits können Abscheu und Furcht ebenfalls zu ihrer Verehrung führen, wobei sie entweder als Dämon gedacht durch Opfer und Geschenke begütigt wird, oder mit der Vorstellung „göttlicher Fruchtbarkeit" umkleidet, herangelockt und mit Nahrung versorgt wird. Vielfach gelten bestimmte Tiere oder auch Pflanzen als Fruchtbarkeitssymbol.

Mythen können mitunter Zusammenhänge erhellen, für die es scheinbar keine Erklärung gibt. Im wesentlichen fließen im Mythos Elemente der Weltbetrachtung und des Glaubens mit Vorstellungen über die Herkunft der eigenen Gruppe (Stammelternpaar) zusammen. Inhaltliche Bedeutung haben auch darin enthaltene Hinweise über die Entstehung von Naturdingen und Kulturgütern, die sich in spezifischen Verhaltensmustern und Vorstellungen niederschlagen. Die Tatsache, daß in einer gegebenen Kultur ein bestimmtes Handwerk im Vergleich zu anderen ähnlichen Tätigkeiten in der sozialen Hierarchie dieser Gesellschaft eine relativ hohe Rangstufe innehat; kann auf mythischen Wurzeln beruhen, die es als besondere Gabe der Götter an die betreffende Gemeinschaft ausweisen. Religiöse und weltanschauliche Aspekte dürfen aber nur dann als mythisch angesehen werden, wenn sich ihre Herleitung von einem Mythos nachweisen läßt. Grundsätzlich gegenüber dem Mythos abzugrenzen sind Sagen, da in ihnen historische Ereignisse von Bedeutung sind und Legenden; diese beziehen sich größtenteils auf Gestalten des Glaubens oder der Geschichte und sind stark lokalisiert.

Erwähnenswert erscheint in diesem Zusammenhang eine Theorie (von Gehlen, 1956), wonach die Entstehung der wichtigen sozio-kulturellen Institutionen auf Mythen zurückgeführt bzw. im kultischen Kontext gesehen werden: „... so bleibt als allein denkmöglich (...), daß nämlich im darstellenden Ritus ein *zweckfreies* aber *obligatorisches* Verhalten vorlag, dessen *sekundäre*, unvoraussehbare Zweckmäßigkeit sich herausstellte, dann allerdings der menschlichen Vernünftigkeit ein unbegrenztes Gebiet neuer Anwendung eröffnete".

4.2. Kulturaustausch

„Es genügt nicht zu wissen, wie die Dinge sind, sondern man muß wissen, wie sie wurden, was sie sind."

F. Boas, 1920

4.2.1. Kulturwandel und Kulturpolitik

Für das Verständnis der Situation in den armen und − nach den Maßstäben der Industriegesellschaften − ‚unterentwickelten‘ Regionen der Welt ist es notwendig, die Zusammenhänge zu kennen. Die in diesem Kontext zentralen Begriffe sind *Kulturwandel, Akkulturation* und *Kulturaustausch*. Als Kulturwandel soll jede Veränderung kultureller Umstände bezeichnet werden, die Struktur und Funktionieren einer Gesellschaft entscheidend beeinflußt; Kulturwandel, als Komplex dynamischer Prozesse verstanden, die aus der Vergangenheit in die Gegenwart fortwirken, beinhaltet notwendigerweise auch den historischen Aspekt. Auch Kulturaustausch bedeutet Veränderung, aber die Übernahme kultureller ‚Dinge‘ wirkt im Gesamtsystem nicht als Störfaktor, weil der Inhalt der Kultur dadurch nicht wesentlich verändert wird. Kulturaustausch läuft auf der Ebene gegenseitigen Kennenlernens ab, wobei zweckorientierte, bestimmten Eigeninteressen entspringende Einflußnahme ausgeschaltet ist.

Sozio-kulturelle Veränderungen vollziehen sich in sehr unterschiedlichen Zeitmaßen und Rhythmen; daher glaubte man, zwischen dynamischen (historischen) Kulturen und statischen oder „immobilen" (Toynbee, 1947) Kulturen bzw. Gesellschaften unterscheiden zu können, die sich gleichsam außerhalb von Geschichte befinden und deren Erscheinungsformen in einer „ewigen ethnographischen Gegenwart" (G. Balandier, 1960) festgeschrieben zu sein schienen. Diese Einteilung, die relativ lange Zeit für brauchbar oder sogar erforderlich gehalten wurde, stößt heute auf Ablehnung. Nicht nur das Begriffsverständnis von Wandel hat sich geändert, sondern weltweit auch die kulturellen Gegebenheiten. Während noch vor wenigen Jahrzehnten die Zahl der Gesellschaften, die sich als „entwickelt" betrachteten, nur etwa ein Sechstel der Menschheit betrug, und die Daseinsformen der großen Mehrheit der Menschheit in hohem Maße von den Bedingungen ihrer natürlichen Umwelt abhängig waren, gibt es jetzt kaum mehr Kulturen, die von den Einflüssen der Industriegesellschaften verschont geblieben sind, sei es aufgrund direkter Kontakte oder auch nur durch deren Fernwirkung. Desweiteren brachten Forschungsergebnisse die Bestätigung, daß auch traditionale Gesellschaften durchaus zu Initiative und Neuerungen fähig sind; sie sehen sich heute mit Problemen konfrontiert, die ihnen entweder durch Beziehungen zur Außenwelt auferlegt werden, oder aus der Störbarkeit des kulturellen Gleichgewichts ihrer Gesellschaft resultieren.

Ein neues Gliederungsschema basiert auf Veränderungen des Sozialcharakters von Kulturen (Riesman, 1958); als Ordnungskriterium dient das jeweilige Verhältnis des Instrumentariums der Verhaltensregelung zur Wirtschaftsform. „Traditionslenkung" ist das Merkmal von Gesellschaft/Kulturen, in den „die Verhaltenskonformität des Individuums in hohem Maße durch die verschiedenen Einflußsphären der Alters- und Geschlechtsgruppen, der Sippen, Kasten, Stände und so fort vorgegeben" wird, und ein umfassendes strenges Zeremoniell die fundamentalen zwischenmenschlichen Beziehungen beherrscht. Die Kultur, die neben den festgelegten ökonomischen Aufgaben (oder als Teil davon) Ritus, Brauchtum und Religion, die Richtschnur des individuellen Verhaltens liefert, wird in der Generationsfolge, wenn überhaupt, nur geringfügig verändert. Auf Neuerungen im wirtschaftlichen Bereich (etwa in der Technik des Ackerbaus) wird kaum Wert gelegt, da „die Kultur gerade in deren Fraglosigkeit besteht".

In Gesellschaften, deren charakteristische Methode der Konformitätssicherung „Innen-Lenkung" darstellt, ist die erfolgreiche Enkulturation/Sozialisation des Individuums entscheidend. Im Gegensatz zur traditionsgelenkten Kultur, die sich primär in der strengen Beachtung des äußerlichen Verhaltenskodex ausweist, ist ,Verinnerlichung' der kulturellen Werte und Normen die Voraussetzung für das Funktionieren einer „innen-gesteuerten" Gesellschaft. Ihre Mitglieder haben einen gewissen Ermessensspielraum des Handelns, der notwendig ist, um auf immer neue Probleme reagieren zu können, die sich aus der Wirtschaftsform ergeben; das Individuum muß in sich ständig verändernden Situationen Lösungen finden, aber aufgrund der internalisierten Wertvorstellungen und Verhaltensmuster ist die Zielrichtung vorgegeben. Die innen-gelenkte Gesellschaft weist ein hohes Maß an Mobilität auf, hervorgerufen durch eine schnelle Ansammlung von Kapital (in Verbindung mit technologischen Entwicklungen) und zeigt eine starke Expansionstendenz, die einerseits mit der Produktion von Verbrauchsgütern nach innen, aber andererseits mit Forschung, Kolonialisierung und Machtpolitik nach außen wirkt. Die Tradition hat insofern Einfluß, als sie den Zielen Grenzen setzt und die Wahl der Mittel begrenzt.

Auf den Gesellschaftstypus mit sogenannter „Außenlenkung des Individuums", der sich in den sechziger Jahren in den modernen Industriekulturen herausbildete und durch Überproduktion bei beginnender Bevölkerungsschrumpfung mit zunehmender Überalterung, sowie einem steigenden Anteil unproduktiver Verbraucher gekennzeichnet ist, wobei sich das Verhalten an der Umwelt (Medien) orientiert, wird hier nicht näher eingegangen.

Die Erscheinungsformen der Prozesse kulturellen Wandels sind vielfältig; sie werden weitgehend von den sie auslösenden Faktoren bestimmt.

Kulturelle Veränderungen, die auf spontan in einer Gesellschaft entstandenen Kräften beruhen, können entweder die Reaktion auf eine Störung des ökologischen Gleichgewichts oder das Resultat divergierender gesellschaftlicher Tendenzen sein, die ihrerseits möglicherweise mit Erfindungen oder mit Neuerungen in Verbindung stehen, die von einer Gesellschaftsgruppe propagiert werden. Studien, die sich mit diesem Typus kulturellen Wandels, mit endogen entstandenen Veränderungsprozessen befassen, sind relativ selten. Die Möglichkeiten der Erforschung sind begrenzt, da es sich um Gesellschaften handelt, die in relativer Abgeschlossenheit leben und deren Kultur durch einfache Technologie, schwache Erschließung des Raumes, Fehlen von Handelsbeziehungen zur Außenwelt und durch immaterielle Kommunikationsmittel (keine verbreitete Schrift) gekennzeichnet ist; außerdem können wohl nur langfristig angelegte Wiederholungsuntersuchungen aussagefähige Ergebnisse bringen.

Von dem Zeitpunkt an, als sich die Ethnologie gezielt mit den Phänomenen des Kulturwandels zu beschäftigen begann, lag der Schwerpunkt der Untersuchungen auf exogenem Wandel, also den Prozessen und Erscheinungsformen kultureller Veränderungen, die sich aus Kontakten mit anderen Gesellschaften erklären. Dabei ist zwischen Wandlungsvorgängen zu unterscheiden, die aus lokalen Beziehungen zu Nachbarkulturen resultieren, und solchen, die auf Einflüsse von Zentren der ,,Modernisierung" zurückzuführen sind.

Kultureller Wandel als Ergebnis örtlich entstandener Kontakte sind generell mit keiner ,,Schockwirkung" verbunden, da sich die Gesellschaften nicht im eigentlichen Sinn ,,fremd" sind; dennoch können sich daraus für die eine oder andere Kultur Konsequenzen ergeben, die langfristig zu Veränderungen ihrer Organisationsform und/oder Struktur führen; dafür lassen sich in der Geschichte zahlreiche Beispiele finden.

Es handelt sich vielfach um die freiwillige, selektive Übernahme bestimmter Kulturelemente oder Kulturgüter, die der relativ seltenen Variante des "free borrowing" zuzuordnen sind.

Die Komplexität der verschiedenen Erscheinungsformen kulturellen Wandels beinhaltet die Art des Kontaktes, Richtung sowie Verlauf der Prozesse und die Reaktion der betroffenen Kultur(en) auf die eingeleiteten sozio-kulturellen Veränderungen. Diese Prozesse werden im allgemeinen mit dem aus der amerikanischen 'Cultural Anthropology' kommenden Begriff Akkulturation erfaßt, der sich auch in Deutschland eingebürgert hat, wobei eine gewisse Unsicherheit besteht, ob es sich bei diesem Konzept um die Kennzeichnung des Wandlungsvorganges oder um das Ergebnis eines solchen handelt.

Bei Aufnahme des Begriffes in das Fachvokabular (J. W. Powell, 1880) wurde Akkulturation als eine, die überlieferten Traditionen von Millionen Menschen (zer-)störende Kraft verstanden, was in engem Zusammenhang mit den sich damals bereits abzeichnenden schwerwiegenden Folgen der Kolonialpolitik gesehen werden sollte. In Verbindung damit dürfte auch der Versuch (W. J. McGhee, 1898) stehen, „feindliche", "piratical acculturation" gegenüber „freundlicher" Akkulturation abzugrenzen; darin deutet sich die Tendenz an, den Begriff auf die „Übertragung" kultureller Merkmale zu beziehen.

Die unterschiedlichen Auslegungen des Akkulturationsbegriffes und die Bemühungen, diesen exakt zu bestimmen (F. Boas, 1896, P. Ehrenreich, 1905, R. Thurnwald, 1932, um nur einige zu nennen) schienen mit der ersten umfassenden Definition (die von R. Redfield, R. Linton und M. Herskovitz gemeinsam 1935 formuliert wurde,) beendet zu sein: "Acculturation comprehends those phenomena which result when groups of individuals having different cultures come into first-hand contact, with subsequent changes in the original patterns of either or both groups". Die Diskussion ging jedoch weiter. Als vorläufiges Ergebnis jahrzehntelanger Auseinandersetzungen um terminologische Klarstellung, die häufig auch auf ideologischen Fronten beruhten, läßt sich (nach O. Kliem, 1974) einigermaßen gesichert feststellen, daß es sich bei „Akkulturation um dynamische und komplexe Vorgänge handelt, die sich auf einen kulturellen Wandel beziehen, der durch direkten oder indirekten Kulturkontakt bedingt wird".

Die meisten Arbeiten, die sich mit den Phänomemen der Akkulturation beschäftigen, sind deskriptiv; Analysen der zentralen Verschränkung von gesellschaftlicher Interaktion und kulturellem Wandel (Redfield, 1941, 1953, Wilson, 1945), die in Richtung einer Theorie der Akkulturationsforschung weisen, sind die Ausnahme.

Die im Denk- und Forschungsansatz erkennbaren Schwerpunkte liegen einerseits auf den Mechanismen der Prozeßverläufe und andererseits auf den deren Richtung bestimmenden Faktoren. Kulturelle Fusion bezeichnet einen Akkulturationsvorgang, in dessen Verlauf konkurrierende Kulturelemente sich gegenseitig durchdringen und durch Integration zu "syncreticism"

(Herskovitz, 1937) zu neuen sozio-kulturellen Gegebenheiten führen.

Unter dem Gesichtspunkt der spezifischen Verknüpfungen von Individuum, Kultur und Gesellschaft wurde der psychologische Aspekt in die Untersuchungen des Kulturwandels mit einbezogen und führte wissenschaftsgeschichtlich meistens zu interdisziplinären Forschungsansätzen. Die Zusammenarbeit wird durch die Tatsache kompliziert, daß nicht nur die einzelnen Fachbereiche grundlegende Begriffe unterschiedlich definieren, sondern auch innerhalb der eigenen Disziplin keine Übereinstimmung vorhanden ist; so bevorzugt die englische Social Anthropology die Bezeichnung "culture change" für die durch "culture-contacts" ausgelösten sozio-kulturellen Veränderungen, und in der internationalen Literatur wird Akkulturation nicht selten mit Kulturkontakt, Diffusion, Assimilation, Kulturübernahme oder Kulturübertragung gleichgesetzt. Die verwendeten Begriffe besitzen im allgemeinen, einen von allen Disziplinen akzeptierten gemeinsamen Kern, der aber von einer Schattenzone sekundärer Bedeutungen umgeben ist, die keineswegs generell akzeptiert werden. International durchgesetzt hat sich offensichtlich der etwas verschwommene Begriff des "Transfer" von Kulturwerten.

Studien über die Zusammenhänge von Akkulturation und Persönlichkeit gehen davon aus, daß Kultur von der (nicht als Abstraktum, sondern als Gruppe von Menschen verstandenen) Gesellschaft geformt, getragen und verändert wird. Grundlage des Konzepts ist die Prämisse, daß sich der Kern der Persönlichkeit, der während des Enkulturationsprozesses entscheidend geprägt wurde, sich nicht verändern kann, selbst wenn neue kulturelle Verhaltensmuster erlernt werden (Linton, 1945; Hallowell, 1945; Spindler, 1955). Damit wird impliziert, daß ein Individuum, dessen Prozeß des „Hineinwachsens" in die Gesellschaft und des Einübens der Kultur gestört oder unterbrochen wird, seine kulturelle Identität, wenn überhaupt, nur mit Schwierigkeiten finden kann. Das tritt z. B. dann ein, wenn der Heranwachsende einer kulturfremden schulischen Ausbildung ausgesetzt ist, die (wie es während der Kolonialherrschaft vielfach der Fall war), Werte und Normen vermittelt, bzw. Verhaltensmuster fordert, die den im Elternhaus internalisierten und dort praktizierten, konträr entgegenstehen. Gewohntes und Vertrautes wird als nicht mehr gültig und wirksam erlebt; aus dem Kulturschock resultieren Wertkonflikt, Entscheidungsunsicherheit, Fehlanpassung und kulturelle Schizophrenie.

Sowohl Enkulturation als auch Akkulturation beruhen auf Vorgängen des Lernens. Enkulturation bedeutet Internalisation von kulturspezifischen Maßstäben, Werten und Symbolen, während Akkulturation primär das Einlernen in neue (fremde) Handlungsmuster verlangt, was häufig als „unvermeidlicher Anpassungszwang" (Wurzbacher, 1963) wahrgenommen wird. In diesem Sinn besteht Enkulturation in selbstverständlichem intrakulturellem Lernen, während Akkulturation eine inter-kulturelle Lernaufgabe ist, die den Angehörigen einer Gesellschaft in Verbindung mit dem Wandlungsprozeß abverlangt wird. Das Konzept des Bikulturismus, das sich auf die Möglichkeit des Einlernens von zwei ähnlichen oder auch gegensätzlichen Wert- und Normsystemen bezieht, kann nur theoretische Bedeutung haben; keine Gesellschaft funktioniert auf Dauer mit kultureller Zweigleisigkeit.

Jede Veränderung kultureller Umstände, die gewöhnlich nur in einem Teilbereich (z. B. dem Wirtschaftssektor) einsetzt, bedingt einen Ungleichgewichtszustand, der die Stabilität der Gesellschaft gefährdet. Die Wiederherstellung der funktionalen Koordination der einzelnen Komponenten innerhalb des Kultursystems kann entweder Anpassung der „unberührt" gebliebenen Elemente an die neuen Gegebenheiten bedeuten, oder durch Rückbindung des in Bewegung geratenen Bereichs an das „Bestehende" erfolgen. Neuerungen führen jedoch nur dann zu Kulturwandel, wenn sie gesellschaftlich von der Mehrzahl der Angehörigen der betreffenden Kultur akzeptiert werden. Das bestimmt sich nicht notwendigerweise durch die unter Umständen gegebene objektiv-sachliche Zweckmäßigkeit der angestrebten Veränderung, die sich nur aufgrund ihrer konkreten Zielsetzung beurteilen läßt, sondern auch, und mitunter entscheidend, durch die Autorität oder das Prestige derjenigen, die sich dafür einsetzen.

Das Studium der Mechanismen von Akkulturationsvorgängen bildet die Grundlage der angewandten Ethnologie (Applied Anthropology); sie sieht ihre wesentliche Aufgabe in der Erforschung von Techniken und realisierbaren Möglichkeiten kulturellen Wandel in eine bestimmte Richtung zu lenken, bzw. „unerwünschte" Nebenwirkungen auszuschalten. Die, insbesondere von der englischen Social Anthropology gepflegte Metho-

dologie stellte unter den politischen Bedingungen der Kolonialherrschaft des „wirksame" Instrumentarium zur Erreichung
ihrer ideologischen Ziele zur Verfügung. Die Maßnahmen, die
sich hinter der sogenannten 'indirect rule' verbargen, führten in
den davon betroffenen Gebieten zwar nicht offenkundig, aber
ebenso effektiv zur Zersetzung und Schwächung der Wirtschafts-
und Gesellschaftsordnung. Im Zusammenhang mit bestimmten
Auswirkungen des gelenkten Wandels wird auch von "erring
acculturation" (van Baal, 1960) gesprochen.

Dieser Akkulturationsvariante sind meistens Gesellschaften
ausgesetzt, die Opfer wirtschaftlicher, politischer oder militä-
rischer Unterdrückung wurden. Unter solchen Machtkonstellatio-
nen sind die Mitglieder der Gesellschaft zu „Assimilation" ge-
zwungen, was nahezu totale Anpassung bedeutet und letztlich
die Zerstörung der einheimischen Kultur nach sich zieht. Gelenkter Wandel kann auch kulturelle Vermischung bei relativer Gegenseitigkeit ("blending") meinen und ist nicht notwendigerweise mit Fremdbestimmung von außen her gekoppelt, nämlich in
den Fällen, wo es sich um gezielte Maßnahmen zur Integration
von Minderheiten (unterprivilegierten Randgruppen) oder der
Detribalisierung (Eingliederung von Stammeseinheiten) in das
kulturelle Gesamtgefüge handelt.

Kultureller Widerstand gegen Fremdbestimmung manifestiert sich (nach Spicer, 1961) auf zweierlei Weise. Anstrengungen, die darauf abzielen das autochthone Kultursystem unverändert zu erhalten, sind durch eine deutliche Betonung aller
„sichtbaren" Merkmale der bedrohten Kultur gekennzeichnet,
um deren Eigenständigkeit nach außen hin zu demonstrieren.
Damit verbunden sind Abgrenzungsmechanismen ("boundary
maintaining mechanisms", Broom, 1954), mittels derer das Verständnis von Brauchtum und Werten streng gruppenintern
bleibt. Das bedeutet Verschließung gegen kulturfremde Einflüsse. Die Effektivität dieser Maßnahmen unter Akkulturationsdruck hängt in hohem Maße von dem Zeitpunkt ab, zu dem sie
wirksam werden. In einer bereits geschwächten Kultur, in der
die sie tragenden Werte bereits verblaßt sind, kann die anhalten-
de Schwerpunktverlagerung auf äußere Normen und Formen
zur Erstarrung des Systems führen, wobei die Kultur ihre da-
seinsbestimmende Kraft verliert.

Hingegen ist die mit dem Begriff Revitalisierung erfaßte
Reaktion auf gelenkte Akkulturationsvorhaben nicht nur eine

besondere Art des Widerstandes, sondern auch eine spezifische Variante kulturellen Wandels. Revitalisierung wird als gezielte, organisierte und bewußte Anstrengung einer Gesellschaft definiert, ihre Kultur als Ganzheit neu zu gestalten und durch endogene Kräfte zu reaktivieren (Wallace, 1956). Es steht nicht eindeutig fest, ob Widerstand gegen kulturfremden Einfluß die notwendige Voraussetzung für kulturelle Erneuerung ist, oder ob Revitalisierungsbestrebungen die Abwehrkräfte mobilisieren. In jedem Fall ist Ideologie eine wesentliche Komponente. Ideologie, die sich gewöhnlich als ein Bündel von Zielvorstellungen artikuliert, ist die Manifestation der moralischen und ethischen Überlegenheit eigener Werthaltungen. Ideologie transformiert Glauben und Werte aus dem kognitiven, passiven Zustand in handlungsaktives Verhalten. Dadurch wird bestimmtes Handeln in einer bestimmten Situation nicht nur gerechtfertigt, sondern erhält ‚moralische‘ Bedeutung. Revitalisierung zeigt sich in verschiedenen Erscheinungsformen: man unterscheidet Nativismus (Linton, 1943), der grundsätzlich jeden Fremdeinfluß ablehnt, Revivalismus (Moony, 1892), der ‚vergessene‘ Kulturelemente der Kultur wieder aufleben läßt, und Vitalismus (Smith, 1954), der die Übernahme von bestimmten fremden Elementen akzeptiert. Das gemeinsame Merkmal aller derartigen Bestrebungen ist die Aktualisierung der einheimischen Kultur unter neuen Bedingungen, um Überfremdung bzw. gesellschaftliche Desorientierung und Desintegration zu verhindern.

Wir müssen zur Kenntnis nehmen, daß das Schisma, das die Welt in Arme und Reiche (und noch immer in Ausgebeutete und Ausbeuter) spaltet, ursächlich das Resultat (fehl-)gesteuerten Kulturwandels ist; wer heute an Akkulturationsprozessen beteiligt ist – und in irgendeiner Weise sind wir es direkt oder indirekt alle –, muß verstehen (lernen), welche ökonomische, politische und letztlich entscheidende menschliche Problematik sich hinter den scheinbar wertfreien wissenschaftlichen Begriffen wie Kulturwandel und Akkulturation verbirgt.

Kulturpolitik ist nicht nur ein zur Zeit viel strapaziertes Schlagwort, sondern auch ein offenbar meistens falsch verstandener Begriff. Kulturpolitik erschöpft sich nicht in der Förderung bzw. Subventionierung von Kunst und Wissenschaft. Der Begriff bezieht sich auf die grundsätzliche Ausrichtung einer Gesellschaft. Kulturpolitik als Richtlinie und Programm basiert im wesentlichen auf der jeweiligen kulturspezifischen Wertorientierung und erstreckt sich auf alle Bereiche des Zusammenlebens. Sie beinhaltet sowohl das Verhältnis zu Tradition als auch zu Neuerungen und legt damit die Ziele der Weiterentwicklung fest. Das bedeutet, auf die Länder der Dritten Welt bezogen, wie ,Modernisierung' verstanden und von staatlicher Seite gefördert wird. Kulturpolitik bestimmt, welchen Status Minderheiten erhalten, wie oder wie weit sie in die Mehrheitsgesellschaft integriert werden sollen, und in welchem Umfang und auf welcher Ebene Kulturkontakte bzw. Kulturaustausch erfolgen können. Notwendigerweise spielen Dekolonisationsprobleme eine zentrale Rolle.

Für die jungen Staaten der nachkolonialen Epoche sind einerseits die Betonung kultureller Eigenständigkeit und andererseits das Streben nach Identifizierung als Nation bestimmende Komponenten ihrer Kulturpolitik. In den sogenannten Entwicklungsländern bedeutet "the transfer from colonial regime to an independent one, more than a mere shift of power from foreign hands to native ones; it is a transformation of the whole pattern of political life, a metamorphosis of subjects into citizens" (Geertz, 1966: 119). Es verlangt, eines provinzialen Denkens auf übergeordnete nationale Ziele auszurichten, regionale, ethnische, religiöse, linguistische, soziale und wirtschaftliche Besonderheiten auf einen gemeinsamen Nenner zu bringen, einen Wertkonsensus zu erreichen und separatistische Bestrebungen auszuschalten. Darin besteht ein Teil der großen Problematik, die aufgrund der willkürlichen Grenzziehungen insbesondere für die afrikanischen Völker fast unüberwindliche Schwierigkeiten schafft, weil überall kulturelle Einheiten auseinandergerissen wurden. Nach R. F. Behrendt (1965/68) beinhaltet die nationale Idee, „die zunächst zweifellos als Teil des imitativen Adaptionsprozesses an die westliche Kultur anzusehen ist", einen inneren Widerspruch „zwischen Nachahmung und Selbstbehauptung, Akkulturation und Nationalismus; zwischen dem Drang, sich auf das Eigenständige (das überwiegend Statische) zurückzuziehen, das vertrauter und bequemer ist als alle Neuerungen und es gegen die dominierenden auswärtigen Einflüsse als letztlich doch entscheidende Lebensform zu betonen, – und dem Wunsch, an den unermeßlichen Verheißungen der Dynamik teilzuhaben, und einer besseren Zukunft entgegenzugehen." (Behrendt, 1968: 331/336) dem Vorbild der Industriekulturen unumgänglich. Nur schwer und allmählich beginnen sich andere Tendenzen durchzusetzen.

Die in den Prozessen der nationalen Identifizierung wirksamen Kräfte sind auf der einen Seite Bindungen an vermeintlich naturgegebene und ‚ewige' Sozialgebilde ("primordial attachments") (Geertz, 1966: 141) und auf der anderen Seite die integrative Umgestaltung ("integrative revolution"), die kulturell gegebene Eigenheiten unter eine übergreifende Ordnung bringen will. Damit werden für kulturell heterogene Staatengebilde Maßnahmen des gelenkten Kulturwandels nahezu unvermeidbar. Voraussetzung für einen erfolgreichen Verlauf ist die Aufgliederung des Gesamtvorhabens in maßvolle, langfristig angelegte und in der Zielrichtung aufeinander abgestimmte Einzelprojekte, die sich gleichzeitig an den kulturellen Gegebenheiten der betroffenen Gruppe orientieren müssen, um Fehlanpassung ("cultural maladjustment" nach Gillin, 1962) zu vermeiden; sie ist die unweigerliche Folge bei zu krasser Gegensätzlichkeit zwischen der Lebenswirklichkeit und den Zielvorstellungen einer geplanten Weiterentwicklung (failures of consistency/compatability). Aus dieser Perspektive ergeben sich − unter Berücksichtigung der jeweiligen sozio-kulturellen Situation als wesentliche bzw. entscheidende Faktoren des gesteuerten Wandels (a) die Notwendigkeit, die Zielsetzung der Maßnahmen für die betreffende Gruppe zu definieren, (b) das Verhalten bzw. die Reaktion auf die angestrebten Veränderungen abzuschätzen, (c) die Techniken der Durchführung so festzulegen, daß Krisen und Komplikationen nicht zu erwarten sind, und (d) den Verlauf der Prozesse zu beobachten, um die Programme eventuell entsprechend zu modifizieren. Ob diese akzeptiert oder abgelehnt werden, ist (nach Chowdhury, 1968) weitgehend davon abhängig, in welcher Weise sie an die Menschen herangetragen und wie sie von diesen verstanden werden. Es trifft nur mit Einschränkungen zu, daß Neuerungen und mit derartigen Integrationskonzepten verbundene Änderungen grundsätzlich abgelehnt werden; andererseits reichen ‚logische' Begründungen und Hinweise auf die ‚Notwendigkeit' nicht aus, vorhandenen Widerstand abzubauen. In diesem Zusammenhang ist die Einschaltung gruppenfremder Fachkräfte als ‚Entwicklungshelfer' ein kritischer Aspekt. Ihm wird nicht nur als Repräsentanten einer unerwünschten Neuerung Mißtrauen entgegengebracht, sondern er wird auch deshalb abgelehnt, weil seine Anwesenheit deutlich macht, daß die Gemeinschaft ihr Problem nicht allein lösen konnte.

Die kulturpolitische Ausrichtung ist in den meisten Ländern der Dritten Welt durch einen eigentümlichen Zwiespalt gekennzeichnet: Man verweist einerseits stolz und selbstbewußt auf eine lange Tradition, die man — zumindest verbal — hochhält und bewahren will, gleichzeitig wird fortschrittsgläubig Nachahmung fremder Vorbilder als ökonomisch-politische Orientierung propagiert.

Die Gründe hierfür sind nicht oder nicht nur das Auseinanderklaffen von Theorie und Realität der Kulturpolitik oder das Fehlen eines konkreten Konzeptes.

Modernisierung nach dem Muster der Industriekulturen setzt entsprechende Einstellungen und Wertmaßstäbe als Bezugsrahmen des Handelns voraus. Es muß sich daher im Zuge einer so angelegten ökonomischen Entwicklung nicht nur die Struktur der Gesellschaft, sondern auch die Persönlichkeitsstruktur der Menschen ändern. Die ideologische Konversion zum Leistungsdenken gilt als entscheidende analytische Variable des Wirtschaftsaufbaues. An die Stelle nicht-entfremdeter Arbeit treten Leistungsdruck und Leistungsaskese: „an die Stelle natürlichen sozialen Zusammenhangs von Familie, Sippe, Freundschaft und Nachbarschaft müssen Gruppenbindungen nach sachlichen Zielen und soziale Auslese nach sachlichen Leistungen treten" (Eisermann, 1968: 137). Das Erlernen neuer Denk- und Verhaltensweisen aufgrund wie auch immer gearteten Fremdeinflusses verlangt letztlich den Bruch mit der Tradition. Sie aber ist diejenige Komponente der Kultur, auf der das Wertverständnis der Gesellschaft beruht und mit ihr weitergegeben wird. Tradition stellt die Verbindung zwischen Vergangenheit und Zukunft her. Wenn alte und neue Einstellungen unvereinbar sind, kommt es notwendigerweise zum Wertkonflikt. Abgesehen davon, daß den jungen Staaten, die aus den Kolonialreichen hervorgingen, keine Zeit gegeben wurde/wird, ihre kulturelle Identität zu artikulieren und über ihren Weg selbst zu entscheiden, liegen die eigentlichen Wurzeln ihres Dilemmas im Wertkonflikt. Daraus resultieren die zum Teil widersprüchlichen kulturpolitischen Maßnahmen, die zwischen Tradition, Entkolonialisierung und Modernisierung hin und her schwanken.

Kulturpolitik, die Brauchtum und Tradition nur bei offiziellen Festlichkeiten oder als Touristenattraktion erhält, aber aus der Lebenswirklichkeit verdrängt, führt in die Folklorisierung.

Die *Zusammenarbeit* mit Angehörigen fremder Gesellschaften setzt, wenn sie sinnvoll sein soll, Verständnis ihrer gegenwärtigen sozio-kulturellen Gegebenheiten und Respektierung ihrer Eigenart voraus. Allgemeine Kenntnisse über deren Kultur reichen nicht aus, und vor allem dann nicht, wenn die Zusammenarbeit in deren Heimatland stattfindet.

Das Bild *fremder Kulturen* ist noch immer zu einem erheblichen Teil von Vorurteilen geprägt; Grundeinstellungen, die auf der einen Seite von dem Überheblichkeitsdenken eines der wirtschaftlichen Vormachtstellung entspringenden und weiter genährten Ethnozentrismus bestimmt werden, und auf der anderen Seite aus den leidvollen Erfahrungen des Kolonialismus resultieren, sind nicht leicht zu verändern oder auszuräumen. Es bedarf des Willens zum Umdenken ebenso wie auch der Möglichkeit zur Information.

Was die diesbezügliche Situation hierzulande anbelangt, zeichnen sich in letzter Zeit deutliche Anstrengungen in Richtung Neuorientierung und besserer Information ab. Sie gehen primär von den verschiedenen Dritte-Welt-Initiativen aus und bleiben infolgedessen zwar auf einen relativ kleinen Bevölkerungskreis begrenzt, umfassen aber andererseits Angehörige aller Alters- und Gesellschaftsgruppen.

Was bei uns heute der Allgemeinheit an Informationsmaterial leicht zugänglich ist und somit die Kenntnisgrundlage bildet, sind in erster Linie die Berichte der modernen Medien. Als weitere Informationsquelle kommt der neuerdings gerade in den ‚Entwicklungsländern‘ zunehmende Massentourismus, der nur ein verzerrtes Bild der anderen Kultur vermittelt, dessen Gültigkeit aber in den seltensten Fällen hinterfragt wird. Es stellt aufgrund der ‚eigenen Erfahrung‘ einen wichtigen Faktor der Meinungsbildung dar. Dazu kommen (möglicherweise dadurch angeregt) Informationen aus Reisebeschreibungen, die oft sehr subjektive Eindrücke wiedergeben, und gelegentlich auch Besuche völkerkundlicher Ausstellungen. Wie weit in letzterem Fall die Beweggründe dazu einer gewissen „Lust an der Exotik" entspringen, wie vielfach vermutet wird, bleibt dahingestellt. Tatsache ist, daß die in den völkerkundlichen Museen ausgestellten, häufig aus ihrem Zusammenhang gerissenen materiellen Kulturerzeugnisse den Informationsbedarf nicht erfüllen (können). Ohne erläuternde Führungen sind sie eher dazu angetan, Vorurteile zu bestätigen als abzubauen.

Die Möglichkeiten der Medienberichterstattung sind begrenzt, ganz abgesehen davon, daß sie niemals ,objektiv' sein kann, selbst wenn ehrliches Bemühen darum vorliegt. Besondere Interessenlagen und persönliche Grundhaltungen der Berichtenden lassen sich nicht ausschalten. Andere zu berücksichtigende Faktoren sind das Fehlen von ausreichendem Hintergrundwissen, das Herausgreifen spezieller Aspekte aufgrund der politischen Aktualität bestimmter Entwicklungen und nicht zuletzt die Einengung auf vorgegebene (meist kurze) Sendezeiten. Das gleiche gilt auch für Rundfunk- und Fernsehdiskussionen zu Themen der ,Dritten Welt'. Trotz der Beteiligung von deren Vertretern wird mehr ,über' sie als mit ihnen diskutiert, weil zu wenig Zeit und Möglichkeit der Selbstdarstellung zugestanden wird. Dieser Sachverhalt muß akzeptiert werden, weil er aus vielen (auch guten) Gründen nicht geändert werden kann. Die Filterung der Informationen durch Nachrichtenagenturen und Medienverwaltung macht die Suche nach möglichst authentischem Material notwendig.

Kulturaustausch als Konzept beiderseitigen Kennenlernens beinhaltet auch Unterstützung bei der Lösung von Problemen. Kulturaustausch kann aber nicht bedeuten, daß Hilfen irgendwelcher Art mit (direkten oder indirekten) Eigeninteressen gekoppelt werden.

Im Ausland eingerichtete Institute könnten als Orte der Begegnung eine völkerverbindende Funktion erfüllen und Mißtrauen oder Mißverständnisse abbauen, wie z. B. die Goethe-Institute. Als Agenturen echten Kulturaustausches erschöpft sich ihre Aufgabe nicht in der Darstellung der eigenen Kultur und der Vermittlung von Sprachkenntnissen. Ein gleichermaßen wichtiger Aspekt ist in der dem dort beschäftigten Personal gegebenen Möglichkeit zu sehen, sich mit der einheimischen Kultur des betreffenden Landes zu beschäftigen.

Zur Zeit ist auf diesem Sektor die Konstellation allerdings disproportional. Während die Industrienationen eine große Anzahl solcher und ähnlicher Einrichtungen in fast allen Teilen der Welt unterhalten, sind die armen Länder der Erde auf dieser Ebene kaum in der Lage ähnliches aufzubauen. Das mag zum Teil daran liegen, daß diese Form kultureller Selbstdarstellung als nicht erforderlich erachtet wird, zum anderen fehlen meistens einfach die Mittel zur Finanzierung derartiger Institute und den damit verbundenen vielfältigen Aktivitäten.

Bildungsbeihilfen, die von Vorstellungen ausgehen, irgend-ein europäisches Schulsystem könnte richtungsweisend sein und ihre ‚Modelle' exportieren, müssen sich — jedenfalls aus der Sicht des betroffenen ‚Entwicklungslandes' — als Fehlinvestition erweisen. Das Bildungswesen ist Bestandteil des gesamten Erziehungskonzeptes und eine kulturspezifische gesellschaftliche Institution. Als solche hat sie innerhalb des Kulturgefüges eine integrierende Funktion. Der entscheidende Aspekt der Gesamtproblematik ist m. E. zum gegenwärtigen Zeitpunkt auch nicht eine möglichst rasche umfassende Alphabetisierung, sondern vielmehr Hilfe zur Selbsthilfe in der praktischen Lebensbewältigung des Alltags.

4.2.2. Ethnomedizin

> „Gesundheit für alle im Jahr 2000 ..."
>
> *WHO*, 1978[25]

Jede Kultur hat ihr eigenes Konzept von Gesundheit, Krankheit und Heilung, das in ihr traditionelles Weltbild eingebaut ist.

Bis vor wenigen Jahren beschränkte sich die ethnologische Tätigkeit in diesem Bereich auf eine stark museal orientierte Erfassung und Klassifizierung von Heilmitteln, medizinischen Instrumentarien, einschließlich der Auswertung von Tagebuchnotizen früherer Forschungsreisender und Ethnographen; die diversen Heilpraktiken wurden vielfach der Rubrik ‚Zauber' zugeordnet und dahingehend interpretiert.

Die Ethnomedizin, die heute sowohl einen wichtigen Faktor in der Entwicklungsarbeit darstellt, als auch aus der Perspektive des Kulturaustausches zunehmend an Bedeutung gewinnt, befaßt sich primär mit der Gegenwart, mit der Reaktivierung der traditionellen Heilmittel, mit Heilpraktiken und ‚Heilern' bzw. ihrem patientenkonformen therapeutischen Wirken. Sie beteiligt sich mit ihren Erkenntnissen an Maßnahmen, die eine Integration zweier grundsätzlich verschiedener Gesundheitssy-

---

25 WHO-Declaration — International Conference on Primary Health Care, Alma-Ato, 6.–12. Sept. 1978.

steme anstreben. Ethnomedizin kann als problembezogener Forschungs- und Praxisansatz bezeichnet werden; generell liegt der Schwerpunkt ihrer Tätigkeit auf Interaktion und Integration des vorhandenen ‚medizinischen' Wissens als Prinzipien der Arbeitsausrichtung gegenüber dem Sammeln und Katalogisieren von Daten oder der Spezialisierung auf einzelne Phänomene der Volksmedizin.

Die traditionelle Medizin ist überall lebendig geblieben. Das ihr im Verlauf der verschiedenen Akkulturationsprozesse übergestülpte Gesundheitswesen wurde und wird in den Ländern der Dritten Welt weitgehend als Fremdkörper empfunden. Auf den dortigen Märkten ist das Angebot pflanzlicher (und in geringem Maße auch tierischer) Heilmittel unverändert groß. Ihre mitunter ‚westliche' Verpackung (alte Ampullen usw.) hängt mit Versuchen einzelner Länder zusammen, im Zuge der Modernisierung die traditionelle Heilkunde und deren Repräsentanten mehr oder weniger rigoros ins Abseits zu drängen. Diese Einstellung ändert sich jedoch fast überall, und sie stößt vor allem auf die Ablehnung der Bevölkerung. Aus einer neueren Studie der Universität in Dakar geht hervor, daß im Vorort Pikine alle Haushalte traditionelle Heilmittel verwenden, gleichwohl aber auch moderne Medikamente konsumieren.

Für die Gesundheitsplanung in den armen Ländern werden ethno-medizinische Aspekte, Methoden und auf entsprechender Forschung basierende Erkenntnisse zunehmend wichtiger. Die Wiederbelebung der traditionellen Heilkunde ist nach China, Indien und Sri Lanka auch in Afrika zu einem besonderen Anliegen der jungen Staaten geworden. Die lokale Brauchbarkeit von westlicher Medizin wird aus sozio-kulturellen, ökonomischen, religiösen und nationalistischen Gründen in Frage gestellt. Die Kritik aus der Dritten Welt macht deutlich, daß das in den Industrieländern hochgezüchtete ‚universelle' Gesundheitssystem ein kulturbedingtes und kulturunabhängiges Phänomen darstellt. Es ist sicherlich nicht geeignet, als vorgefertigtes Konzept die einheimischen Vorstellungen von Krankheit und Heilpraktiken in den ‚Entwicklungsländern' en bloc zu ersetzen. Die traditionelle Medizin bediente sich schon immer einer Vielzahl therapeutisch wirksamer Substanzen und Behandlungsmethoden. Sie ist „zumindest, was ihre rehabilitierende Wirksamkeit in Bezug auf die Resozialisierung der Individuen angeht, unübertroffen und unersetzlich" (Finger, 1980). Die Forderung nach stärkerer

Berücksichtigung traditionellen Wissens hat sich weitgehend durchsetzen können und findet in entsprechenden Initiativen der WHO ihren Niederschlag (Tagungen zu diesen Fragen fanden u. a. 1977 in Colombo und 1978 in New Delhi statt). Man weiß heute, daß die angestrebte „Basisgesundheitsversorgung" ohne die Einbeziehung einheimischer Heilmittel, Heilmethoden und Heiler nicht realisierbar ist.

In einer Zeit der Infragestellung der wissenschaftlichen Medizin und einer Rückbesinnung auf ‚natürliche' Heilverfahren und Heilmittel bietet sich sowohl für die Feldforschung als auch mit der einschlägigen Literatur, die das Ergebnis langjähriger medizinischer Überlegungen und Beobachtung darstellt, ein breites Feld für weitere Studien.

Die verschiedenen Bezeichnungen für die Personen, die sich in traditionalen Kulturen mit Diagnose und Therapie von Krankheiten befassen – Schamane, Medizinmann, Heiler, Heilkundiger, Exorzist, Orakelsteller, Seher, Zauberer und andere mehr – erwecken zum Teil komplexe Assiziationen. Die Bedeutungen, die mit ihnen verbunden werden, gehen nach unserem Verständnis über den Bereich Gesundheitsversorgung hinaus. Unzweifelhaft beziehen sich alle Bezeichnungen auf Personen(-gruppen), die Krankheiten sowohl erkennen als auch heilen sollen, und die in ihren jeweiligen Gesellschaften als ‚medizinische Experten' gelten (Hinderling, 1981a). Die Art ihrer Tätigkeit wird in hohem Maße von dem kulturspezifischen Menschen- und Weltbild der betreffenden Gesellschaft bestimmt. Unserer empirisch-logischen, „wissenschaftlichen" Auffassung vom Wesen der Dinge stehen – vereinfacht formuliert – einerseits Gruppen mit einem vorwiegend magisch/religiösen Weltverständnis und andererseits ‚traditionale' Gesellschaften gegenüber, deren Weltbild auf der Vorstellung einer kosmischen Gesetzen und Kräften unterliegenden Ordnung basiert. Was die Auffassung von Krankheit anbetrifft, reicht das magisch-religiöse Weltbild in das ‚parawissenschaftliche' hinein, und beide dringen zuweilen in das ‚wissenschaftlich' ein.

Grundlage aller traditionellen Heilpraktiken ist ein ganzheitliches Menschenbild. Als Kennzeichen für die Tätigkeit der ‚medizinischen' Fachkräfte in Gesellschaften mit magisch-religiöser Daseinsinterpretation kommen dazu die zur Heilung als notwendig erachtete Interaktion von Patient und Therapeut, wie auch das Vertrauen in die Kräfte der eigenen Person. Krankheit wird als das Resultat eines gestörten Verhältnisses zwischen dem Menschen und außermenschlichen Kräften verstanden, die auch in den Körper eindringen und auf diese Weise die Gesundheit beeinträchtigen können.

Die Diagnose einer Erkrankung verlangt zunächst eine eingehende Befragung des Patienten über Art und Umstände des eingetretenen Unheils; sie beruht im weiteren auf Ermittlung der Ursache (möglicherweise Übertretung eines göttlichen Gebots) und der verursachenden Kraft. Für die Störung des Wohlbefindens können Götter, Geister, Seelenwesen, machtbegabte Menschen oder auch machttragende Gegenstände verantwortlich sein. Vielfach wird ein die Erkenntnisse bestätigendes göttliches Zeichen als notwendig erachtet, was auf rationalem Weg nicht erreichbar ist. Eine besondere Art des Erkennens ist das übersinnliche ‚Sehen‘. Dabei kommt es im wesentlichen darauf an, von der für das irdische Geschehen zuständigen Macht Informationen über die Krankheit zu erhalten, und aufgrund seiner Gabe erfährt der Seher viele verborgene Zusammenhänge. Die Bandbreite der Übermittlungsmöglichkeiten solcher göttlichen Botschaften reicht von Träumen und Visionen, über ‚Eingebungen‘, die durch bestimmte, kulturell festgelegte Handlungen induziert werden können, und über besondere Bewußtseinszustände (Ekstase, Besessenheit, usw.) bis hin zur Benutzung von menschlichen (oder) tierischen Medien und dem mechanischen Werfen von Hölzern, Knochen oder Steinen, deren Aussage nach einem vorgegebenen Schlüssel gedeutet wird (Orakel). Seher und Orakelsteller sind (im Sinne einer typologischen Definition) Divinatoren, wenn auch unterschiedlicher Art.

Die Aufgabe des Therapeuten besteht darin, den Patienten in die göttliche Ordnung zu reintegrieren, indem er seine Gesundheit wiedererhält. Das kann durch Opfergaben und Gebete geschehen; in diesem Fall ist der Therapeut nur Kultführer, der die Sühnehandlung überwacht und die Versöhnung herbeiführt. Wenn es dabei auch darum geht, die ‚beschädigte‘ Seele eines Patienten zu heilen oder in dessen Körper eingedrungene Störelemente mit Hilfe übersinnlicher Mächte oder durch die Aktivierung der eigenen seelischen Kräfte zu bekämpfen bzw. zu vertreiben, handelt es sich bereits um Übergangsformen zum Schamanen und Exorzisten.

Der *Exorzist* treibt böse und unreine Geister oder Kräfte aus Kranken heraus; dabei ist es gleichgültig, welche Mittel er dabei einsetzt, ob es mit Unterstützung von Hilfsgeistern oder aufgrund seiner eigenen Kraft und Fähigkeiten geschieht, wobei er oft mit den Krankheitsgeistern ringen muß. Um diese zu beschwören oder auszutreiben bedient man sich der verschiedenartigsten exorzistischen Handlungen, in denen Musik, Tanz und Lärm oft eine Rolle spielen. Die Austreibung ist mit bestimmten kulturspezifischen Formeln verbunden. Besonders wichtig erscheint dabei das ‚Besprechen‘, das bis heute in der Volksmedizin vieler Kulturen zur Heilung von Krankheiten fortlebt. Ausgebildete exorzistische Systeme sind im Taoismus und in den alten iranischen Religionen anzutreffen.

Die Bezeichnung *Schamane* bezieht sich nur auf einen im nordamerikanischen, inner- und nordasiatischen Raum verbreiteten Heiler-Typus, der meistens zugleich auch Seher ist. Seine Hauptfunktion ist das Zurückholen der entfliehenden Seele eines Kranken, wobei sich der Schamane in einem ekstatischen, also körperlich und seelischen, Ausnahmezustand befindet. Der ‚klassische‘ Schamanismus hat eine Reihe besonderer Kennzeichen (Eliade, 1957), einschließlich Kleidung, bestimmter magischer Geräte — Trommeln, Stäbe — und dem Auftreten von Hilfsgeistern, die ihn von Praktiken mit schamanistischen Tendenzen (z. B. Feuerland, Australien, Afrika) unterscheiden; der ‚manang‘ im ostmalayischen Sarawak steht beispielsweise funktionell dem Schamanen sehr nahe.

Der Kategorie *Medizinmann* werden Heiler zugeordnet, die sowohl aufgrund ihrer übernatürlichen Kräfte als auch Erfahrung im Umgang mit pflanzlichen Wirkstoffen mit magischen (z. T. symbolischen bzw. medizinisch wirksamen) Hilfsmitteln arbeiten; zu ihren Praktiken gehören Inkantation, Aussaugen des Krankheitserregers usw. Durch den Sprachgebrauch ist die Bezeichnung Medizinmann im allgemeinen auf Nordamerika eingeschränkt, obwohl Heiler dieser Art in vielen anderen Regionen ebenfalls zu finden sind (z. B. der nganga bei den Bantu).

Der englische Ausdruck *'witch doctor'* (Hexendoktor) wird für Personen verwendet, die sich auf Abwehr und Bekämpfung von Krankheiten spezialisiert haben, deren Ursache im Tun machtbegabter, aber übergesinnter Menschen gesehen wird. In Afrika gibt es für diese Experten eine Vielzahl eigener Bezeichnungen.

Unter diesen Gesamtbereich fällt auch der *Herbalist*; er verzichtet im wesentlichen auf die Einschaltung übernatürlicher

Wesen und beschränkt sich auf die, allerdings magisch einge-schätzte Wirkungskraft von Arzneien und Drogen; von seiner Funktion her ist er mit einem ,Apotheker' vergleichbar, der zu-gleich als selbständiger Heiler tätig ist.

Abgesehen von einigen deskriptiven Merkmalen (Kleidung, Geräte, Schmuck), durch die sich die verschiedenen Arten von Heilern von Laien in den einzelnen Gesellschaften unterscheiden, ist Kompetenz das überragende Kriterium, das ihre Tätigkeit legitimiert. Offensichtlich sind Begabung und Ausbildung die entscheidenden Faktoren der Kompetenzgewinnung. Für die medizinischen Fachkundigen des magisch-religiösen Kulturkom-plexes ist Begabung eine unentbehrliche Voraussetzung; Gebete und Formeln, wie auch die Durchführung von Kulthandlungen oder das Stellen von Orakeln sind erlernbar, nicht aber die natür-liche Fähigkeit Visionen zu haben, Übersinnliches zu sehen, in Ekstase zu treten usw. So beruht die Aufnahme der Heilertätig-keit vielfach auf einer in Träumen erfahrenen Berufung oder durch besondere Krankheiten, wobei die Inhalte der jeweiligen Traumerlebnisse und/oder die spezifische Art der Krankheit kulturell festgelegt sind.

Stärkere Beachtung als das Träumen im Sinne einer Kom-munikationsmöglichkeit zwischen außermenschlichen Kräften und dem Menschen hat in der Ethnomedizin das Phänomen der sogenannten initialen Erkrankung des zukünftigen Heilers gefun-den. Sie kann sowohl das erste göttliche Zeichen einer Berufung sein, als auch die Folge der Verweigerung, die Berufung anzu-nehmen. Über die in diesem Kontext auftretenden Krankheits-symptome liegen sehr unterschiedliche Angaben vor; sie reichen von Störungen des Wohlbefindens (Magen-, Rücken-, Glieder-schmerzen unterschiedlicher Heftigkeit) über Zustände der Be-wußtlosigkeit bis hin zu einer deutlichen psychosomatischen Disposition.

Was die Schulung/Ausbildung der Heiltätigen in den ver-schiedenen Kulturen anbelangt, ist das vorliegende Material un-vollständig; es ist bekannt, daß bei den Zulu (Südafrika) der künftige inyanga eine Lehrzeit von mindestens einem Jahr bei einem erfahrenen Kollegen absolviert bzw. als dessen Assistent tätig ist, um die Methoden der Diagnose und richtigen Behand-lung zu erlernen (z. B. der manang bei den Iban, oder der h'ilol der Maya). In Thailand ist die Ausbildung durch einen anerkann-ten Lehrer (kru) so wichtig, daß dieser vor schwierigen Heilungshandlungen zeremoniell angerufen wird. Auch wenn genaue Angaben über die Ausbildung fehlen, kann man davon ausgehen, daß die selbständige Heilertätigkeit erst aufgenommen wird, wenn der Aspirant ausreichende Erfahrungen gesammelt hat.

Für traditionale Gesellschaften ist die institutionale Ausbildung der im Bereich Gesundheitsversorgung und Krankenbehandlung tätigen Personen weitgehend nachgewiesen und belegt. Sie erfolgt bisweilen in Klöstern (Thailand, Tibet), meistens aber in speziell dafür eingerichteten Lehrstätten (islamische Medizinschule, Ayurveda-Institute). Von ihrer Qualifikation her sind diese Diagnostiker und Therapeuten als Ärzte zu bezeichnen.

Ein aus ethnomedizinischer Sicht interessanter und für ärztliche Entwicklungshelfer wichtig erscheinender Aspekt bezieht sich auf die bei Arzt und Patienten häufig sehr unterschiedlichen Vorstellungen von Krankheit und Heilung, das ein Kommunikationsdefizit bedingt (Kleinmann, 1975). Aufgrund seiner Ausbildung ist der moderne Arzt nicht in der Lage, die von den seinen abweichenden kognitiven Systeme der Patienten wahrzunehmen. Das kognitive System, aus dem die Vorstellung des Patienten über seine Krankheit hervorgeht, ist Teil einer bestimmten, sein Leben einschließenden, sozio-kulturellen Umwelt, was vielfach unberücksichtigt bleibt. In diesem Gesamtbereich gehören auch die sogenannten (von Rubel 1964 definierten) Volkskrankheiten. Es sind Syndrome, über die die Mitglieder einer Gruppe klagen und wofür ihre Kultur Diagnose, Vorbeugung, Verlauf und Heilung kennt, während die ‚westliche' Medizin dem damit zusammenhängenden Gesundheitsbedürfnis nicht nachkommt, da sie weder Kompetenz noch Verständnis zeigt. Es läßt sich folgern, daß solche Volkskrankheiten der kognitiven Perzeption traditionaler Patienten näher stehen, als die Krankheitskategorien der modernen Medizin. Die dem Krankheitsverständnis zugrundeliegende Denkweise ist kulturell geprägt und entspricht der Logik des in dieser Kultur beheimateten medizinischen Systems (Heller, 1977).

Eine Rückbesinnung auf ‚natürliche', volksmedizinische Heilmittel und Heilmethoden ist überall in der Welt mehr oder weniger ausgeprägt zu beobachten; für die Länder der Dritten Welt ist sie als entwicklungspolitische Komponente geradezu lebenswichtig. Diesbezügliche Bestrebungen werden nunmehr auch offiziell von der Weltgesundheitsorganisation unterstützt. In jeder Gesellschaft sind Zugänglichkeit, Qualität, Kosten und nicht zuletzt die ‚Popularität' des medizinischen Systems entscheidende Kriterien in der Beurteilung seiner Effizienz. Traditionelle Heilsysteme haben den Vorteil, daß sie in die soziokulturelle Umwelt und in die ökonomische Struktur der jeweiligen Gesellschaft integriert sind, einheimische Ressourcen benutzen und die Bevölkerung gesundheitlich versorgen. Erprobte Kräuterpräparate können moderne Pharmazeutika weitgehend ersetzen und wirken somit kostendämpfend; der Import von Medikamenten verschlingt 30 % der Gesundheitsausgaben in den Entwicklungsländern. (Bericht über Workshop zur traditionellen Medizin, 1980, in: Curare 81/1)

Die neuerdings besonders in Afrika angestrebte Verflechtung von modernen und traditionellen Heilmethoden[26] wird sich ohne die Mithilfe der vielumstrittenen ‚Medizinmänner' nicht verwirklichen lassen, die noch vor kurzem als gefährliche Scharlatane und Zauberdoktoren in den Hintergrund der Alltagsszene gedrängt waren. Heute ist man gemeinsam (Regierungen, WHO und Missionen) bemüht, ihnen das verlorene Ansehen zurückzugeben. Im Zuge der ‚Rehabilitierung' dürfte kaum zu verhindern sein, daß das traditionelle Heilwesen von seinen, für uns meist unwegbaren, nicht wissenschaftlich erkennbaren oder erklärbaren Elementen entkleidet wird, die aber trotzdem subjektiv und für das System als Ganzes bedeutsam sind. Man kann nur hoffen, daß im Verlauf der offiziellen Anerkennung und Integration traditioneller Heilverfahren in die moderne Medizin, bis zum Jahr 2000 diese nicht zu Tode verwaltet und legalisiert worden sind; d. h. daß 20 Jahre Bürokratie nicht das herbeiführen, was 200 Jahre Kolonialismus nicht erreichen konnte.

Zu erwähnen bleibt, daß nach den vorliegenden Informationen Heiler, welcher Gruppe auch immer sie zugeordnet werden, abgesehen von den traditionellen Beschneidungen und gelegentlichen Inzisionen im allgemeinen keine operativen Eingriffe vornahmen. Daher liegen die Verhältnisse auf dem Gebiet der operativen Medizin in den Entwicklungsländern auch anders.

Auf der Ebene des Kulturaustausches beschäftigt sich die medizinische Forschung heute mit einer Vielzahl von Phänomenen, die früher (auch von der Ethnologie) wenig beachtet

---

26 Im Oktober 1978 existierten in 28 afrikanischen Staaten Forschungseinrichtungen, die sich der traditionellen Therapie und speziell der Heilpflanzenkunde widmeten.

wurden: z. B. erhalten bei den Eipo die Säuglinge zusätzlich zur Muttermilch bereits nach wenigen Tagen auch vorgekaute Süßkartoffelstückchen. Abgesehen von möglicherweise neuen ernährungsphysiologischen Erkenntnissen, zu denen diese Beobachtung führen könnte, bestätigt die Sitte ein durchgehendes Prinzip, das in den meisten vorindustriellen Gesellschaften für das Verhältnis zum Säugling charakteristisch ist: er wird wie ein fertiger Mensch behandelt, dem − vernünftig dosiert − viel mehr zugetraut wird als in unseren Breiten. Ethnomedizinische Studien über verschiedene Gebärstellungen (z. B. Hocke) brachten für die moderne Medizin nützliche Erkenntnisse, um nur einige wenige Beispiele zu nennen. Die etwa 4000 Jahre alte in China beheimatete Akupunktur galt bis vor wenigen Jahren als Außenseitermethode der Heilpraktiker; nunmehr hat sie Eingang in die Schulmedizin gefunden.

4.2.3. Medienethnologie

> ”The promise of a useful relationship between film and anthropology is still crippled by timidity on both sides. Its fulfulment will require an enlarging of the acceptable forms of both film and anthropology.“
>
> *D. McDougall,* 1975

Die Bedeutung visueller Medien für die Ethnologie und die Notwendigkeit der Einbeziehung von Film bzw. der verschiedenen verfügbaren (audio-) visuellen Technologien in bestimmten Bereichen der wissenschaftlichen Tätigkeit ist umstritten. Auf internationaler Ebene werden z. T. seit Jahren und mitunter kontrovers eine Reihe grundsätzlicher Fragen diskutiert: Welchen Stellenwert soll/kann ethnologisches Filmen in der Feldforschung haben (Schlesier, 1972); welche Rolle spielt der Film als Dokumentation und Untersuchungsmethode (Koloss, 1973); welche Anforderungen werden an den wissenschaftlichen Film gestellt (Husmann, 1983, Koloss, 1983, Taureg, 1983); welche Kriterien gelten für den ‚guten‘ völkerkundlichen Film, und welchen Beitrag kann der Lehrfilm in den Prozessen der Meinungs- und Bewußtseinsbildung leisten, insbesondere im Zusammenhang mit der Dritten Welt.

Bei der Veröffentlichung von Feldforschungsergebnissen sind visuelle Hilfen (Zeichnungen, Fotos) zweifellos nützlich und manchmal unentbehrlich; im Vergleich zu nur verbalen Beschreibungen ermöglichen sie Einsichten, die mit Worten nur schwer zu vermitteln sind (z. B. besondere Merkmale materieller Kulturprodukte) und daher Fehlinterpretationen nicht ausschließen. In den meisten Fällen erübrigen sich durch die visuelle Darstellung ausführliche Beschreibungen. Der Film und seine qualitative Aufwertung durch den Ton geht wesentlich weiter; er zeigt agierende Menschen und deren Verhaltensweisen im sozio-kulturellen Kontext. Die Kamera kann nur Ausschnitte aus einer Kultur zeigen, die handelnden Menschen aber erfaßt sie dabei immer ,total'. "The applied 'technology' is seldom subtle, and of its very nature, an unambivalent, impudent confrontation with a set of people who never asked for it" (Bogaart, 1983: 11). Die dieser Situation inhärenten menschlich-ethischen Aspekte dürfen vom wissenschaftlichen Interesse nicht vergewaltigt werden. Die Verantwortung, was wie gefilmt wird, trägt der filmemachende Ethnologe, und nichts und niemand kann ihn davon befreien.

Die Frage, in welchem Ausmaß die Anwesenheit der Filmkamera die kulturelle Realität beeinflußt oder verzerrt, läßt sich nicht generell beantworten. Viele Gruppen haben sich an die Gegenwart fremder Forscher mehr oder weniger gewöhnt, so daß der Grad der Störung im wesentlichen vom technischen und personellen Aufwand beim Filmen abhängig sein wird. Daher sind die Voraussetzungen für den Feldforscher, der Kenntnisse im Filmemachen hat und mit den Geräten umgehen kann, und ohne großes ,Gefolge' auftritt, am günstigsten, denn schließlich ist auch der Feldforscher ohne Kamera kein unsichtbarer Schatten.

In diesem Zusammenhang sind einige (von E. Schlesier 1972 aufgezeigte) Grundvoraussetzungen zu beachten: um das filmische Produkt so gering wie möglich zu beeinflussen, müssen vor den Aufnahmen gute, vertrauensvolle Beziehungen zur betreffenden Gruppe hergestellt sein, was Zeit erfordert. Daher sollte während der Anfangsperiode eines Forschungsaufenthaltes nicht gefilmt werden. Bei insgesamt zu kurzer Aufenthaltsdauer, um die notwendigen Kontakte herzustellen, sollte auf das Filmen überhaupt verzichtet werden. Ferner sollte der Ethnologe nur Handlungsabläufe filmen, die er kennt, oder mindestens einmal gesehen hat, um ‚Genauigkeit' zu gewährleisten.

Es dürfte sich erübrigen, darauf hinzuweisen, daß die Gruppe mit der bzw. über die ein Film gemacht wird, vorher informiert wird, welche Gründe und/oder Motivationen dem Vorhaben zugrunde liegen.

Aus menschlicher und auch wissenschaftlicher Sicht wäre wünschenswert, daß der Filmemacher nach Fertigstellung das Produkt der gemeinsamen Arbeit der Gruppe vorführt, was aus finanziellen Gründen wahrscheinlich in den seltensten Fällen verwirklicht wird. Wenn es aber geschieht, können daraus neue Erkenntnisse gewonnen werden. Die erste Reaktion des einheimischen Publikums bewegt sich (wie A. Gerbrands 1966, und andere aufzeigten) beim ersten Ansehen gewöhnlich zwischen schweigsamen Erstaunen und Fröhlichkeit/Belustigung; erst bei einer zweiten Vorführung beginnen sich die Menschen zu erkennen, verweisen auf bestimmte Aspekte und geben ihre Kommentare ab. Derartige Diskussionen und dabei gewonnene Erfahrungen sind nicht nur für die Beurteilung sinnvollen Arbeitens mit dem Medium Film wichtig; sie können auch zu neuen Forschungsansätzen führen.

Ein Bericht informiert über Gesellschaften und deren Kulturen; der Film sagt wesentlich mehr aus, als in unmittelbarem Zusammenhang mit dem jeweils gefilmten kulturellen Geschehen steht: er zeigt, wie sich die Menschen bewegen, wie sie sitzen, wie sie sprechen, ob und welche Gesten sie machen, wie sie ihre Emotionen ausdrücken usw. Das Produkt Film kann dem fremden Beobachter durch Sichtbar- und Hörbachmachen kultureller Phänomene eine gewisse ‚Nähe' vermitteln, die anders nicht zu erreichen ist; "... for there is no doubt that whosoever has learned to understand the language of things has thereby gained the key which unlocks culture." (Gerbrands, 1966: 18).

Im Hinblick auf Form und Inhalt lassen sich — unabhängig von der jweils benutzten Technologie (32 mm, 16 mm, Video, etc.) zwei Hauptkategorien — der registrierende und der erzählende Film — unterscheiden, mit denen sich weitgehend auch Zweck und Verwendungsmöglichkeiten bestimmen. Der erzählende Film versucht, einzelne Ausschnitte des Lebens einer

Gruppe in erzählerischer (unterhaltsamer) Form dazustellen, was auf verschiedene Art und Weise möglich ist (Spielfilm). Dieser Gruppe wird (nach Epskamp, 1983) auch der Dokumentarfilm (documentary film) zugeordnet; er verbindet die beschreibende Wiedergabe mehrerer Einzelsituationen des Alltags mit Kommentar, Hinweisen auf besondere kulturelle Aspekte, Interviews, historischen Daten und charakteristischen Tonaufnahmen. Er will (und kann nur) allgemein informieren und ist immer subjektiv. Gegenüber dem Dokumentarfilm ist begriffsinhaltlich der Dokumentationsfilm (documentation film) scharf abzugrenzen, der in die Kategorie des registrierenden, wissenschaftlichen Films gehört und als eine Zwischenform von Forschungs- und Lehrfilm bezeichnet werden kann. Das Kennzeichen der Gruppe registrierender Film ist eine möglichst ‚wahrheitsgetreue‘ Aufzeichnung von Situationen und Handlungen, so wie sie in der kulturellen Wirklichkeit einer Gesellschaft beobachtet werden. Diese filmischen Erzeugnisse dienen vornehmlich wissenschaftlichen Untersuchungen und Archivzwecken. Nach (auf internationaler Ebene) vereinbarten Kriterien (M. Taureg, 1983) umfaßt der Oberbegriff wissenschaftlicher Film drei Typen: der analytische Forschungsfilm soll zur Klärung spezifischer Probleme beitragen; der Dokumentationsfilm dient der Darstellung und dem Nachweis; Film als „wissenschaftliche Veröffentlichung" (den ein schriftlicher Bericht mit den entsprechenden Angaben ergänzt) dient der Bekanntgabe von Forschungsergebnissen. Die Kategorie Dokumentationsfilm, der die meisten ethnologischen Filme zuzuordnen sind, wird (von G. Wolf, 1952, 1957, 1967 bzw. dem IWF) als Forschungsfilm im weiten Sinn verstanden, der die „gründliche wissenschaftliche" Darstellung eines bestimmten Phänomens enthält und in der Lage ist, eine Vielzahl von Fragen, die sich zu verschiedenen (späteren) Zeitpunkten unter möglicherweise anderen Aspekten stellen, hinreichend zu beantworten. Als notwendige Voraussetzung dafür werden „Vollständigkeit" (soweit sie möglich ist) und der höchste erreichbare Grad an „Objektivität" genannt, wobei nunmehr stattdessen „Wirklichkeitsgehalt" bevorzugt wird; dieser Begriff ist (nach Dauer, 1980: 8) weitgespannt, da er sich auf alle Stadien im Prozeß des Filmemachens und Betrachtens bezieht.

Die Vorstellung vom ‚objektiven‘ Film ist, bzw. war eine Illusion, die heute von niemandem ernsthaft vertreten werden kann. Auch dem rein registrierenden Film liegt eine bestimmte subjektive Ausgangskonzeption zugrunde, die durch Kamerawinkel, Einstellungen, Ausleuchten und die zahlreichen Mechanismen der ‚Filmsprache‘ unterstrichen wird. Subjektive Elemente fließen während des gesamten Arbeitsprozesses (Schneiden, Zusammenstellen usw.) mit ein. Der Filmemacher kann sich dem durch die eigene Kultur erhaltenen Vorwissen nicht entziehen, und es bestimmt seinen Blickwinkel; es bildet die Grundlage dessen, was er für ‚wichtig‘ hält. (Vgl. Bogaart, 1983: 21/22)

In der Bundesrepublik stellte Ende der fünfziger Jahre das Institut für den wissenschaftlichen Film (IWF) (Nonnenstieg 72, 3400 Göttingen) ausführliche Regeln für das Filmen zu wissenschaftlichen Zwecken zusammen und begründete damit als zentrale Einrichtung seine führende Stellung. Diese „Richtlinien zur Dokumentation in Ethnologie und Volkskunde durch den Film" (1959) waren einerseits für Völker- und Volkskundler gedacht, die gewöhnlich mit dem Medium Film wenig Erfahrung hatten und andererseits für Filmemacher, denen der Aufgabenbereich der Ethnologie im allgemeinen fremd war. Man erwartete durch die Zusammenarbeit von Ethnologen und Filmemacher wissenschaftlich aussagekräftige Filme zu erhalten. Die in den folgenden Jahren auf dieser Basis in Deutschland, Österreich, der Schweiz, aber auch in einigen Nachbarländern entstandenen Produkte ermöglichten die Gründung einer Filmbibliothek "Encyclopaedia Cinematographica" (EC) im Jahr 1952 (durch G. Wolf, dem damaligen Direktor des IWF), in der aber nicht nur ethnographische Filme herausgebracht werden.

IWF-Filme sind Forschungs-, Dokumentations- und/oder Lehrfilme für den universitären Bereich; sie orientieren sich grundsätzlich an zwei Aufgabenstellungen: a) die Aufzeichnung bestimm**·** r „einmaliger" oder vom Aussterben bedrohter Kulturphänomene, um sie angesichts des raschen Wandels für Forschung und Lehre zu ‚erhalten‘, und b) dienen sie als Grundlage kulturübergreifender Vergleiche, wofür die visuelle ethnographische Dokumentation als beste Voraussetzung angesehen wird.

Die Grundkonzeption des IWF leitet sich aus den während der ersten Dekaden dieses Jahrhunderts gewonnenen Erkenntnissen über Filmarbeit im Forschungsbereich ab und wurde von den Mitarbeitern des Instituts weiter ausgearbeitet und verfeinert; sie geht davon aus, daß die Prinzipien des wissenschaftlichen

Films für alle Disziplinen (z. B. Biologie, Medizin, Technik usw.) gleichermaßen anwendbar seien. Dieses Konzept mag für eine zentrale Institution aus praktischen Gründen vorteilhaft sein, erscheint aber aus epistomologischer Sicht fragwürdig, denn jeder Disziplin stellen sich fachspezifische Fragen, die nach unterschiedlichen Aspekten untersucht werden und demgemäß auch unterschiedliche methodologische Ansätze verlangen.

Die vor dreißig Jahren vom IWF festgelegten Richtlinien wurden in der Zwischenzeit trotz offener Kritik (Schlesier, 1972; Koloss, 1973, 1982; Dauer, 1980) weder ergänzt noch wesentlich verändert. Was die ‚Machart' der EC-Filme anbelangt, unterscheiden sich die neuen Produkte nur teilweise — im Stil und aufgrund technischer Verbesserungen — von den früheren Filmen. Insgesamt gesehen, kann/muß das IWF als eine spezielle Richtung bzw. ‚Schule' ethnologischen Filmemachens bezeichnet werden. Damit stellt sich aber gleichzeitig die Frage, ob Konzept und Standard den heutigen Anforderungen angemessen sind, bzw. gerecht werden können, wenn man die tatsächlichen Entwicklungen der letzten Jahre, sowohl in der Ethnologie als auch der Filmtheorien, berücksichtigt.

Große Bedeutung kommt m. E. im Sinne einer ‚erweiterten' angewandten Ethnologie der Nutzung audiovisueller Medien für den Bildungsbereich zu. Allgemein anerkannte Richtlinien für die Kriterien, die Form und Inhalt eines ethnologischen Bildungsfilmes bestimmen, der sinnvoll auf den verschiedenen Ebenen des Schulunterrichts und im Rahmen der Erwachsenenbildung eingesetzt werden kann, existieren (noch) nicht. Es gibt daher, von wenigen Ausnahmen abgesehen, auch keine für diesen Zweck geeigneten Filme. Die wesentlichen Aspekte, unter denen dieser bis vor kurzem weitgehend vernachlässigte Komplex gesehen werden sollte, beziehen sich auf die Vermittlung (bzw. Erweiterung) von Basiswissen, das zum besseren Verständnis bestimmter sozio-kultureller Probleme und über Lernprozesse zur Bewußtseinsbildung führt. Inhaltlich verlangt der instruktive Bildungsfilm Beschränkung auf ein zentrales Thema, jedoch in Verbindung mit den notwendigen Hintergrundinformationen, damit Zusammenhänge transparent werden. Die ‚Machart' des Films soll zur Diskussion auffordern.

Angesichts der Tatsache, daß im Hinblick auf Information über Sachverhalte in unseren Medien die Dritte Welt unterrepräsentiert ist, artikuliert sich der Bedarf an ‚Gegeninformation' immer deutlicher. Diese Forderung aber können Zeitschriften, die die ‚fehlenden' Informationen liefern und Dritte Welt Initiativen trotz ihrer Zunahme in den letzten Jahren allein nicht erfüllen. Ethnologische Bildungsarbeit durch das Medium Film wird zur Notwendigkeit.

Mit der zentralen Frage ‚ethnologischer Film und Bewußtseinsbildung' befaßt sich eingehend das 'Centre of International Development Education of the Sociological Institute of Utrecht'[27]. Grundlage der Untersuchungen ist die durch Erfahrung bestätigte Überlegung, daß allein das Vorführen eines Filmes nicht ausreicht. Er ist (oft erstmalige) problematisierende ‚Begegnung' mit einer anderen Kultur. Die entscheidende Komponente im Prozeß der Bewußtseinsbildung wird in der anschließenden Diskussion gesehen, die verschiedene Standpunkte ansprechen sollte.

Aufgrund der bisher vorliegenden Untersuchungsergebnisse, wird politische Bewußtseinsbildung im Zusammenhang mit visuellen Medien von folgenden Indikatoren bestimmt: ob die im Film enthaltene Information Wissen vermittelt, das das Verständnis fördert; ob der Film, bzw. die dargestellte Problematik beim Zuschauer Emotionen mobilisiert und welche konkrete Einstellung daraus resultiert. Aus dieser Perspektive sind wichtige Punkte der Untersuchungen, welche audiovisuelle Medien (Film, Videoaufzeichnung, oder auch Diavorführung) und welche inhaltliche Form („einseitige" gegenüber „beiderseitiger" Problemdarstellung, was nicht mit „ausgewogen" zu verwechseln ist) diskussionsstrategisch die besten Möglichkeiten bieten.

In den Ländern der Dritten Welt steht in Verbindung mit einer ‚befreienden Pädagogik' (im Sinne von P. Freire, 1972/73) die Bewußtmachung der eigenen Kultur und deren Werte im Vordergrund. Das Medium Film kann hier zur Erhellung bestimmter Problemsituationen beitragen, aus deren Verständnis dann kulturkonforme Lösungsversuche resultieren. Ein weiterer Aspekt, wobei das Medium Film eine Rolle spielen kann, ist

27 Siehe dazu L. M. Henny, 1980; 'Raising Consciousness Through Film, Sociological Institute, University of Utrecht, und L. M. Henny, 1983: 145—159, Effects of one-sides and two-sided media presentation in social conscientization, in: Bogaart, N. C. R. & H. W. E. R. Hetelaar (eds.), Göttingen: edition herodot.

seine Nutzung zur gesellschaftlichen Integration. Für kulturell heterogene Sozialgebilde (z. B. die neuen Staaten in Afrika aufgrund der willkürlichen Grenzziehung) ist es wichtig, daß die einzelnen Bevölkerungsgruppen einander besser kennen und verstehen lernen; dazu eignen sich Filme, die über die jeweiligen Besonderheiten informieren. Dazu gehören bzw. eignen sich Filme, aus denen der Zuschauer etwas über für andere Gegenden charakteristische Technologien (Web-, Färbeverfahren, Metallbearbeitung usw.), über Kunstgegenstände und mit Kultstätten verbundene Traditionen erfährt, die unter Umständen für die einzlene Gruppe ideologische Bedeutung haben.

Die meisten modernen Kommunikationstheorien stammen aus Industrieländern und sind auf ,,kulturelle Normung" (Epskamp, 1983) ausgerichtet; die Vielfalt der Kulturen mit ihren spezifischen kognitiven Systemen und entsprechenden Wahrnehmungskategorien blieben bis vor wenigen Jahren unberücksichtigt. Doch selbst in Ländern, wo der Umgang mit visuellen Medien mehr oder weniger zum Alltag gehört, ist zu beobachten, daß die Menschen gewisse Schwierigkeiten haben, den neuen ,,internationalen visuellen Stil" zu interpretieren und zu verstehen. Dieser Aspekt erfordert im Zusammenhang mit den Konzepten der Bildungshilfe für die Länder der Dritten Welt Beachtung und intensive Untersuchungen. Im Hinblick auf die Möglichkeiten visueller Kommunikationsmittel stützte sich der, ursprünglich von allen Beteiligten vertretene, Standpunkt auf die Annahme, daß ,Sehen' gleichzeitig auch ,Verstehen' bedeutet. Erst relativ spät kam man zu der Erkenntnis, daß auch ,Bilder' in einer spezifischen Art ,gelesen' werden (bzw. gelesen werden müssen, um sie zu verstehen).

Berichte von Entwicklungshelfern und Feldforschern, die den geringen oder ausbleibenden Nutzeffekt westlicher visueller Bildungshilfen an Ort und Stelle erlebten und darauf hinwiesen, gaben den Anstoß zu gezielten Untersuchungen, die in den siebziger Jahren begannen.

Ein Film ist auf Zeichen verschiedener Zeichensysteme aufgebaut, die in ihrem Zusammenwirken einen beabsichtigten Effekt erzielen. Kommunikationsforscher und Semiologen sehen das Merkmal einer Kultur in der Fertigkeit ihrer Mitglieder, Zeichen in gleicher/ähnlicher Weise zu erkennen, zu interpretieren und wiederzugeben. Da Zeichen kulturgebunden sind, wird deutlich, daß die aus Industriekulturen kommenden Filmemacher mit einer ‚Filmsprache' (Zeichensystemen) arbeiten, die sich mit den Zeichen anderer Kulturen nicht decken und daher dort auch nicht verstanden werden können.

Das Phänomen 'visual literacy' wird als die innerhalb einer Kultur übereinstimmende Fähigkeit definiert, aus der zweidimensionalen bildhaften Wiedergabe einer Wirklichkeit, Aussagen/Bedeutungen zu erkennen und abzuleiten (D. Giltow, 1977). Dieser Studienbereich befaßt sich vorrangig mit den praktischen Implikationen im Kontext der Erarbeitung kulturorientierten visuellen Materials, das für erzieherische und informative Tätigkeiten in verschiedenen Kulturen und Ländern zur Verfügung gestellt, bzw. verwendet wird. Aus den Ergebnissen dieser Untersuchungen hofft man Erkenntnisse zu gewinnen, die es ermöglichen, visuelle Bildungshilfen besser den einzelnen perzeptiven Systemen anzupassen.

Daraus leitet sich für den filmemachenden Ethnologen eine weitere, neue Aufgabe ab: sich dort, wo in fremden Kulturen eigene Filme gemacht werden, sich mit deren ‚Stil' im weitesten Sinne des Wortes zu beschäftigen. Die daraus resultierenden Erfahrungen machen seine Beteiligung bei der Vorbereitung von Bildungsfilmen für die Dritte Welt unentbehrlich. Zukünftig dürfte es neben dem Ethnologen, der Informationen über traditionelle Sitten sammelt, und diese über das Medium Film reproduzierbar macht, auch den Ethnologen geben, der spezifische und funktionale Informationen über andere Kulturen im Hinblick auf Prozesse des Wandels, so ‚subjektiv' wie möglich ‚übersetzt', um die Informationen denjenigen ‚zugänglich' zu machen, für die sie gedacht sind.

4.3. Technologie-Transfer und Entwicklung

> "One must consider the consequences for those among whom one works, of simply being there, of learning about them, and what becomes of what is learned."
>
> D. Hymes, 1974

Wer die Diskussion über die Gestaltung der Beziehungen zwischen den hochindustrialisierten Staaten und den armen Ländern verfolgte und sie vor dem Hintergrund ethnologischer Forschungserkenntnisse zu prüfen versucht, kann sich der Feststellung nicht entziehen, daß entwicklungspolitische Maßnahmen im allgemeinen von der Tendenz bestimmt sind, die Vielschichtigkeit von Akkulturationsprozessen zu übersehen oder bewußt zu ignorieren. In den offiziellen Berichten und Projektstudien der Vereinigten Nationen (bzw. ihrer Untergliederungen wie UNCTAD, UNIDO, FAO, etc.), der Weltbank und mancher Entwicklungshilfeorganisationen wird die Komplexität des Phänomens der Kulturbegegnung meistens in sehr einseitiger Weise auf die Frage nach der Übertragung von Kapital und Technologie reduziert.

Die Entwicklungsplanung der ‚westlichen' Technokraten scheint von der Auffassung bestimmt zu werden, daß sich dort, wo ein quantitatives, am Bruttosozialprodukt zu messendes Wachstum erreicht sei, die Problematik des Kulturkontaktes und der daraus resultierenden Wandlungsprozesse sich gleichsam von selbst entschärfe. Die destruktiven Folgen einer derartigen Strategie waren — zumindest aus ethnologischer Sicht — voraussehbar. Warnungen und Forschungsergebnisse blieben unbeachtet. Der Fehleinschätzung kam von Seiten einer intellektuellen Minderheit in den Entwicklungsländern (die aufgrund ihrer Ausbildung in den Industriestaaten oder von diesen getragenen Institutionen der eigenen Kultur weitgehend entfremdet wurde) häufig die nicht minder illusionäre Vorstellung entgegen, man könne vom technischen Vorsprung der industrialisierten Welt profitieren, ohne die kulturelle Eigenständigkeit zu verlieren. Unter diesen Voraussetzungen wurden Industrialisierung und Technologie-Transfer zu den bestimmenden Faktoren der Entwicklungstheorien und der Entwicklungspolitik. Der Begriff

Entwicklungspolitik bezieht sich in der Regel nur auf Entwicklungshilfe. Das sind alle Maßnahmen der Industrieländer, „die dazu dienen, die Entwicklungsländer wirtschaftlich zu fördern, d. h. sie dem Stand der Industrienationen näherzubringen und sie in die gesamte weltwirtschaftliche Ordnung einzugliedern" (Hautmann, 1961: 17).

Der Begriff Entwicklung orientiert sich demnach ausschließlich an Lebensart und Wertmaßstäben der Industriekulturen. Mit ähnlich einengender Bedeutung ist der Begriff Fortschritt besetzt, mit dem Entwicklungspolitik vielfach umschrieben wird. Seit (ausgehend von Saint-Simon und dem französischen Positivismus) Ende des 18. Jahrhunderts in der wissenschaftlich gesteuerten Produktionserhöhung die Triebkraft der Entwicklung moderner Gesellschaften gesehen wird, gilt der Anstieg des Lebensstandards als Index des Fortschritts. Eine ethnologische/soziologische Dimension erhält der Begriff dadurch, daß sich Prozeßgesetzlichkeiten für die Veränderung und die umfassenden Auswirkungen auf die sozio-kulturelle Daseinsgestaltung empirisch nachweisen lassen. Die Forschung kann sich jedoch heute nicht mehr nur darauf beschränken, die *Ergebnisse* menschlichen Denkens und Handelns in der historischen Rückschau zu untersuchen bzw. zu bewerten. Es geht vielmehr um das rechtzeitige Erkennen von Entwicklungstendenzen in Verbindung mit besseren Einsichten in die Mechanismen, die sozio-kulturellen Wandel auslösen und die Richtung der Akkulturationsprozesse bestimmen, damit unerwünschte Entscheidungsfolgen, wie die Zerstörung von Kulturen („Zivilisationsschäden") abgewendet werden.

Die Gesichtspunkte, nach denen die für die Hilfemaßnahmen der Industriestaaten vorgesehenen Länder eingeteilt werden, sind kennzeichnend für die schwerpunktmäßig ‚einäugige' Ausrichtung der Entwicklungspolitik auf den ökonomischen Bereich. In dieser Hinsicht erwies sich die erste, nach topographischen Kriterien getroffene Typisierung, aus der das Schlagwort „Nord-Süd-Konflikt" entstand, als wenig aussagefähig im Hinblick auf die große Heterogenität innerhalb der festgelegten Regionen. Der Maßstab für eine genauere Differenzierung ist im allgemeinen das in den einzelnen Ländern gegebene (wirtschaftliche) Entwicklungspotential. Einige Wirtschaftswissenschaftler gehen dabei von dessen Nutzung aus, die sich in der jeweiligen Konstellation von Pro-Kopf-Einkommen, Wachstum und Ressourcen ausdrückt (Higgins, 1959). Für andere ist die daraus resultierende „Sprungfähigkeit" (Salin, 1959) das Merkmal für die Aktivität bzw. Passivität der Bevölkerung, die im Entwicklungsprozeß als entscheidend angesehen wird. In dieser Perspektive sind „Zonen potentieller Industrialisierung mit aktiver Bevölkerung und wenig Eigenkapital" als die eigentlichen Aufbaugebiete der Entwicklungspolitik zu sehen. Entsprechende Investitionen und Maßnahmen können, so wird argumentiert, in diesen Regionen eine Phase der Entwicklung herbeiführen, in der sich (Rostow, 1956) Wirtschaft und Gesellschaft derartig wandeln, „daß das Wirtschaftswachstum anschließend mehr oder weniger automatisch aufrechterhalten bleibt". Ein weiterer Ansatz zur Einteilung der Entwicklungsländer aufgrund ihrer Wachstumskonfiguration (Hoselitz, 1960) richtet sich nach drei Merkmalen: (a) dem Größenverhältnis der Bevölkerungszahl zu ihren Ressourcen, wonach Wachstum entweder durch Ausweitung oder durch qualitative Verbesserung der nutzbaren Gegebenheiten (expansive:intrinsic way) erreicht werden kann; (b) der Abhängigkeit des Landes von der Weltwirtschaft; und (c) der Rolle des Staates im Entwicklungsprozeß (autonomes/induziertes Wachstum).

In diesem Zusammenhang wird deutlich, daß die von den Industriestaaten propagierte Entwicklungshilfe eigentlich Wirtschaftspolitik bedeutet, wenn man sie auf die Definition bezieht, sind das „die Gesamtheit aller Bestrebungen, Handlungen und Maßnahmen, die darauf abzielen, den Ablauf des Wirtschaftsgeschehens in einem Gebiet oder Bereich zu ordnen, zu beeinflussen oder unmittelbar festzulegen" (Giersch, 1961: 17).

Die Bedeutung des ökonomischen Bereichs für die kulturelle Gestaltung und Entwicklung einer Gesellschaft wird niemand leugnen, aber das Wirtschaftsgeschehen bleibt eben doch immer nur ein Teilaspekt, nur eine Komponente im Zusammenwirken einer Vielzahl sehr verschiedenartiger Kräfte. Und wer diesen Teil der sozio-kulturellen Gesamtheit für das Ganze setzt, läuft Gefahr, eine historische Situation herbeizuführen, die sich vom kolonialen Imperialismus nur durch die technokratisch-ideologische Argumentation unterscheidet und neue, wesentlich komplexere Abhängigkeiten schafft. Selbst wenn man die in diesem Zusammenhang unbedingt zu berücksichtigende menschliche und kulturelle Problematik einmal außer Acht ließe und sich nur darauf beschränkt, die wirtschaftliche Seite der staatlichen, international gesteuerten Entwicklungshilfe kritisch zu beleuchten, stellt sich die Frage, welchen eigentlichen Zweck Maßnahmen verfolgen, die beim Bau von Großprojekten einheimische Firmen nur vereinzelt oder überhaupt nicht beteiligen. Das ist ein Punkt, den man nicht übersehen sollte, obwohl er im Gesamtzusammenhang der verfahrenen Situation nur von untergeordneter Bedeutung ist. Wenn sich heute, mehr als ein Jahrhundert nach Karl Marx, der Satz, daß die Armen immer ärmer und die Reichen noch reicher werden, in gespenstisch bedrohlicher Weise bewahrheitet hat, so sind ursächlich Unkenntnis und/oder Nichtbeachtung der vielschichtigen sozio-kulturellen Verflechtungen für das Entwicklungsdilemma verantwortlich. Eine Fehlentscheidung löst Kettenreaktionen aus, deren Negativpotential sich im Verlauf der daraus resultierenden Prozesse zu vervielfachen scheint. Auf diese Weise kann Hunger auch ‚gemacht' werden. Ganz allgemein verschlechtert sich die Ertragssituation der Landwirtschaft in Afrika und in weiten Regionen Asiens z. B. durch Bodenerosion infolge der Vernichtung von Waldbeständen. Zweifellos trägt die in vielen Gegenden betriebene Wanderwirtschaft (Brandrodung) zur Problematik bei, weil sich auf den kleiner gewordenen verfügbaren Flächen der Pflanzenwuchs nicht in kurzer Zeit regenerieren kann. Das ist aber nur die eine Seite des viel zitierten "circulus vitiosus", des Teufelskreises der Armut. Er kann nur durchbrochen werden, wenn sich die Entwicklungsstrategien radikal von den bisherigen Praktiken abwenden und in erster Linie am Menschen und seinen wirklichen Bedürfnissen orientieren.

Entwicklungspolitik ist gelenkter Kulturwandel. Mit den spezifisch gesteuerten entwicklungspolitischen Maßnahmen waren und sind Akkulturationsprozesse verbunden, deren besondere Problematik in dem disharmonischen Verlauf des Wandels liegt. Jeder eingeleitete Kulturwandel bedeutet zunächst eine Störung der inneren funktionellen Einheit und Vereinbarkeit der einzelnen Komponenten einer Kultur. Ihre Funktionsfähigkeit und ihr Fortbestand − möglicherweise in anderer Form − hängen von der Wiederherstellung des kulturellen Gleichgewichts ab. Disharmonischer Kulturwandel ist durch folgende sozio-kulturelle Strukturverhältnisse gekennzeichnet: Die einzelnen Kulturbereiche stehen in Bezug auf Tempo, Ausmaß und meistens auch die Richtung der Veränderungen, von denen sie unterschiedlich stark betroffen sind, in einem Zustand stärkerer oder schwächerer Disproportionalität zueinander. Gemäß des entwicklungssoziologischen Denkmodells nach R. F. Behrendt (1965/68) wird der als umfassende Mobilisierung menschlicher Energien verstandene Wandlungsprozeß in seiner Gesamtheit von drei Dimensionen unterschiedlicher Gewichtigkeit bestimmt: Technologie, Wirtschaftsordnung und Gesellschaftssysteme. Erfahrungsgemäß ist der technische Bereich rasch zu mobilisieren. Technologien lassen sich relativ leicht und direkt transferieren, und neue Fertigkeiten oder Verfahrensweisen werden ohne Schwierigkeiten erlernt. Die Durchsetzung der damit notwendig gewordenen Änderung wirtschaftlicher Organisationsformen ist komplizierter, weil dabei mehrere Faktoren (wie Infrastruktur, Transportmittel und -wege, Verteilung etc.) eine Rolle spielen. Der Prozeß des Wandels bewegt sich, wenn er überhaupt in der erwarteten Weise in Gang kommt, wesentlich langsamer. Auf der sozio-kulturellen Ebene, wo es sich um die Übernahme neuer Werte, Normen, Verhaltensweisen und gesellschaftlicher Ordnungsmuster handelt, stoßen Neuerungen und Veränderungsbestrebungen generell auf heftigen Widerstand.

Dieser Aspekt stellt das eigentliche Kriterium im Verlauf von Akkulturationsprozessen dar.

Jeder entscheidende Kulturwandel ist notwendigerweise von einem gesellschaftlichen Ordnungswandel begleitet bzw. abhängig, der sich in einer Schwächung bisher geglaubter als gültig angesehener Werte und praktizierter Verhaltensnormen ausdrückt und neue Einstellungs- und Verhaltensmuster fordert. Daraus resultieren wachsende Spannungen und Schwierigkeiten der Orientierung der Mitglieder in einer sich wandelnden Gesellschaft. Das gilt für alle Kulturen, unabhängig davon, wie ‚fortschrittlich‘ oder wie ‚unterentwickelt‘ sie eingeschätzt werden. Den deutlichen Beweis dafür liefern die in den Industriegesellschaften heute anzutreffenden Phänomene; die Abkehr vom Überflußdenken in breiten Kreisen der Bevölkerung, die steigenden Forderungen nach mehr Lebensqualität, die Suche der Jugend in Europa und Amerika nach neuen Leitbildern bzw. ihre Hinwendung zu einer bestimmten Art von Spiritualität auf der einen Seite, und wachsende Zukunftsangst, Frustration aber auch die Neigung zu Gewalttätigkeit andererseits sind Reaktionen auf die in der ganzen Welt in raschem Tempo ablaufenden einschneidenden Veränderungsprozesse. Kulturwandel ist grundsätzlich ein menschliches Problem, aber entschieden schwieriger zu bewältigen, wenn die Impulse davon von exogenen Kräften ausgehen. Dieser Sachverhalt ist unbestritten, selbst von denjenigen, die den Standpunkt, daß "the deliberate attempt to impose a culture, no matter how backed up by good will, is an affront to the human spirit" (Sapir, in: Mandelbaum, 1949: 328; dazu auch Ramaswamy, 1978) als überspitzt problematisierend einschätzen. Die inneren Zusammenhänge erklären sich aus der Tatsache, daß kulturell essentiell und existentiell nicht nur auf einer − abstrakt definierten − Gruppe interagierender Menschen beruht, sondern vor allem auf der spezifischen psychologischen Strukturierung ihrer Mitglieder. Kultur ist ebenso Ausdruck psycho-dynamischer Anpassung wie auch Voraussetzung für die besondere Art der Persönlichkeitsprägung, von der ihre Gesellschaft realisiert wird (vgl. Hallowell, 1953: 611).

In traditionellen Kulturen − und das waren die meisten der heutigen Entwicklungsländer − ist die Daseinsform im allgemeinen durch eine begrenzte, doch im Bewußtsein der Menschen tief verwurzelte Anzahl von Glaubensgrundsätzen, Werten und Verhaltensnormen bestimmt. Sie sind keinen radikalen Änderungen ausgesetzt und können daher den Angehörigen funktionierender traditionaler Gesellschaften das Gefühl der Geborgenheit und ein hohes Maß an Orientierungssicherheit vermitteln. Je stärker die Menschen in das sozio-kulturelle System einer − nach ihrem subjektiven Empfinden − ‚unwandelbaren' Ordnung integriert sind, desto weniger sind sie auf Veränderungen vorbereitet und desto größer ist auch die Gefahr des Versagens dieser Kultur gegenüber den bisher unbekannten Forderungen, die „dynamischer" Wandel an die im ausgesetzten Sozialgebilde und deren Mitglieder in jeder Hinsicht stellt. Die geforderten Veränderungen beziehen sich nicht nur auf die Lockerung familiärer und/oder lokal gewachsener Bedingungen, Änderungen der Arbeitsbedingungen und Schichtungsstruktur in Bezug auf Machtverteilung, Prestige, Eigentumsverhältnisse, usw., sondern bringen immer auch eine große Vielfalt möglicher und einander oft widersprechender Werte und Verhaltensweisen mit sich. Da die Menschen neue Situationen, mit denen sie immer wieder konfrontiert werden und die ihnen Entscheidungen abverlangen, nicht auf der Basis ihrer ‚Erfahrung' interpretieren können, nehmen Verunsicherung und Orientierungslosigkeit zu, bisweilen in Verbindung mit einem Gefühl des Ausgeliefertseins in ein unabwendbares Schicksal.

Insbesondere die in den Städten Afrikas und Asiens lebende Bevölkerung steht bei unzähligen alltäglichen Entscheidungen vor dem Dilemma, ob sie nach überlieferten oder nach übernommenen Grundsätzen urteilen soll. Die Möglichkeit, aus dem psycho-kulturellen Zwiespalt herauszufinden, ist gering; die kulturelle Selbstaufgabe und Selbstverleugnung, die mit der totalen Übernahme der europäischen Fremdkultur verbunden wäre, erscheint bei der Bedeutung ihrer jeweiligen Traditionen undenkbar, und sie wäre auch kaum im Interesse dieser Völker. Die Wurzeln der allgemeinen Desorientierung, die bis in die Kolonialzeit zurückreichen, liegen zu einem großen Teil im Import ‚westlicher‘ Bildungssysteme, deren Entkolonialisierung in den meisten Ländern nur halbherzig betrieben wurde bzw. stecken blieb. Schulisch bedingte Prägungen während des Sozialisationsprozesses, die sich in dem für den Einzelnen oft tragischen kulturellen Zwiespalt manifestieren, erweisen sich für die Rekrutierung von Führungseliten in den wirtschaftlich abhängigen Ländern als ‚funktional‘, für die Lebensansprüche der Mehrheit der Bevölkerung jedoch als ‚dysfunktional‘. Die Widersprüche des Bildungssystems und die sozio-kulturelle Gesamtwidersprüchlichkeit innerhalb der Entwicklungsgesellschaften bedingen einander; an der Komplexität dieser Situation können auch entwicklungspolitisch orientierte Bildungsbeihilfen aus dem Ausland einen wesentlichen Anteil haben.

Gegenwärtig zu beobachtende Reaktionen auf als kulturelle Überfremdung verstandene Industrialisierungs-/Entwicklungsmaßnahmen reichen von einfacher Verweigerung bis hin zur Herausbildung von Gegenkulturen. Sie weisen sich durch sehr unterschiedliche Formen und Inhalte aus. Zum Beispiel sind die Tzotzil im mexikanischen Hochland auf den ersten Blick eindeutig dem Fortschritt zum Opfer gefallen. Tatsächlich aber besteht ihre Lebenswirklichkeit in einer komplexen Verkettung von Anpassung und Verweigerung. Die Indios integrieren sich in die kapitalistische Produktionsweise des Staates zum Erwerb ihres Lebensunterhaltes, aber sie entziehen sich im privaten Bereich dem Einfluß der weißen Herrschaft, die von dem stets verfügbaren Reservoir billiger und jederzeit abschiebbarer Arbeitskräfte profitiert. In der entstandenen Gegenkultur mit einer ihr eigenen Dynamik von Abhängigkeit und Ablehnung veränderten sich zwar alle Elemente ihrer früheren kollektiven Wirtschaftsform, doch die soziale Kreativität der Indios sichert den Fortbestand ihrer bäuerlichen Kultur in anderen Formen. Im Gegensatz zu ihren Nachbargesellschaften können sich die Tzotzil kollektiv behaupten.

Die Auswirkungen der wirtschaftlichen (und auch politischen) Expansion der industriellen Gesellschaften unterscheiden sich von früheren Kulturkontakten und Wandlungsprozessen in Art und Intensität. Im Hinblick auf die ‚Kontrolle' der Transformationskräfte zur Lenkung der Veränderungen spielt die wechselseitige geographische Lage der in Beziehungen zueinander gekommenen Gesellschaften (im Gegensatz zur kolonialen Situation) keine Rolle mehr. Hingegen stellt das differentielle Gefälle, das sich vor allem im Bereich der technischen und wirtschaftlichen Aktivitäten bemerkbar macht, einen wesentlichen Faktor in den Beziehungen dar; die in den meisten Fällen gegebene große ‚kulturelle Distanz' bedingt in den Ländern, die industrialisiert und modernisiert werden sollen, ein Ausmaß an Veränderungen, die aufgrund des Bruchs innerhalb des funktionalen Gesamtzusammenhangs ihrer Kultur letztlich zu gesellschaftlicher Desorganisation führen. Keine Gesellschaft kann die sie erschütternden Wandlungsvorgänge über eine bestimmte Grenze hinaus ertragen, ohne daß eine Situation entsteht, die den ‚physischen' Fortbestand ihrer Kultur und Eigenständigkeit bedroht. Jede kritische Beurteilung der ‚Entwicklungsgegebenheiten' eines Landes hat auch zu berücksichtigen, von wo die Impulse des Wandels ausgehen, ob und welche ideologische Strömungen dafür verantwortlich sind bzw. die Richtung beeinflussen, und schließlich, welche Bevölkerungsschichten sich aktiv für bestimmte Maßnahmen einsetzen, solche fordern und auf welcher Gesellschaftsebene sie abgelehnt werden.

Es ist offensichtlich, daß und warum die Disharmonie des Kulturwandels in den heutigen Entwicklungsgesellschaften besonders ausgeprägt ist und in der Gesamtproblematik eine grundlegende Rolle spielt.

Es hat Jahre gedauert, bis die mit der Entwicklungshilfe befaßten Personen, Institutionen und Organisationen erkannten, daß technologischer Fortschritt die Not in der Dritten Welt nicht beheben kann. Die entscheidende Bedeutung der psychokulturellen und psycho-sozialen Elemente im Entwicklungsprozeß wurde übersehen. Um mangelnde ‚Erfahrung' handelt es sich jedenfalls nicht. Schon zu Beginn unseres Jahrhunderts schrieb Gustav Schmoller, der damals bedeutendste Nationalökonom:

„Die Wechselwirkung zwischen den menschlichen Eigenschaften und den sozialen und wirtschaftlichen Institutionen ist der eigentliche springende Punkt ... Die Fortschritte ... gelingen ... oft nicht, gerade weil der wirtschaftliche Fortschritt an so viele Bedingungen und Umbildungen sozialer und staatlicher Natur ... an viele Änderungen der Sitten und Gewohnheiten gebunden ist" (Schmoller, 1923/I: 748/749).

Inzwischen mehren sich auch in den Empfängerländern von Entwicklungshilfe Stimmen der Kritik an der Grundkonzeption und dem effektiven Wert der bisherigen Strategien: „Ein Entwicklungskonzept, das wirtschaftliches Wachstum in den Vordergrund rückt ... bringt keine wirkliche Entwicklung. Es schafft mehr Probleme als es löst."[28] Auch die durchaus ernst zu nehmende Studie des 'Birla Institute of Scientific Research' vom September 1981 stellt fest, daß die seit rund freißig Jahren nach Indien fließenden Gelder in Höhe von 250 Milliarden Rupien (etwa DM 71 Milliarden) dem Land mehr schadeten als nützten, denn dadurch wurde das „Gleichgewicht der indischen Wirtschaft gestört" und die Entwicklungsmaßnahmen haben den Bemühungen entgegengewirkt, tatsächlich unabhängig zu werden. Die für die achtziger Jahre geplante „Grundbedürfnisstrategie" könnte sich als brauchbarer Weg erweisen, obwohl sie keineswegs unumstritten ist. In vielen Ländern wird ihr als „Almosenstrategie" Mißtrauen entgegengebracht. Nachdem jahrzehntelang die Notwendigkeit forcierten technischen Fortschritts und wirtschaftlichen Wachstums propagiert worden war, ist es nicht erstaunlich, daß vielerorts der Eindruck entstand, man wolle die Dritte Welt bewußt weiterhin auf einer niedrigen Industrialisierungsstufe halten. Schließlich fürchten auch die reichen Eliten in den armen Staaten um ihre Privilegien, wenn es darum geht, Entwicklung zu einer Angelegenheit der gesamten Bevölkerung zur Überwindung der Armut zu machen. Eine Schwierigkeit des Konzepts liegt sicher in der Frage, wer eigentlich definiert, was Grundbedürfnisse sind und wann sie als befriedigt gelten. Das kann keine ausländische Regierung oder Institution festlegen; die Prioritäten müssen von den armen Ländern selbst gesetzt werden.

28 Zitat des afrikanischen Historikers J. Ki-Zerbo, Obervolta, in: Die Zeit, 7.12.79.

Das Problem der Entwicklungshilfe liegt nicht darin, was die Industriegesellschaften für die armen Länder tun können oder wollen, sondern was diese brauchen, um ihre Zukunft selbst gestalten zu können. Das beinhaltet Aufbau der Landwirtschaft bei Berücksichtigung der ökologischen Erfordernisse durch Bereitstellung einfacher, angepaßter und arbeitsintensiver Technologien, die überlieferte Produktionsweisen nicht zerstören, sondern erleichtern. Dazu gehört auch die Erhaltung und Verbreitung besonderer Kenntnisse, sowohl in technischer Hinsicht, als auch auf anderen Gebieten, wie z. B. die Verbesserung der Wasserqualität durch Pflanzen. (Jahn/Asharia, 1979)

Skepsis im Hinblick auf den Erfolg der „Grundbedürfnisstrategie" ist insofern angebracht, als die Umstellung von alten Praktiken und Konzepten auf neue Arten von Maßnahmen nicht nur Zeit braucht, sondern vor allem von den Beteiligten auch Einstellungsänderungen und eine besondere Bewußtseinsbildung verlangt. Denn es geht um wesentlich mehr als nur eine entwicklungspolitische Akzentverschiebung. Es ist notwendig, daß die Geberländer und wir alle die Relativität von Werturteilen, Verfahrensweisen und Erfahrungen anerkennen. Wieviel wirkliche Entwicklung es zukünftig geben wird, hängt weitgehend davon ab, wie es gelingt, disharmonischen Kulturwandel zu vermeiden. Das ist gegenwärtig eine Lebens- und Überlebensfrage der armen Länder, von deren Lösung sich niemand ausschließen kann, am wenigsten diejenigen, die dort arbeiten und lernen.

Eine bewußt sozio-kulturell orientierte Zusammenarbeit ist ein unerläßliches, vielleicht sogar das entscheidend wichtige Element einer glaubwürdigen Entwicklungspolitik.

5. Literatur

Aberle, D. F., 1950, The Functional Prerequisites of a Society; in: Ethics, 60: 100—111

—, 1957, The Influence of Linguistics on Early Culture and Personality Theory; in: Dole, G. und R. Caneiro (eds.), Essays on the Science of Culture (1—19); New York

Adam, L., 1916, Totem und Individualtotem; in: Zeitschrift für vergleichende Rechtswissenschaft, 34

—, 1958, Ethnologische Rechtsforschung; in: Adam, L. und H. Trimmborn (Hrsg.), Lehrbuch der Völkerkunde; Stuttgart

Adelung, J. Ch., 1781, Versuch einer Geschichte der Cultur des menschlichen Geschlechts; Leipzig

Alland, A., 1977, Evolution und menschliches Verhalten; Frankfurt a. M.

Allport, F. H., 1933, Institutionalized Behaviour; o. A.

Ankermann, B., 1905, Kulturkreise und Kulturgeschichten in Afrika; in: Zeitschrift für Ethnologie, 37: 54—84.

—, 1911, Die Lehre von den Kulturkreisen; in: Korrespondenzblatt der deutschen Gesellschaft für Ethnologie, Anthropologie und Urgeschichte, 42: 156—162

Arbeitsgemeinschaft für Ethnomedizin (Hrsg.), 1979/1980/1981, Curare, Zeitschrift für Ethnomedizin und transkulturelle Psychiatrie; Braunschweig/Wiesbaden

Arbeitsgruppe Bielefelder Soziologen (Hrsg.), 1973, Alltagswissen, Interaktion und gesellschaftliche Wirklichkeit (2 Bde.); Reinbeck (neu: 5. Aufl., Opladen 1981)

Ardener, E., 1971, The New Anthropology and its Critics; in: Man, 64: 449—467

Arnold, M., 1869, Culture and Anarchy, New York

Autorenkollektiv (Biere, Heller, Landgraeber, Schiffler) (Hrsg.), 1976, Medienarbeit und Medienbedürfnis entwicklungspolitischer Gruppen; München

Baal, J. van, 1960, Erring Acculturation; in: American Anthropologist, 62: 108—121

Bachofen, J. J., 1861, Das Mutterrecht; Basel

Bain, R., 1942, A Definition of Culture; in: Sociology and Social Research, 27: 87—94

Balandier, G. (Hrsg.), 1954/55, L'anthropologie appliquée aux problémes des pays sous développés; Paris

—, 1959, Les implications sociales du progrès technique; Paris

—, 1960, Dynamique des relations extérieurs des sociétés „archaiques", in G. Gurvitch (Hrsg.), S. 446 ff. Bd. 2, Paris

—, 1972, Political Anthropology; Harmondsworth

Banton, M., 1969 (1965), Roles: An Introduction to the Study of Social Relations; London

— (ed.), 1966, Anthropological Approaches to the Study of Religion; London: ASA Monographs 3

—, 1966a, The Anthropology of Complex Societies; London: ASA Monographs 4

Baran, H. (ed.), 1976, Semiotics and Structuralism: Readings from the Soviet Union; White Plains, N. Y.

Barnes, H. E., 1925, The History and Prospects of the Social Sciences; London

Barnes, J. A., 1951, Marriage in a Changing Society; Cape Town

—, 1954, Politics in a Changing Society; Cape Town

—, 1960, Anthropology in Britain before and after Darwin; in: Mankind, 5 (9): 369—385

—, 1972, Social Networks; in: Module, 26

Barnett, H. G., 1953, Innovation: The Basis of Culture Change; New York

Barnouv, V., 1963, Culture and Personality; Homewood, Ill.

—, 1971, An Introduction to Anthropology, Vol. 2: Ethnology; Homewood, Ill.

Barth, F., 1966, Models of Social Organization; in: The Royal Anthropological Institute of Great Britain and Ireland: Occasional Papers, 23

Barth, H., 1857f, Reisen und Entdeckungen in Nord- und Centralafrika; (5 Bde.)

Barth, P., 1897, Die Philosophie als Geschichte der Soziologie; Leipzig

—, 1899, Die Frage des Fortschritts der Menschheit; in: Vierteljahreshefte für wissenschaftliche Philosophie, 23: 75 ff.

Bastian, A., 1860, Der Mensch in der Geschichte; Berlin

—, 1866–71, Die Völker des östlichen Asiens (6 Bde.); o. A.

—, 1871—73, Ethnologische Forschungen (3 Bde.); o. A.

—, 1881, Der Völkergedanke; Berlin

—, 1901, Der Menschheitsgedanke; Berlin

Bastide, R., 1974, Anthropologie. Einführende Untersuchung zur angewandten Anthropologie; Gießen

Baumann, H., 1950, Individueller und kollektiver Totemismus; in: Abhandlungen des 14. Internationalen Soziologen-Kongresses IV

—, 1954, Ethnologische Feldforschung und kulturhistorische Ethnologie; in: Studium Generale, 7 (1): 151—164

Beals, R. L., 1953, Acculturation; in: Kroeber, A. (ed.), Anthropology Today (621—641); Chicago

Beals, R. K. und H. Hoijer, 1953, An Introduction to Anthropology; New York

Beattie, J. H. M., 1955, Contemporary Trends in British Social Anthropology; in: Sociologus, 5 (1): 1—14

—, 1964, Other Cultures. Aims, Methods and Achievements in Social Anthropology; London

Becker, H., 1950, Through Values to Social Interpretation; Durham

— und L. von Wiese, 1932, Systematic Sociology; New York

Behrendt, R. F., 1965 (Neuaufl. 1968), Soziale Strategie für Entwicklungsländer; Frankfurt

—, 1966, Gesellschaften im Umbruch; in: Besters, H. und E. E. Boesch (Hrsg.), Entwicklungspolitik; Stuttgart/Berlin/Mainz

Benedict, R., 1923, The Concept of the Guardian Spirit in North America; in: Memories of the American Anthropological Association 29

—, 1934, Patterns of Culture; Boston

—, 1943, Franz Boas as an Ethnologist; in: American Anthropologist, 45 (3), Part II

—, 1955, Urformen der Kultur; Reinbek

—, 1970, Culture and Motivation; in: Cross-Cultural Studies of Behavior; New York

Bennet, W. C. und J. B. Bird, 1949, Andean Culture History; New York: The American Museum of Natural History, Handbook Series 15

Bernhard, L. L., 1926, The Interdependence of Factors Basic to the Evolution of Culture; in: American Journal of Sociology, 32: 127—305

—, 1930, Culture and Environment in: Social Forces, 8: 327—334

—, 1931, Classification of Culture; in: Sociology and Social Research, 25: 209—229

Berreman, G. D., 1974, Bringing it all Back Home: Malaise in Anthropology; in: Hymes, D. (ed.), Reinventing Anthropology (83—98); New York

—, G. Gjessing und K. Gough, 1968, Social Responsibilities Symposium; in: Current Anthropology, 9: 391—435

Besters, H. und E. E. Boesch (Hrsg.), 1966, Entwicklungspolitik. Handbuch und Lexikon; Stuttgart/Berlin/Mainz

Bidney, D., 1967 (Original 1953), Theoretical Anthropology; New York

Bierwirth, G., 1973, Wider eine Auswärtige Kulturpolitik in Entwicklungsländern; in: E + Z (Entwicklung und Zusammenarbeit), 314 (8): 33—34

Birdsell, J. B., 1972, Human Evolution; Chicago

Birla Institute of Scientific Research, India, 1981, Studie über Entwicklungshilfe durch ausländisches Kapital; in: Frankfurter Rundschau, 19.9.1981

Birnbaum, N., 1964, Religion; in: Gould, J. und W. Kolb (eds.), A Dictionary of Social Sciences; New York

Boas, F., 1896, The Growth of Indian Mythologies; in: Journal of American Folklore, 9: 1—11

—, 1922, Kultur und Rasse; (2. Aufl.) Berlin/Leipzig

—, 1940, Race, Language and Culture; New York

—, 1962 (Original 1928), Anthropology and Modern Life; New York

—, 1963 (Original 1911), The Mind of Primitive Men; New York

Bogaart, N. C. R., 1983, Conceptual Ethics; in: Boogart, N. C. R. und H. W. E. R. Ketelaar (eds.), Methodology in Anthropological Filmmaking; Göttingen

— und H. W. E. R. Ketelaar (eds.), 1983, Methodology in Filmmaking, Papers of the IUAES Intercongress Amsterdam 1981; Göttingen

Bornemann, F., 1938, Chronologie, Kulturkreise und Urkultur in der kulturhistorischen Methode; in: 1967, Schmitz, C. A., Historische Völkerkunde; Frankfurt

Bosse, H., 1979, Diebe, Lügner, Faulenzer — Zur Ethnohermeneutik von Abhängigkeit und Verweigerung in der Dritten Welt; Frankfurt a. M.

Broom, L. et al., 1954, Acculturation: An Exploratory Formulation; in: American Anthropologist, 56: 793—1000

Brosses, Ch. de. 1760, Du Culte des dieux fétiches, ou, Parallèle de l'ancienne religion de l'Egypte avec la religion actuelle de Nigritie; Paris

Brown, C. W., 1983, Some Problems in the Epistemology of Structure; in: Oosten, J. und A. de Ruijter (eds.), The Future of Structuralism; Göttingen (404—422)

Bühl, W. L. (Hrsg.), 1975, Verstehende Soziologie; München

Carneiro, R. L., 1962, Scale Analysis as an Instrument for the Study of Cultural Evolution; in: Sothwestern Journal of Anthropology, 18: 149—169

—, 1970, Scale Analysis, Evolutionary Sequences, and the Rating of Cultures; in: Naroll, R. und R. Cohen (eds.), A Handbook of Method in Cultural Anthropology (834—871); Garden City, New York

—, 1973, The Four Faces of Evolution; in: Honigman, H. J. (ed.), Handbook of Social and Cultural Anthropology; Chicago

Casagrande, J. B., 1959, Some Observations on the Study of Intermediate Societies; in: Ray, V. F. (ed.), Intermediate Societies, Social Mobility and Communication (1—10), Seattle, Washington

Caselmann, Ch., 1961, Geschichte und Probleme von Film, Bild und Ton im Unterricht; in: Tolle, W., o. J., Reichsanstalt für Film und Bild in Wissenschaft und Unterricht (1—24); Berlin

Cassirer, E., 1944, An Essay on Man; New Haven, und 1953, Garden City, New York

Chagnon, N., 1968, Yonomamö, The Fierce People; New York

Chapin, F. St., 1928, Progress and Catastrophe; New York

—, 1935, Contemporary American Institutions, New York

Charbonnier, G., 1969, Conversations with Lévi-Strauss; London

Chekki, D. A., 1973, Modernization and Kin Network in a Developing Society; in: Sociologus NF, 23 (1)

Childe, V. G., 1951 (Original 1936), Man Makes Himself; New York

Chomsky, N., 1957, Syntactic Structures; The Hague

—, 1959, A Review of B. F. Skinner's Verbal Behavior; in: Language, 35: 26—58

Chowdhury, K., 1960, Resistance to Change; in: The Eastern Anthropologist, 13: 75 ff., und 1968, Vidyarthi, L. (ed.), Applied Anthropology in India; Allahabad

Clastres, P., 1977, Society Against the State; Oxford

Cohen, R., 1977, Kommentar zu Moles; in: Current Anthropology, 18

Colby, B. N., 1966, Ethnographic Semantics. A Preliminary Survey; in: Current Anthropology, 7 (1): 3—32

—, 1975: Culture Grammars; in: Science, 187: 913—919

Comte, A., 1835—52, Cours de philosophie posotive (6 Bde.); Paris

Condorcet, M. J. A. N. C., 1795, engl. Ausgabe 1955, Sketch for the Historical Picture of the Progress of the Human Mind; London

Conklin, H., 1961, The Study of Shifting Cultivation; in: Current Anthrology, 21 (1)

Coulter, J., 1973, Language and the Conceptualization of Meaning; in: Sociological Review, 19: 173—189

—, 1974, The Ethnomethodological Programme in Contemporary Sociology; in: The Human Context, 6: 103—122

Coutu, W., 1951, Role-playing versus Role-taking. An Appeal for Clarification; in: American Sociological Review, 16 (2): 180—187

Dahrendorf, R., 1974 (1. Aufl., 1967), Pfade aus Utopia. Zu Theorie und Methode der Soziologie; München

Darwin, Ch., 1859, The Origin of Species by Means of Natural Selection, or the Preservation of Favored Races in the Struggle for Life; London

Dauer, A. M., 1980, Zur Systematik des ethnographischen Dokumentationsfilms; Wien

De Maistre, J. C., 1959 (Original 1811), On God and Society, Essay on the Generative Principle of Political Constitutions and Other Institutions; Chicago

Devisch, R., 1983, Beyond a Structural Approach to Therapeutic Efficacy; in: Oosten, J. und A. de Ruijter (eds.), The Future of Structuralism, Göttingen

Diamond, A. S., 1935, Primitive Law, o. A.

Diamond, St., 1964, In Search of the Primitive; New Brunswick N. Y.

—, 1974, A Revolutionary Discipline; in: Current Anthropology, 5: 432—437

Diesfeld, H. J., 1980, Alternative medizinische Systeme; in: Curare 1980/3

Dilthey, W., 1923 ff., Gesammelte Schriften; Leipzig/Berlin/Göttingen
—, 1923 (Bd. I), Einleitung in die Geisteswissenschaften. Versuch einer Grundlegung für das Studium der Gesellschaft und der Geschichte (1883)
—, 1924, Die geistige Welt: Einleitung in die Philosophie des Lebens, Bd. V
—, 1968, Der Aufbau der geschichtlichen Welt in den Geisteswissenschaften, Bd. VII
Dreitzel, H. P., 1967, Sozialer Wandel; Neuwied/Berlin
—, 1972, Die gesellschaftlichen Leiden und das Leiden an der Gesellschaft; München
Du Bois, C., 1944, The People of Alor: A Social-Psychological Study of an East Indian Island; Minneapolis
Durkheim, E., 1912, Les formes élémentaires de la vie religeuse; Paris
—, 1958, (Original 1875), The Rules of Social Method; Glencoe Ill. (deutsch: 1970, Die Regeln der soziologischen Methode; Neuwied/Berlin)

Edel, A., 1953, Concept of Values in Contemporary Philosophical Value Theory; in: Philosophy of Science, 20
Eggan, F., 1968, Some Reflections on Contemporary Method in Anthropology; in: Spiro, H. (ed.), Context and Meaning of Cultural Anthropology; New York
Ehrenreich, P., 1905, Die Mythen und Legenden der südamerikanischen Urvölker und ihre Beziehungen zu denen Nordamerikas und der alten Welt; in: Zeitschrift für Ethnologie 37
Eichhorn, I., 1969, Wörterbuch der marxistisch-leninistischen Soziologie; Köln/Opladen
Eisenstadt, S. N., 1964, Modernization, Growth and Diversity; in: India Quarterly (Jan.–March)
—, 1966, Modernization: Protest and Change; Englewood Cliffs
Eisermann, G., 1968, Soziologie der Entwicklungsländer; Stuttgart
Eliade, M., 1957, Schamanismus und arachische Ekstase-Techniken; Aurich/Stuttgart
Elias, N., 1977, (Original 1939), Über denProzeß der Zivilisation; Frankfurt a. M.
Eliot, T. S., 1948, Notes Towards the Definition of Culture; London
—, 1961, Zum Begriff der Kultur; Reinbek
Emmerson, R. W., 1867 (July 18), Address on Progress of Culture; in: 1921, Collected Papers and Thoughts; New York/Boston
Emmet, D., 1960, How Far Can Structural Studies Take Account of Individuals; in: Journal of the Royal Anthropological Institute of Great Britain and Ireland, 90 (2): 191–200
Engels, F., 1942 (Original 1884), The Origin of the Family, Private Property and the State: In the Light of the Researches of Lewis H. Morgan; New York
Eppler, E., 1972, Wenig Zeit für die Dritte Welt; Stuttgart/Berlin/Mainz

Epskamp, K. P., 1983, Film Literacy and Importance in the Production of Instructive Films to be used in Third World Countries; in: Bogaart, N. C. R. und E. R. Ketelaar (eds.), Methodology in Filmmaking; Göttingen

Epstein, A. L., 1958, Politics in an Urban African Community; Manchester

–, 1967, The Case Method in the Field of Law; in: Epstein, A. L. (ed.), The Craft of Social Anthropology; London

Erdheim, M., 1972, Prestige und Kulturwandel; Wiesbaden

– (Hrsg.), 1974, Wirtschaftsethnologie; Gießen

Evans-Pritchard, E. E., 1951, Social Anthropology; New York

–, 1964, Social Anthropology and Other Essays; Glencoe, Ill.

–, 1969, Anthropology; London

Fages, J. B., 1974, Den Strukturalismus verstehen, Gießen

Fanon, F., 1969, Die Verdammten dieser Erde; Reinbek

Faris, J. C., 1973, Pax Britannica and The Sudan: S. F. Nadel; in: Asad Talal (ed.), Anthropology and the Colonial Encounters; London

Fenton, W., 1966, Museum Studies and Ethnohistorical Research; in: Ethnohistory, 13: 1–2

Figge, H. H., 1972, Zur Wirkungsweise magischer Praktiken; in: Ethnomedizin 2: 1–2

–, 1972, Trance-Mediumismus als Gruppentherapie; in: Zeitschrift für Psychotherapie und Psychologie, 22 (4)

–, 1980, Funktionen der Therapieversuche im brasilianischen Umbanda; in: Curare, 3: 1959–164

Finger, R., 1980, Operative Medizin in Entwicklungsländern – Exotik oder Lernbeispiel?, in: Curare, 3: 153–158

Firth, R., 1951, Contemporary British Social Anthropology; in: American Anthropologist, 53 (4): 474–489

–, 1951a, New Elements of Social Organization; New York

–, 1956, Funktion; in: Thomas, W. L. jr. (ed.), Current Anthropology (237–258); Chicago

–, 1960, Recent Trends in British Social Anthropology; in: Wallace, A. F. C. (ed.), Men and Cultures (37–42); Philadelphia

–, 1963, Elements of Social Organization; Boston

–, 1964, Essays on Social Organization and Values; London School of Economics and Political Science: Monographie on Social Anthropology 28

– (ed.), 1960, Man and Culture; London

Fischer, H., 1967, Beobachten und Informationen – ein Kontrollfall; in: Zeitschrift für Ethnologie, 92: 6–22

–, 1970, „Völkerkunde", „Ethnographie", „Ethnologie" – Kritische Kontrolle der frühesten Belege; in: Zeitschrift für Ethnologie, 95: 169–182

–, 1981, Zur Theorie der Feldforschung; in: Schmied-Kowarzik, W. und J. Stagl (Hrsg.), Grundfragen der Ethnologie (63–77); Berlin

Fleising, U., 1977, Kommentar zu Moles; in: Current Anthropology 18

Fletcher, R., 1956, Functionalism as a Social Theory; in: Sociological Review, 4 (1): 31–46

Fortes, M., 1953, Social Anthropology at Cambridge since 199: An Inaugural Lecture; Cambridge

–, 1955, Radcliffe Brown's Contribution to the Study of Social Organization; in: British Journal of Sociology, 6 (1): 16–30

–, 1969, Kinship and Social order: The Legacy of Lewis Henry Morgan; Chicago

Foster, G. M., 1969, Applid Anthropology; Boston

Foster, M. L., 1983, Tzntzutzan Marriage: An Analysis of Concordant Structure; in: Oosten, J. und A. de Ruijter (eds.), The Future of Structuralism (127–154); Göttingen

Frazer, J., 1910, Totemism and Exogamy (4 Bde.); London

–, 1913–1924, The Belief in Immortality and the Worship of the Dead (3 Bde.); London

–, 1959, The Golden Bough (T. A. Gaster, ed.), Abridged Version of the 12-volume The Golden Bough 1890; New York

Freedmann, M., 1957, Chinese Family and Marriage in Singapore; London

–, 1971, Social and Cultural Anthropology, Study preprared for the UNESCO; Momeograph Paper

Freilich, M., 1964, Towards a Model of Social Structure; in: Journal of the Royal Anthropological Institute of Great Britain and Ireland, 94 (2): 183–200

–, 1975, Myth, Method and Madness; in: Current Anthropology; 16 (2): 207–227

– (ed.), 1970, Marginal Natives. Anthropologist at Work; New York

Freire, P., 1970, Cultural Action and Conscientisation; in: Harward Educational Review, 40 (3)

–, 1972, Cultural Action for Freedom; Harmondsworth

–, 1973; Pädagogik der Unterdrückten; Reinbek

Frese, H., 1960, Anthropology and the Public; Leiden

Freudenfeld, B. (Hrsg.), 1960, Völkerkunde; München

Freund, W. S. und U. Simon (Hrsg.), 1973, Aspekte der Auswärtigen Kulturpolitik in Entwicklungsländern (Sonderband der Zeitschrift Die Dritte Welt); Meisenheim a. d. Glan

Fried, M. H. (ed.), 1968, Readings in Anthropology, Vol. 2: Cultural Anthropology; New York

–, 1972, The Study of Anthropology; New York

–, 1973, Explorations in Anthropology: Readings in Culture, Man and Nature; New York

Frobenius, L., 1898, Der Ursprung der afrikanischen Kulturen; Berlin

Fröhlich, W., 1940, Das afrikanische Marktwesen; Zeitschrift für Ethnologie CXXII

Fromm, E., 1949, Psychoanalytic Characterology and its Application to the Understanding of Culture; in: Sargent, S. S. und M. W. Smith (eds.), Culture and Personality (1–12); New York

–, 1959, The Forgotten Language: An Introduction to the Understanding of Dreams, Fairy Tales and Myths; New York

Fuchs, P., 1966, Völkerkundliche Tonfilm-Dokumentation; in: Research Film, 5 (5): 457–461

Fuglesang, A., 1973, Applied Communication in Developing Countries: Ideas and Observations; Uppsala

Gadamer, H. G. und P. Vogler (Hrsg.), 1973, Kulturanthropologie; Stuttgart/München

Garbett, G. K., 1976, The Restudy as a Technique for the Examination of Social Change; in: Epstein, A. L. (ed.), The Craft of Social Anthropology; London

Garfinkel, H., 1952, The Perspection of the Other. A Study in Social Order; unveröffentl. Diss., Harvard University, Cambridge

– und H. Sack, 1956, Über formale Strukturen praktischer Handlungen; in: Weingarten, E., H. Sack und J. Schenkenstein (Hrsg.), Ethnomethodologie, Beiträge zu einer Soziologie des Alltagshandelns; Frankfurt

Geertz, C., 1963, The Integrative Revolution: Old Societies and New States; London

–, 1966, Religion as a Cultural System; in: Banton, M. (ed.), Anthropological Approaches to the Study of Religion; London

–, 1973, The Interpretation of Cultures; New York

Gehlen, A., 1940, Der Mensch. Seine Natur und seine Stellung in der Welt; Berlin

–, 1956, Urmensch und Spätkultur; Bonn (Kapitel 46: Über die Entstehung der Institutionen, 280–285)

–, 1960, Soziologie als Verhaltensforschung; in: Zeitschrift f. d. gesamte Staatswissenschaft, 115: 1–12

Geinaert-Martin, D., 1983, Ask Lurek Why Batik: A Structural Analysis of Textiles and Classifications (Central Japan); in: Oosten, J. und A. de Ruijter (eds.), The Future of Structuralism; Göttingen

Gennep, A. van, 1909, Les Rites du Passage; Paris

–, 1924, Le Folklore; Paris

Gerbrands, A. A., 1966, De Taal der Dingen; Den Haag

Gerhard, U., 1971, Rollenanalyse als kritische Soziologie. Ein konzeptualer Rahmen zur empirischen und methodologischen Begründung einer Theorie der Vergesellschaftung; Neuwied

Giersch, H., 1961, Allgemeine Wirtschaftspolitik; Wiesbaden

Gifford, E. W. und A. L. Kroeber, 1937, Culture Element Distributions, IV: Pomo; in: University of California Publications in American Archaeology and Ethnology, 35: 117–254

Gillin, J. P., 1962, Possible Cultural Maladjustment in Modern Latin America; in: Journal of Interamerican Studies, 5/2

Gilling, J. (ed.), 1954, For A science of Social Man — Convergences in Anthropology, Psychology and Sociology; New York

Giltrow, D., 1977, When is a Picture not Worth a Thousand Words?, in: Read. The Adult Literary and Literature Magazine, 12 (1)

Girtler, R., 1976, Hermeneutik und Ethnohistorie. Die Reaktion auf die Dogmen von historisch-kulturellen Gesetzmäßigkeiten und Abfolgen; in: Wiener Ethnohistorische Blätter, 11

—, 1976, Die Aktualität der Soziologie für die Geschichtswissenschaft; in: Wiener Ethnohistorische Blätter, 11

—, 1979, Kulturanthropologie; München

Gluckmann, M., 1961, Ethnographic Data in British Social Anthropology; in: Sociological Review, 9

—, 1968, The Utility of the Equilibrium Model in the Study of Social Change; in: American Anthropologist, 70

— (ed.), 1969, Closed Systems and Open Minds: The Limits of Naivity in Social Anthropology; London

Godelier, M., 1972, Functionalism, Structuralism and Marxism. Foreword to the edition of Gondelier: Rationality and Irrationality in Economics; New York

Goddard, D., 1965, Conceptions of Structure in Lévi-Strauss and in British Social Anthropology; in: Social Research, 32 (4): 408—427

Goldberg, H. E., 1983, Ethnosemantics as a Chapter in Anthropological Theory; in: Oosten J. und A. de Ruijter (eds.), The Future of Structuralism; Göttingen

Goldweiser, A. A., 1933, History, Psychology and Culture; New York

Goldschmidt, W., 1966, Comparative Functionalism; Berkeley

—, 1972, An Ethnography of Encounters — A Methodology for the Enquiry into the Relation between Individual and Society; in: Current Anthropology, 13 (1): 59—78

Goll, R., 1972, Der Evolutionismus. Analyse eines Grundbegriffes neuzeitlichen Denkens; München

Goodenough, W. H., 1975, Description and Comparison in Cultural Anthropology; Chicago: Aldine

Goody, J., 1973, British Functionalism; in: Naroll, K. und F. Naroll (eds.), Main Currents in Cultural Anthropology (185—213); New York

Gough, K., 1971, The Origin of the Family; in: Journal of Marriage and Family (Nov.), 760—770

Gould, H. A., 1961, Some Preliminary Observations Concerning the Anthropology of Industrialization; in: The Eastern Anthropologist, 14: 30 ff.

Gould, J. und W. L. Kolb (eds.), 1964, Dictionary of Social Sciences; New York

Gouldner, A., 1972, The Coming Crisis of Western Sociology; London

Grabner, E. (Hrsg.), 1967, Volksmedizin; Darmstadt

Graebner, F., 1905, Kulturkreise und Kulturgeschichten in Ozeanien; in: Zeitschrift für Ethnologie

—, 1911, Methode der Ethnologie; Heidelberg

Grijp, P. van der, 1983, Mistresses of Distrust: Epistemological Aspects of Structuralist and Structural-Marxist Anthropology; in: Oosten, J. und A. de Ruijter (eds.), The Future of Structuralism; Göttingen

Grimm, K., 1979, Theorien der Unterentwicklung und Entwicklungsstrategien; Opladen

Grotius, H., 1715 (Original 1625), Of the Rights of War and Peace; London

Gruber, J., 1966, In Search of Experience: Biography as an Instrument for the History of Anthropology; in: Helm, J. (ed.), Pioneers of American Anthropology. The Uses of Biography (3—27); Seattle/London

Guindi, F. El., 1983, Some Methodological Considerations for Ethnography: Concrete Fieldwork Illustrations; in: Oosten, J. und A. de Ruijter (eds.), The Future of Structuralism; Göttingen

Gulick, J., 1968, Comments on Social Responsibilities Symposium; in: Current Anthropology, 9: 414

Gulliver, P. H., 1969, Case Studies of Law in Non-Western Societies; in: Nader, L., Law in Culture and Society (11—23); Chicago

Habermas, J., 1958, „Anthropologie"; in: Fischerlexikon Philosophie; Frankfurt a. M.

Haddon, A. C., 1916, History of Anthropology; New York

Haekel, J., 1938, Zweiklassensystem; Männerhaus und Totemismus in Südamerika; in: Zeitschrift für Ethnologie 70

—, 1940, Männerhaus und Festplatzanlagen in Ozeanien und im östlichen Nordamerika; in: Baessler-Archiv XXII/1

Hagen, E. E., 1962, On the Theory of Social Change: How Economic Growth Begins; Homewood, Ill.

Haenen, P., 1983, Je est un autre": The Future of Structuralism; in: Oostergard, J. und A. de Ruijter (eds.), The Future of Structuralism; Göttingen

Hahn, E., 1909, Die Entstehung der Pflugkultur; Heidelberg

—, 1919, Von der Hacke zum Pflug; Heidelberg

Hall, E. T., 1966, The Hidden Dimension; New York

Hallowell, A. I., 1926, Bear Ceremonialism in the Northern Hemisphere; in American Anthropologist, 28: 1—175

—, 1945, Sociological Aspects of Acculturation; in: Linton, R. (ed.), The Science of Man in the World Crisis; New York

—, 1953, Culture, Personality and Society; in: Kroeber, A. L. (ed.), Anthropology Today; Chicago

—, 1954, Psychology and Anthropology; in: Gilling, J. (ed.), For a Science of Social Man — Convergences in Anthropology, Psychology and Sociology (160—226); New York

Hamm-Brücher, H., 1979, Die Dritte Welt in den achtziger Jahren; in: Die Zeit, 7.12.1979

Hammond, P. B. (ed.), 1964, Cultural and Social Anthropology: Selected Readings; New York

Harris, M., 1964, The Nature of Cultural Things; New York

—, 1968, The Rise of Anthropological Theory; New York

—, 1971, Culture, Man and Nature; New York

Hartmann, H. (Hrsg.), 1973, Moderne amerikanische Soziologie; München

Hatch, E., 1973, Theories of Man and Culture; New York

Hautmann, K., 1961, Grundlagen und Ziele der Entwicklungspolitik; Berlin

Hegel, G. W. F., 1920, Vorlesungen über die Philosophie der Weltgeschichte; Leipzig

Heider, K., 1976, Ethnographic Film; Austin

Heise, A., 1984, Wie Hunger gemacht wird; ZDF (Reportage am Montag), 2. u. 9.4.1984

Heller, G., 1977, Die kulturspezifische Organisation körperlicher Störungen bei den Tamang von Cautara/Nepal; in: Rudnitzki, Schiefenhövel, Schröder (Hrsg.), Ethnomedizin — Beiträge zu einem Dialog zwischen Heilkunde und Völkerkunde (37—52); Barmstedt

Henny, L. M., 1980, Raising Consciousness Through Film; in: International Journal for Communications Research, 6: 101

—, 1983, Effects of one-sided and two-sided media presentation in social conscientization; in Bogaard, N. C. R. & H. W. E. R. Ketelaar (eds.)

Herder, J. G., 1784—1799, Ideen zur Philosophie der Geschichte der Menschheit); 1967 (Neuauflage), Auch eine Philosophie zur Geschichte der Menschheit; Frankfurt a. M.

—, 1809, Stimmen der Völker in Liedern; Stuttgart

—, 1968, Schriften; Reinbek

Herskovitz, M. J., 1937, African Gods and Catholic Saints in New World Negro Belief; in: American Anthropologist, New Series 39

—, 1954, The Process of Culture Change; in: Linton, R. (ed.), The Science of Man; New York

Heusch, L. de., 1962, Cibema and Social Science; Paris

Higgins, B., 1969, Economic Development. Principles, Problems and Politics; London

Hiltebeitel, A., 1983, Die glühende Axt, in: Duerr, H. P., Sehnsucht nach dem Ursprung; Frankfurt a. M.

Hinderling, P., 1981, Kranksein in „primitiven" und traditionellen Kulturen; Norderstedt

—, 1981, Ist der „Medizinmann" ein Divinator, Exorzist, Heilkundiger, Hexendoktor, Kräuterarzt, Kultführer, Orakelsteller, Schamane, Seher, Wahrsager oder Zauberer?; in: Curare 4: 115—127

Hirschberg, W., 1965, Wörterbuch der Völkerkunde; Stuttgart

Hirschman, A. O., 1958, The Strategy of Economic Development; New Haven

Hockings, P. (ed.), 1975, Principles of Visual Anthropology; The Hague

Hoevel, E. A., 1954, The Law of Primitive Man; Cambridge, Mass.

Hoijer, H., 1954, The Sapir-Whorf Hypothesis; in: Hoijer, H. (ed.), Language in Culture; in: American Anthropological Association Memoir, 79: 102—104

Holzbrecher, A., 1978, Dritte Welt Öffentlichkeitsarbeit als Lernprozeß; Frankfurt a. M.

Homans, G. C., 1941, Anxiety and Ritual: The Theories of Malinowski and Radcliffe-Brown; in: American Anthropologist, 43 (2): 14—173

Honigman, J. J., 1954, Culture and Personality; New York

– (ed.), 1973, Handbook of Social and Cultural Anthropology; Chicago

Hoppál, M., 1983, From Structuralism to Ethnosemiotics; in: Oosten, J. und A. de Ruijter (eds.), The Future of Structuralism; Göttingen

Hoselitz, B. F., 1962, Sociological Aspects of Economic Growth; Glencoe, Ill.

–, 1969, Formen wirtschaftlichen Wachstums, in: Hoselitz, B. F., Wirtschaftliches Wachstum und Sozialer Wandel; Berlin

– und W. E. Moore (eds.), 1969, Psychological Anthropology: Approaches to Culture and Personality; Homewood, Ill.

Hunter, D. und Ph. Witten (eds.), 1976, Encyclopedia of Anthropology; New York

Hunter, M., 1936, Reaction to Conquest, Effects of Contacts with Europeans on the Pondo of South Africa; London

Husmann, R., 1978, Ethnographic Filming – The Scientific Approach; in: Review in Anthropology, 5 (4): 487—501

–, 1983, Film and Fieldwork: Some Problems Reconsidered; in: Bogaart, N. C. R. und H. W. E. R. Ketelaar (eds.), Methodology in Anthropological Filmmaking; Göttingen

Hymes, D., 1962, On Stuying the History of Anthropology; in: Items, 16 (3): 25—27

– (ed.), 1974 (1969), Reinventing Anthropology; New York

Jahn, Samia Al Azharia, 1979, African Plants Used for the Improvements of Drinking Water; in: Curare, 3: 183—199

Jarvie, J. C., 1961, S. F. Nadel on Aims and Methods of Social Anthropology; in: British Journal for the Philosophy of Science, 12 (45): 1—14

–, 1967, On Theories of Fieldwork and the Scientific Character of Social Anthropology; in: The British Journal of the Philosophy of Science, 34

–, 1974, Die Revolution in der Anthropologie; Gießen (engl. Original, 1964, The Revolution in Anthropology; London)

Jensen, A. A., 1960, Methoden und Ziele der Ethnologie; in: Freudenfeld, B. (Hrsg.), Völkerkunde; München

Jettmar, K. E., 1973, Die anthropologische Aussage der Ethnologie; in: Gadamer, H. G. und P. Vogler (Hrsg.), Kulturanthropologie; München

Kaberry, Ph., 1960, Malinowski's Contribution to Fieldwork Methods and the Writting of Ethnography; in: Firth, R. (ed.), Man and Culture, London

Kaiser, A., 1973, Aggressivität als anthropologisches Problem; in: Plack, A. (Hrsg.), Der Mythos vom Aggressionstrieb; München

Kant, E., 1789, Anthropologie, in pragmatischer Hinsicht abgefaßt; Königsberg

Kantowsky, D., 1972, Einige teilweise polemische Bemerkungen zur Sogenannten Entwicklungsländersoziologie; in: Internationales Asienforum, 3 (3): 181—188

Kaplan, B. (ed.), 1954, Studying Personality Cross-Culturally; Evanstone, Ill.

Kaplan, D., 1974, The Anthropology of Authenticy. Every man his own Anthropologist; in: American Anthropologist, 76: 824—839

— und R. A. Manners (eds.), 1972, Culture Theory; Englewood Cliffs

Kardiner, A. (ed.), 1938, The Individual and His Society; New York

—, R. Linton, C. Du Bois, J. West, 1945, The Psychological Frontiers in Anthropology; New York

— und E. Preble, 1963, They Studied Men; Toronto, Ontario: The New American Library (deutsch: 1974, Wegbereiter der modernen Anthropologie; Frankfurt a. M.

Karve, D. G., 1960, Some Sociological Implications of Planned Development; in: Eastern Anthropologist, 13: 64 ff.

Keesing, F. M., 1958, Cultural Anthropology; New York

—, 1964, Acculturation, in: Gould, J. und W. Kolb (eds.), A Dictionary of Social Sciences; New York

—, 1974, Theories of Culture; in: Siegel, B. S. et al. (eds.), Annual Review of Anthropology, Ill: 73—97

Kleinman, A. M., 1973, Towards A Comparative Study of Medical Approach to the Study of the Relationships of Medicine and Culture; in: Sanitary, Medicine and Man, Vol. 1: 55—56, London

—, 1974/75, Cognitive Structures of Traditional Medical Systems: Ordering, Explaining and Interpreting the Human Experience of Illness; in: Ethnomedizin III, 1/2: 27—49

Klemm, E., 1843—1852, Allgemeine Culturgeschichte der Menschheit (10 Bde.); Leipzig

—, 1854—1855, Allgemeine Culturwissenschaft (2 Bde.); Leipzig

Kliem, O., 1974, Akkulturation als Konzept des kulturellen Wandels; in: Zeitschrift für Kulturaustausch, 24 (1): 4—9, Stuttgart

Klimek, St., 1935—37, Culture Element Distributions, I: The Structure of California Indian Culture; University of California Publication in American Archaeology and Ethnology, 37: 1—70

Kluckhohn, C., 1939, Theoretical Base for an Empirical Method of Studying the Acquisition of Culture by Individuals; in: Man, 39: 98—103

—, 1949, Mirror for Man; New York

—, 1957, Culture, Values and Education; in: Bulletin of Research Institute of Comparative Education and Culture, 1: 44—61

Koepping, K. P., 1973, Das Wagnis des Feldforschers — zwischen Ethnozentrismus und Entfremdung. Einige persönliche Gedanken zur Ethik in der Kulturanthropologie, in: Tauchmann, K. (Hrsg.), Festschrift für H. Petri; Köln/Wien

Kohl, K.-H., 1979, Exotik als Beruf. Zum Begriff der ethnologischen Erfahrung bei B. Malinowski, E. E. Evans-Pritchard und C. Lévi-Strauss; Wiesbaden

Kolakowski, L., 1960, Der Mensch ohne Alternative, München

Koloss, H.-J., 1973, Der ethnologische Film als Dokumentationsmethode — Ein Beitrag zur anthropologischen Methode; in: Tribus, 22: 23—48

Koppers, W. & W. Schmidt, 1924, Völker und Kulturen; Regensburg

Kraft, V., 1968 (1950), Der Wiener Kreis. Der Ursprung des Neopositivismus; Wien/New York

Kroeber, A. L., 1909, Classificatory Systems of Relationship, in: Journal of the Royal Anthropological Institute 39

—, Cultural and Natural Areas of Native North America; University of California Publications in American Archaeology and Ethnology, 38: 242

—, 1948, Anthropology (revised edition); New York: Harcourt, Brace & Press

—, 1952, The Nature of Culture; Chicago: The University of Chicago Press

—, (Original 1944), Configuration of Cultural Growth; Berkely: University of California Press

—, 1963, Anthropology: Culture Patterns and Processes; New York: Harbinger

Kroeber, A. L. (ed)., 1925, Handbook of the Indians of California; Washington, D. C.: Bureau of American Anthropology Bulletin 78

—, 1953, Anthropology Today: An Ecyclopedic Inventory; Chicago

Kroeber, A. L. & C. Kluchohn, 1952, Culture — A Critical Review of Concepts and Definitions; New York: Random House

Kropotkin, P. A., 1919, Mutual Aid: A Factor of Evolution; London

Kuper, A., 1973, Anthropologists and Anthropology: The British School; London

Kuper, H., 1947, The African Aristocracy; Oxford

Lamarck, J. B. de, 1809, Philosophie zoologique; Engl. Übersetzung: 1963, Zoological Philosophy; New York

Landy, D. (ed.), 1977, Culture, Disease and Healing: Studies in Medical Anthropology; London

Lang, A., 1898, The Making of Religion; London

Lang, W. et al., 1955, Von Fremden Völkern und Kulturen, Festschrift f. H. Plischke; Göttingen

Leach, E. R., 1954, Political Systems of Highland Burma, Boston/London

—, 1958, Review of A. R. Radcliffe-Brown's „Natural Science of Society" and „S. F. Nadel's Theory of Social Structure"; in: Man 58 (178): 132—133

—, 1966, On the „Founding Fathers", in: Current Anthropology, 7 (5): 560—567

—, 1973 (1st edition 1961), Rethinking Anthropology; London

Leclerc, G., 1973 (franz. Original 1972), Anthropologie und Kolonialismus; München

Lee, D., 1949, Are Basic Needs Ultimate?, in: D. Lee, 1959, Freedom and Culture (70—77); Englewood Cliffs

—, 1952, Symbolization of Value, in: Lee, D., 1959, Freedom and Culture (78—88); Englewood Cliffs

—, 1959, Freedom and Culture; Englewood Cliffs

Leenhardt, M. (ed.), 1949, Les Cantes de Lucien Lévi-Bruhl; Paris

Lepenies, W., 1971, Soziologische Anthropologie. Materialien; München

Lerner, D., 1958, The Passing of Traditional Society; Glencoe, Ill.

Lévi-Strauss, C., 1949, Les structures élementaires de la parente; engl.: 1969, Elementary Structures of Kinship; Boston

—, 1961, Die moderne Krise der Anthropologie (aus: UNESCO Kurier 2/11: 10—15); Wiesbaden

—, 1962, Le totemisme aujourdʹhui; Paris (deutsch: 1965, Das Ende des Totemismus; Frankfurt a. M.)

—, 1962 La pensée sauvage; Paris (deutsch: 1968, Das Wilde Denken; Frankfurt a. M.)

—, 1963, Rousseau: The Father of Anthropology; in: UNESCO Courier, 16: 10—14

—, 1964/66/68/72, Mythologuques; Paris

—, 1967 (franz. Original 1963), Strukturale Anthropologie; Frankfurt a.M.

—, 1975 (franz. Original 1973), Strukturale Anthropologie 2: Frankfurt a. M.

—, 1969, The Raw and the Cooked; New York

Lévy, M. J., 1966, Modernization and the Structure of Society; Princeton

Lévy-Bruhl, L., 1927, La mentalite primitive, Paris (deutsch: 1959, Die geistige Welt der Primitiven; Darmstadt)

Lewis, D., 1973, Anthropology and Colonialism; in: Current Anthropology, 14: 481—591

Lewis, I. M. (ed.), 1970, History of Social Anthropology, London

Lewis, W. A., 1955, The Theory of Economic Growth, London

Linton, R., 1936, The Study of Man; New York

—, 1943, Nativistic Movements; in: American Anthropologist, 45: 230—240

—, 1945, The Cultural Background of Personality; New York

—, 1973, Rolle und Status; in: Hartmann, H. (Hrsg.), Moderne amerikanische Soziologie (308—315); München

— (ed.), 1945, The Science of Man in the World Crisis; New York

Lips, E., 1964, Prinzipien einer Analyse der Ökonomie der Erntevölker; Beiträge zur Wirtschaftsethnographie; in: Wiss. Zeitschrift d. Karl-Marx Universität, 13, Gesellschafts- und sprachwissenschaftliche Reihe, Heft 2

Lorenz, D., 1961, Zur Typologie der Entwicklungsländer; in: JbSW 12

Lowell, A. L., 1934, Culture. At War with Academic Traditions in America; Cambridge

Lowie, H. R., 1917, Culture and Ethnology; New York

—, 1920, Primitive Society; New York

—, 1937, The History of Ethnological Theory; New York

—, 1948, Social Organization; New York

Lynd, R. S., 1937, Middleton. A Study in Contemporary American Cultures; New York

Lynd, R., 1939, Knowledge for what?; Princeton

Mac Iver, R. M., 1931, Society. Its Structure and Changes; New York

—, 1942, Social Causation; Boston

—, 1945, Civilization and Group Relationship; Toronto

Maine, H. S., 1888 (Original 1861), Ancient Law; New York

—, 1890, Popular Government; London

Malefijt, A. de Waal, 1974, Images of Man; Calcutta

Malinowski, B., 1922, Argonauts of the Western Pacific; London

—, 1923, Psychoanalysis and Anthropology; in: Nature, 112: 650—651

—, 1926, „Anthropology", in: Encyclopaedia Britannica (13th ed.), Vol. I: 131—140

—, 1926, Crime and Custom in Savage Society; London

—, 1939, The Group and the Individual in Functional Analysis; in: American Sociology, 44: 938—364

—, 1944, A Scientific Theory of Culture and Other Essays; New York

—, 1945, The Dynamics of Culture Change; New Haven

—, 1948, Magic, Science and Religion; Glencoe, Ill.

—, 1952, Structure and Function in Primitive Society; Glencoe, Ill.

Malthus, Th. R., 1960 (Original 1798), On Population; New York

Mandelbaum, C. D., 1949, Selected Writings of E. Sapir in Language, Culture and Personality; Berkeley

Mandelbaum, D., 1941, Social Trends and Personal Pressures: The Growth of a Cultural Pattern; in: Spier, L., A. I. Hallowell und S. S. Newman (219—238); Menasky, Wisconsin

Manners, R. A. und D. Kaplan (eds.), 1968, Theory in Anthropology: A Sourcebook; Chicago

Marcuse, H., 1960, Reason and Revolution: Hegel and the Rise of Social Theory; Boston

Marquet, C., 1964, Objectivity and Anthropology; in: Current Anthropology, I: 47—55

Marriot, Mc Kim, 1959, Changing Channels of Cultural Transmission in Indian Civilization; in: Ray, V. F. (ed.), Intermediate Societies, Social Mobility, and Communication (66—74); Seattle, Washington

Martindale, D., 1966, Institutions, Organizations and Mass Society; Boston

Mathur, A., 1966, Balanced versus Unbalanced Growth — A Reconciliary View; in: Oxford Economic Papers, Vol 18/2

Matzke, O., 1972, Die Beschäftigung als Kernproblem einer sozialen und wirtschaftlich orientierten Entwicklung. Möglichkeiten durch Mobilisierung der Eigenhilfe der Länder; in: Priebe, H. (Hrsg.), Das Eigenpotential im Entwicklungsprozeß; Berlin

Mauss, M., 1925, Essay sur le Don: Forme et Raison de L'exchange dans les Sociétés Archaiques; in: Année Sociologique, 1950, Paris (engl.: The Gift: Forms and Functions of Exchange in Archaic Societies, 1954; London; deutsch: Die Gabe, 1968; Frankfurt a. M.)

—, 1950, „Faits sociaux toteaux", in: Panoff, M. und M. Perrin, 1975, Taschenwörterbuch der Ethnologie (291); München

—, 1969, Cohésion sociale et divisions de la sociologie; Paris

Mayer, a., 1966, The Significance of Quasi-Groups in the Study of Complex Societies; in: Banton, M. (ed.), 1966, The Anthropology of Complex Societies; London

Mayntz, R., K. Holm und P. Hübner, 1969, Einführung in die Methoden der empirischen Soziologie; Köln/Opladen

Mazars, G., 1981, Traditionelle Medizin in Indien, in: Curare 1981/4: 199—204

Mc Clelland, D. C., 1961, The Achieving Society; Princeton

Mc Dougall, D., 1970, Prospects of the Ethnographic Film; in: Film Quaterly, 23: 16—30

—, 1975, Beyond Observational Cinema; in: Hockings, P. (ed.), Principles of Visual Anthropology; The Hague

Mc Ghee, W. S., 1898, Piratical Acculturation; in: American Anthropologist, 11: 243—249

Mc Keon, R., 1950, Philosophy and the Diversity of Cultures; in: Ethics, 60: 233—260

Mc Lennan, J. F., 1865, Primitive Marriage: An Inquiry into the Origin of the Form of Capture in Marriage Ceremonies; Edingbourgh

Mead, G. H., 1934, Mind Self and Society; Chicago (deutsch: 1973, Geist, Identität und Gesellschaft; Frankfurt a. M.)

—, 1964, Selected Writings; Indianapolis

Mead, M., 1942, Culture and Commitment; London

—, 1947, The Implications of Culture Change for Personality Development; in: American Journal of Anthropsychiatry, 17: 633—646

—, 1963, Socialization and Acculturation; in: Current Anthropology, 4: 2

—, 1964, Continuities in Cultural Evolution; New Haven

—, 1972, Präfigurative Kulturen und Kinder, von denen wir nichts wissen; in: 1974, Toffler, A. (Hrsg.), Kursbuch in das 3. Jahrtausend; Frankfurt a. M.

— (ed.), 1955, Cultural Patterns and Technical Change; New York

Meier, A., 1598, Certaine Briefe and Speciall Instructions for Gentlemen, Merchants, Students, Souldiers, Mariners, etc., Employed in Services Abroade, or anieway occasioned to Converse in the Kingdom and Governments of Foreign Princes; London

Meiners, Ch., 1785, Grundriß der Geschichte der Menschheit; Lemgo

Meland, B. E., 1966, The Secularization of Modern Cultures; New York

Merleau-Ponty, M., 1953, Eloge de la philosophie; Paris

Merton, R. K., 1936, Civilization and Culture; in: Sociology and Social Research, 21: 103—113

—, 1948, The Bearing of Empirical Research upon the Development of Social Theory; in: American Sociological Review 13

—, 1957, Social Theory and Social Structure; Glencoe Ill.

—, 1973, Der Rollen-Set: Probleme der soziologischen Theorie; in: Hartmann, H. (Hrsg.), Moderne amerikanische Soziologie; München

Meyer, W., 1979, Medizinische Strategie für Entwicklungsländer; Bonn

Mies, M., 1973, Warum Deutsch? Eine Untersuchung des sozialökonomischen Hintergrundes und der Studienmotivation von Deutsch-Studenten in Poona (Indien); in: Freund, W. S. und U. Simon (Hrsg.), Kulturpolitik in Entwicklungsländern; Meisenheim

Milke, W., 1937, Der Funktionalismus in der Völkerkunde; in: Schmollers Jahrbuch 61

Mitchell, J. C., 1959, The Anthropological Study of Urban Communities; in: African Studies, 19

Molenaar, H. A., 1983, Concentric Dualism as Transition between a Lineal an Cyclic Representation of Life and Death in Scandinavian Mythology; in: Oosten, J. und A. de Ruijter (eds.), The Future of Structuralism; Göttingen

Moles, J. A., 1977, Standardization and Measurement in Cultural Anthropology; in: Current Anthropology 18

Montaigne, M. de., 1580, Of Canibals; in: 1968, The Complete Essays of Montaigne (150—159); Stanford, California

Montesquieu, Ch. de., 1748, The Spirit of the Laws; Neudruck 1966; New York

Mooney, L., 1956, Revivalism, in: Wallace A. F. C., Revitalization Movements; in American Anthropologist 58: 761–779

Moore, W. E., 1963, Industrialization and Social Change; in: Hoselitz, B. F. und W. E. Moore (eds.), Industrialization and Society; The Hague

Morgan, L. H., 1868, A Conjectural Solution to the Origin of the Classificatory System of Relationship; in: Proceedings of the American Academy of Arts and Sciences, 7: 436–477

–, 1870, Systems of Consanguinity and Affinity of the Human Family; Washington, D. C.

–, 1962 (1851), League of the Ho-dé-no-san-nee or Iroqois; New York

–, 1963 (1877), Ancient Society: Researches in the Lines of Human Progress from Savagery through Barbarism to Civilization; New York

–, 1965 (1881), Houses and House-Life of the American Aborigines; Chicago

Moyer, D. S., 1983, Intellectual Technology and Social Knowledge; in: Oosten, J. und A. de Ruijter (eds.), The Future of Structuralism; Göttingen

Mühlmann, W., 1938, Methodik der Völkerkunde; Stuttgart

–, 1966, Umrisse und Probleme einer Kulturanthropologie; in: Mühlmann, W. und E. Müller (Hrsg.), Kulturanthropologie; Köln/Berlin

–, 1964, Rassen, Ethnien, Kulturen; Neuwied

–, 1968, Geschichte der Anthropologie; (2. verb. Aufl.) Frankfurt/Bonn

– und E. W. Müller (Hrsg.), 1966, Kulturanthropologie; Köln/Berlin

Muensterberger, W. (Hrsg.), 1969, Der Mensch und seine Kultur. Psychoanalytische Ethnologie nach „Totem und Tabu"; München

Mukherjee, R., 1976, The Value Base of Social Anthropology: The Context of India in Particular; in: Current Anthropology, 17 (1): 71–95

Murdock, G. P., 1932, The Science of Culture; in: American Anthropologist, 34: 200–216

–, 1937, Editorial Preface to Studies in The Science of Society; New Haven, Conn.

–, 1940, The Cross Cultural Survey, in: American Sociological Review, 3: 361–370

–, 1945, The Common Denominator of Cultures; in: Linton, R. (ed.), The Science of Men in the World Crisis (123–142); New York

–, 1948, Social Structure; New York

–, 1951, South American Culture Areas, in: Sothwestern Journal of Anthropology, 7: 415–36

–, 1951, British Social Anthropology; in: American Anthropologist, 53 (4) I: 463–473

–, 1966, Cross-Cultural Sampling; in: Ethnology V

–, 1971, Anthropology's Mythology; in: Proceedings of the Royal Anthropological Institue, 17–24

Murray, H. A., 1938, Exploration into Personality; New York
— und C. Kluckhohn, 1949, Nature, Society and Cultures; New York
Myrdal, G., 1970, Politisches Manifest der Armut; Frankfurt a. M.
—, 1974, Ökonomische Theorie und unterentwickelte Regionen — Welt-problem Armut; Stuttgart

Nachtigall, H., 1972, Völkerkunde; Stuttgart (1974, Frankfurt a. M.)
Nadel, S. F., 1951, The Foundations of Social Anthropology; London
—, 1951, Institutionen (Kapitel Institutions aus Foundations S. 107–134); in: 1963, Schmitz, C. A., Kultur (178–218); Frankfurt
—, 1956, Culture and Personality: A Reexamination; in: Medical Journal of Australia I (23): 845–849
—, 1956a, The Concept of Social Elites; in: International Social Sciences Bulletin, 8 (3): 413–424
—, 1957, The Theory of Social Structure; London
Nader, L. (ed.), 1969, Law in Culture and Society; Chicago
Naroll, R., 1956, A Preliminary Index of Social Development; in: American Anthropologist, 58: 687–715
—, 1964, On Ethic Unit Classification; in: Current Anthropology, 15 (4): 283–312
Naroll, R. und R. Cohen, 1979, A Handbook of Method in Cultural Anthropology; New York
Nash, D., 1973, A Convergence of Psychological and Sociological Explanations of Witchcraft; in: Current Anthropology 13
— und R. Wintrob, 1972, The Emergence of Self-Consciousness in Ethnography; in: Current Anthropology 13
Nash, J., 1975, Nationalism and Fieldwork; in: Siegel, B. J. (ed.), Annual Review of Anthropology, Vol. 4, Palo Alto
Navoll, K. und F. Navoll (eds.), 1973, Main Currents in Cultural Anthropology; New York
Needham, R., 1970, The Future of Social Anthropology, Disintegration or Metamorphosis?; in: Anniversary Contributions to Anthropology, Leiden
Nkrumah, K., 1965, Neocolonialism, the Last Stage of Imperialism; London
Northrop, F. S. C., 1953, Cultural Values, in: Kroeber, A. L. (ed.), Anthropology Today (668–681); Chicago
Nudler, T., 1979, Towards a Model of Human Growth; Tokyo
Nutini, H. G., 1965, Some Considerations on the Nature of Social Structure and Model Building: A Critique of Claude Lévi-Strauss and Edmund Leach; in: American Anthropologist 67 (3): 707–731

Ogburn, W. F., 1922, Social Change: With Respect to Culture and Original Nature; New York

—, 1957, Cultural Lag as a Theory; in: Sociology and Social Research, 41: 167 ff.

Oliver, P. (ed.), 1969, Shelter and Society; London

O'Neil, C. W. und H. A. Selby, 1968, An analysis of the Relationship between Role Expectations and Folk Illness; in: Ethnology, 7: 95—105

Oosten, J. G., 1981, Filiation and Alliance in three Bororo Myths; in: Kloos, P. und H. J. M. Claesen (eds.), Current Issues in Anthropology (220—214); Rotterdam

— und A. de Ruijter (eds.), 1983, The Future of Structuralism. Papers of the UAES-Intercongress, Amsterdam 1981; Göttingen

Opler, M. E., 1945, Themes as Dynamic Forces of Culture; in: American Journal of Sociology LI

—, 1948, Some Recently Developed Concepts Relating to Culture; in: Southwestern Journal of America 4/2

—, 1965, The History of Ethnological Thought, in: Current Anthropology 6

Oppitz, M., 1975, Notwendige Beziehungen. Abriß der strukturalen Anthropologie; Frankfurt a. M.

Osgood, C., 1951, Culture: Its Empirical and Non-Empirical Character; in: Southwestern Journal of Anthropology, 7 (2): 202—214

Ott, Th., 1979, Der magische Pfeil — Magie und Medizin; Zürich

Paech, N., B. A. Sommer, Th. Burmeister, 1972, Entwicklungsländerforschung in der Bundesrepublik Deutschland; in: Internationales Asienforum, 3: 369—388

Panoff, M. und M. Perrin, 1975, Taschenwörterbuch der Ethnologie; München

Panunzio, C., 1939, Major Social Institutions; New York

Pareto, V., 1917, Traite de sociologie génénale; Paris

Parry, S., 1961, The Reformation of Tradition; in: Modern Age, 5: 125 ff.

Parsons, T., 1951, The Social System; Glencoe, Ill.

—, 1966, Societies, Evolutionary and Comparative Perspectieves; Englewood Cliffs

—, 1973, Einige Grundzüge der allgemeinen Theorie des Handelns; in: Hartmann, H. (Hrsg.), Moderne amerikanische Soziologie; München

— und E. A. Shils, 1951, Values, Motives and Systems of Action; in: Parsons, T. und E. A. Shils (eds.), Towards a General Theory of Action: Cambridge, Mass.

Patten, S. N., 1907, The New Basis of Civilization; New York

—, 1916, Culture and War; New York

Paul, B. D., 1953, Interview Techniques and Field Relationship; in: Koerber, A. L. (ed.), Anthropology Today; Chicago

Pelto, J. P., 1970, Anthropological Research – The Structure of Inquiry; New York

– und G. H. Pelto, 1974, Ethnography. The Fieldwork Enterprise, in: Honigmann, J. J., (ed.), Handbook of Social and Cultural Anthropology; Chicago

Pereira de Queiroz, M. I., 1974, Reform and Revolution in traditionalen Gesellschaften. Geschichte der messianischen Bewegung; Gießen

Perry, W. J., 1923, The Children of the Sun; London

Piaget, J., 1971, Structuralism; London

Piddington, R., 1950, Introduction to Social Anthropology; London

Pinxten, R., 1981, Contribution versus Taxonomy: In Search for a New Paradigm; in: 1983, Oosten, J. und A. de Ruijter (eds.), The Future of Structuralism; Göttingen

Pitkin, D. S., 1959, The Intermediate Society: A Study in Articulation, in: Ray, V. F. (ed.), Intermediate Societies, Social Mobility and Communication (14–19); Seattle, Washington

Plack, A. (Hrsg.), 1973, Der Mythos vom Aggressionstrieb; München

Pospischil (Pospísil), L., 1971, Anthropology of Law: A Comparative Theory; New York

Powell, J. W., 1880, Introduction to the Study of Indian Languages; Washington

–, 1891, Indian Linguistic Families of America North of Mexico; in: Seventh Annual Report of the Bureau of American Ethnology, 7–142

Pouwer, J., 1981, Towards a Global Perspective in Anthropology; in: 1983: Oosten, J. und A. de Ruijter (eds.), The Future of Structuralism; Göttingen

–, 1974, The Structural-Configurational Approach: A Methodological Critique; in: Rossi, I. (ed.), The Unconscious in Culture (238–255); New York

Powys, J. P., 1929, The Meaning of Culture; London

Price, M. T., 1930, The Concept of Culture Conflict: In What Sense Valid?; in: Social Form, 9: 164–167

Priebe, H. (Hrsg.), 1972, Das Eigenpotential im Entwicklungsprozeß; Berlin

Pritchard, J. C., 1843, The Natural History of Man; London

Psalthas, G., 1973, Ethnotheorie, Ethnomethodologie und Phänomenologie; in: Arbeitsgruppe Bielefelder Soziologen (Hrsg.), Bd. 2; Reinbek (neu: 5. Aufl. 1981, Opladen)

Purves, D., 1960, The Evolutionary Basis of Race Consciousness; in: The Mankind Quarterly, I: 51–57

Radcliffe-Brown, A. R., 1922, The Andaman Islanders, Cambridge

–, 1923, The Methods of Ethnology and Anthropology; in: 1960, Method in Social Anthropology; Bombay

—, 1935, On the Concept of Function in Social Science; in: American Anthropologist, 51

—, 1947, Evolution — Social or Cultural?; in: American Anthropologist, 49 (1): 78—83

—, 1948, A Natural Science of Society; Chicago: University of Chicago Press (1957, Glencoe Ill.)

—, 1949, Functionalism: A Protest, in: American Anthroplogist, 51 (2): 320—323

—, 1950, Introduction; in: Radcliffe-Brown und De Forde (eds.) — African Systems of Kinship and Marriage, London

—, 1951, Contemporary British Social Anthropology; in: American Anthropologist, 53

—, 1952, Structure and Function in Primitive Society; Glencoe, Ill.

—, 1952, Historical Note in Britishs Social Anthropology; in: American Anthropologist, 54 (2) II: 275—277

—, 1958, Method in Social Anthropology; in: Srinavas, M. B. (ed.), Method in Social Anthropology; Chicago

—, 1963, Elements of Social Organization; Boston

— und De Forde (eds.), 1950, African Systems of Kinship and Marriage; London

Radin, P., 1933, The Method and Theory of Ethnology; New York

Ramaswamy, M. Krischke, 1975, Eine Einführung in die Kultur- und Persönlichkeitsforschung; in: Psychologie heute, 2/19: 66—70

—, 1977, Revitalisierende Pädagogik — Konzepte zur kulturellen Erneuerung im Indien des 20. Jahrhunderts, — Ein Beitrag zur Kultur- und Persönlichkeitsforschung; Diss., Universität Göttingen

—, 1978, The Significance of the Human Element in Development Strategy Planning; Xth ICAES, New Delhi

—, 1980, Entwicklungshilfe — das menschliche Element; in: Treffpunkte (Wien), 8

Rapoport, A., 1969, House Form and Culture; Englewood Cliffs

—, 1975, The Mutal Interaction of People and their Built Environment: A Cross-Cultural Perspective; The Hague

Raleigh, Sir Walter; 1614, The History of the World; London

Ratzel, F., 1882—1891, Anthropo-Geographie oder Grundzüge der Anwendung der Erdkunde auf die Geschichte; Stuttgart

—, 1887, Völkerkunde, Bd. 1; Leipzig

—, 1904, Geschichte, Völkerkunde und historische Perspektive; in: Historische Zeitschrift, 93: 1—46

—, 1912, Über den anthropogeographischen Wert ethnographischer Merkmale (aus: Die geographische Verbreitung des Menschen, Stuttgart); in: 1967, Schmitz, C. A. (Hrsg.), Historische Völkerkunde; Frankfurt

Ray, V. F., 1942, Culture Element Distributions, XXII: Plateau; in: Anthropological Records, 8: 99—257

— (ed.), 1959, Intermediate Societies, Social Mobility and Communication; Seattle, Washington

Redfield, R., 1953, The Primitive World and Its Transformations; Ithaka, N. Y.

—, 1955, The Little Community; Viewpoings for the Study of a Human Whole; Chicago

—, 1956, Peasant Society and Culture; Chicago

—, R. Linton und M. Herskovitz, 1935, Outline for the Study of Acculturation; in: American Anthropologist, New Series, 38: 149—152

Richards, A. I., 1939, Land, Labour and Diet in Northern Rhodesia; in: American Ethnological Society, Monograph 1

Riesman, D., 1959, Die einsame Masse; Reinbek

—, 1961, Styles of Response to Social Change; in: International Social Science Journal, 17: 78

Rist, G., 1979, Development Theories in the Social Looking-Glass: Some Reflections from Theories to Development; Tokyo

Ritter, H., 1981, Die ethnologische Wende. Über Marcel Mauss; in: Neue Rundschau, 92/3: 98—116

Rivers, H. W. R., 1900, A Genealogical Method of Collecting Social and Vital Statistics; in: Journal of the Royal Anthropological Institute of Great Britain and Ireland, 30: 74—82

—, 1912, The Disappearance of Useful Arts. Festkrift tillägnad Edvard Westermarck (109—139); Helsingfors

Roberts, A., 1979, Order and Dispute — An Introduction to Legal Anthropology; Harmondsworth

Roheim, G., 1950, Psychoanalysis; New York

Ross, E. A., 1911, The Changing Chinese. The Conflict of Western Cultures in China; New York

Rossi, I., 1973, Verification in Anthropology: The Case of Structural Analysis; in: Journal of Symbolic Anthropology, 2: 27—55

—, 1974, Structuralism as a Scientific Method; in: Rosse, I. (ed.), The Unconscious in Culture. The Structuralism of Claude Lévi-Strauss in Perspective (60—107); New York

Rostow, W., 1956, The Take-off into Self-Sustained Growth; in: Economic Journal, 66

—, 1960, The Stages of Economic Growth. The Process of Economic Growth; Cambridge

—, 1969, Die Phase des Take-off; in: Zapf, W. (Hrsg.), Theorien des sozialen Wandels, Köln

Rousseau, J. J., 1967, The Social Contract (1762) and Discourse on the Origin of Inequality (1755); New York

Rubel, A. J., 1964, The Epidemology of a Folk Illness: Susto in Hispanic America; in: Ethnology, 3: 268—283

Rubel, P. G. und A. Rosman, 1983, Structure, Transformation and Evolution: A Comparison of the Northwest Coast-Athapaskan and Island Melanesian Cases; in: Oosten, J. und A. de Ruijter (eds.), The Future of Strukturalism; Göttingen

Rubinstein, R. A., 1983, Structuralism and the Study of Cognitive Processes, in: Oosten, J. und A. de Ruijter (eds.), The Future of Structuralism; Göttingen

Rubruquis, W. de,1258, The Remarkable Travels of William de Rubruquis; in: 1808—1814, Pinkerton, J. (ed.), A General Collection of the best and most interesting Voyages and Travels; London

Ruby, W., 1975, Is Ethnographic Film a Filmic Ethnography?; in: Studies in the Anthropology of Visual Communication, 2 (2): 104—111

Rudolph, W., 1959, Die amerikanische ‚Cultural Anthropology' und das Wertproblem; Berlin

—, 1964, „Akkulturation" und Akkulturationsforschung; in: Sociologus, 14/2: 97—113

—, 1968, Der kulturelle Relativismus — Kritische Analyse einer Grundsatzdiskussion in der amerikanischen Ethnologie; Berlin

—, 1973, Ethnologie; Zur Standortbestimmung einer Wissenschaft; Tübingen

Sahay, K. N., 1983, Ethnographic Films in India: Prospects, Priorities and Proposals; in: Bogaard, N. C. R. & H. W. E. R. Ketelaar (eds.)

Sahlins, M. D. und E. R. Service (eds.), 1960, Evolution and Culture; Ann Arbor

—, 1976, Culture and Practical Reason; Chicago

Saint-Simon, Cl. H. de., 1825, New Christianity; in: 1964, Markham, F. (ed.), Social Organization: The Science of Man (81—116); New York

Salin, E., 1959, Unterentwickelte Länder: Begriff und Wirklichkeit; in: Kyklos 12

Salomone, F. A., 1979, Epistemological Implications of Fieldwork and Their Consequences; in: American Anthropologist, 81

Sapir, E., 1921, Language; New York

—, 1934, The Emergence of a Concept of Personality in a Study of Culture; in: Journal of Social Psychology; 5: 408—415

Sargent, S. S. und M. W. Smith (eds.), 1949, Culture and Personality; New York

Schäffle, A., 1875—78 (4 Bde.), 1881, 1896 (2 Bde.), Bau und Leben des sozialen Körpers; Tübingen

Schebesta, P. P., 1936, Der Urwald ruft wieder; o. A.

Scheler, M., 1968, Die Wissensformen und die Gesellschaft (8 Bde.); Bern/München

Scherer, K. R., 1970, Non-Verbale Kommunikation. Ansätze zur Beobachtung und Analyse der außersprachlichen Aspekte von Interaktionsverhalten; Hamburg

Schlesier, E., 1953, Die Erscheinungsformen des Männerhauses und das Klubwesen in Mikronesien; s'Gravenhage

–, 1972, Ethnologisches Filmen und ethnologische Feldforschung; Göttingen

–, 1974, Überlegungen zur gegenwärtigen Lage der Ethnologie; in: Mitteilungen der Anthropologischen Gesellschaft in Wien, 104

Schmied-Kowarzik, W. und J. Stagl (Hrsg.), 1981, Grundfragen der Ethnologie; Berlin

Schmiedbauer, W., 1972, Jäger und Sammler; Planegg/München

–, 1973, Ethnologische Aspekte der Aggression; in: Planck, A. (Hrsg.), Der Mythos vom Aggressionstrieb; München

Schmidt, W., 1922–1925, Der Ursprung der Gottesidee, eine historisch-kritische und positive Studie (12 Bde.); Münster

– und W. Koppers, 1924, Völker und Kulturen (Teil 1), Gesellschaft und Wirtschaft der Völker; Regensburg

Schmitz, C. A. (Hrsg.), 1963, Kultur; Frankfurt a. M.

–, 1967, Historische Völkerkunde; Frankfurt a. M.

Schmitz, H. W., 1976, Zum Problem der Objektivität in der völkerkundlichen Feldforschung; in: Zeitschrift für Ethnologie, 101: 1–40

Schmoller, G., 1923, Grundriß der allgemeinen Volkswirtschaftslehre; Leipzig

Schneider, J., 1945, Cultural Lag: What is it?; in: American Sociological Review, 10: 786 ff.

Schoene, W., 1966, Über die Psychoanalyse in der Ethnologie; Dortmund

Schott, R., 1955, Anfänge der Privat- und Planwirtschaft. Wirtschaftsordnung und Nahrungsverteilung bei Wildbeutervölkern; Braunschweig

–, 1960, Religiöse und soziale Bindungen des Eigentums bei Naturvölkern; in: Paideuma, 7 (3): 115–132

–, 1968, Eigentum in ethnologischer Sicht; in: Kernig, C. D. (Hrsg.), Sowjetsystem und demokratische Gesellschaft; Freiburg

–, 1970, Die Funktion des Rechts in primitiven Gesellschaften; in: Leutmann, R., W. Maihofer und H. Schelsky (Hrsg.), Jahrbuch zur Rechtssoziologie, Bd. 1, Bielefeld

–, 1981, Aufgaben der deutschen Ethnologie heute; in: Schmied-Kowarzik, W. und J. Stagl (Hrsg.), Grundfragen der Ethnologie; Berlin

Schrecker, P., 1954/55, Social Implications of Technical Advance in Underdeveloped Countries. A trend report and bibliography; in: Current Anthropology; 3: 1

Schrier, A. et al. (eds.), 1963, Modern European Civilization; Fairlawn, New Jersey

Schumacher, E. F., 1977, Die Rückkehr zum menschlichen Maß; Reinbek

Schweizer, Th., 1978, Methodenproblem des interkulturellen Vergleichs; Köln/Wien

Service, E. R., 1962, Primitive Social Organization. An Evolutionary Perspective; New York

—, 1971, Profiles in Ethnology (rev. ed.); New York

—, 1971, Cultural Evolutionism. Theory and Practice; New York

Shapiro, H. L., 1939, Migration and Environment; London

Siegel, B. S. et al. (Hrsg.), 1974, Annual Review of Anthropology III

Simmons, L. W., 1942, Sun Chief; New Haven

Simpson, G. G., 1960, The Meaning of Evolution; New Haven, Conn.

Simson, U., 1973, Unterentwickelte Regionen und Auswärtige Kulturpolitik; in: Freund, W. S. und U. Simson (Hrsg.), Kulturpolitik in Entwicklungsländern; Meisenheim

Shils, E., 1963, Political Developments in New States; Den Haag

Skinner, B. F., 1957, Verbal Behaviour; New York

—, 1971, Beyond Freedom and Dignity; New York

Slotkin, J. S., 1965, Readings in Early Anthropology; in: Viking Fund Publications in Anthropology 40; New York

Small, A. W., 1905, General Sociology; Chicago

Smelser, N. J., 1966, The Modernization of Social Relations; in: Weiner, M. (Hrsg.), Modernization: The Dynamics of Growth; New York

Smith, A., 1776, An inquiry into the Natural Causes of the Wealth of Nations; London

Smith, G. E., 1911, The Ancient Egyptians and their Influence upon Civilizations in Europe; London

—, 1917, The Migrations of Culture; Manchester

—, 1927, The Diffusion of Culture; in: Smith, G. E., B. Malinowski et al. (eds.), Culture: The Diffusion Controversy (9—25); New York

Sorokin, P., 1937, Social and Cultural Dynamics; New York

Spannhaus, G., 1955, Der wissenschaftliche Film als Forschungsmittel in der Völkerkunde; in: Lang, W. et al. (Hersg.), Von fremden Völkern und Kulturen. Festschrift für H. Plischke; Göttingen

Spencer, H., 1837, The Study of Sociology; London

—, 1952, A Theory of Population Deduced from the General Law of Animal Fertility; in: Westminster Review, 57: 468—501

—, 1857, Progress: Its Laws and Causes; in: Westminster Review, 67: 445—485

—, 1862, Synthetic Philosophy: First Principles; New York

—, 1876—96, The Principles of Sociology (3 vo.); New York

—, 1891 (Original 1852), The Development Hypothesis; in: Essays Scientivic, Political and Speculative (vol. I: 1—7); London

Spengler, O., 1918 (1922), Der Untergang des Abendlandes. Umrisse einer Morphologie der Weltgeschichte; München

Sperber, D., 1973, Der Strukturalismus in der Anthropologie; in: Wahl, F. (Hrsg.), Einführung in den Strukturalismus; Frankfurt a. M.

—, 1975, Rethinking Symbolism; Cambridge

Spicer, E. H., 1961, Types of Contacts and Processes of Change: Chicago

—, 1968, Acculturation; in: International Encyclopaedia of Social Sciences (1: 21—27); New York

— (ed.), 1952, Human Problems in Technological Change, New York

—, 1961, Perspective in American Indian Culture Change; Chicago

Spiegelberg, H., 1965, The Phenomenological Movement; s'Gravenhage

Spier, L., 1935, The Prophet Dance of the Northwest and Its Derivatives: The Source of the Ghost Dance; in: American Anthropological Association, General Series in Anthropology I

—, A. I. Hallowell, S. S. Newman (eds.), 1941, Language, Culture and Personality; Menasha, Wiscon.

Spindler, G. D., 1955, Sociocultural and Psychological Processes in Menomini Acculturation; Berkeley

Spiro, M. E., 1966, Religion: Problems of Definition and Explanation in Anthropological Approaches to the Study of Religion; London

Spradley, J. B. (ed.), 1972, Culture and Cognition: Rules, Maps and Plans; San Francisco

Srinavas, M. N. (ed.), 1960, Method in Anthropology; Chicago

Stagl, J., 1974, Kulturanthropologie und Gesellschaft: Wege zu einer Wissenschaft; München

—, 1974, Die Morphologie segmentärer Gesellschaften; Meisenheim

—, 1981, Szientische, hermeneutische und phänomenologische Grundlagen der Ethnologie; in: Schmied-Kowarzik, W. und J. Stagl. (Hrsg.), Grundfragen der Ethnologie; Berlin

Stark, W., 1976, The Social Bond. An Investigation into the Basis of Law-Abidingness; New York

Stauder, J., 1972, The „Relevance" of Anthropology under Imperialism; in: Critical Anthropology, 2

Stavenhagen, R., 1971, Decolonizing Applied Social Sciences; in: Human Organization, 4: 333—358

Steward, J. H., 1950, Area Research: Theory and Practice; New York, Social Science Research Council, Bulletin 63

—, 1953, Evolution and Process; in: Kroeber, A. L. (ed.), Anthropology Today (313—326); Chicago

—, 1955, Theory of Culture Change. The Methodology of Multilinear Evolution; Urbana, Ill.

Steward, O. C., 1942, Culture Element Distributions XVIII: Ute-Southern Paiute; in: Anthropological Records. 6: 360

Stiegelmayr, E., 1970, Ganzheitliche Ethnologie; Wien

Stocking, G. W., 1960, Franz Boas and the Founding of the American Anthropological Association; in: American Anthropologist, 62: 1—17

—, 1968, Race, Culture and Evolution; New York

—, 1978, Die Geschicklichkeit der Wilden und die Geschichte der Ethnologie; in: Geschichte und Gesellschaft, 4: 4

Stout, D. B., 1938, Culture Types and Culture Areas in South America; in: Papers of the Michigan Academy of Science, Arts and Letters, 23: 73—86

Straube, H., 1960, Der frühe Feldbau. Wirtschaft und Weltbild; in: Freudenfeld, B., Völkerkunde (41—51); München

Sturtevant, W. C., 1964, Studies in Ethnoscience; in: Kimball, A. und G. D'Andrade (eds.), Transcultural Studies in Cognition; in: American Anthropologist, 66 (2)

—, 1966, Anthropology, History and Ethnohistory; in: Ethnohistory; 13

Sumner, W. G., 1906, Folkways; Boston

—, 1914, The Challenge of Facts and Other Essay; New Haven

— und A. Keller, 1972, The Science of Society; New Haven

Swadesh, M., 1951, Diffusional Cumulation and Archaic Residue as Historical Explanation; in: Southwestern Journal of Anthropology

Szalay, M., 1975, Die Krise der Feldforschung — Gegenwärtige Trends in der Ethnologie; in: Archiv für Völkerkunde, 29

—, 1977, Praxis als Problem. Fragen zu Aktionsethnologie; in: Ethnologische Zeitschrift II: 93—111

Taureg, M., 1983, The Development of Standards for Scientific Films in German Ethnography; in: Bogaart, N. C. R. und H. W. E. R. Ketelaar (eds.), Methodology in Anthropological Filmmaking; Göttingen

Taylor, W. W., J. L. Fischer, E. Z. Vogt (eds.), 1973, Culture and Life; Illinois

Tax, Sol (ed.), 1964, Horizons of Anthropology (Neuauflage 1975); New York

— et al. (eds.), 1953, An Appraisal of Anthropology Today; Chicago

Thomas, W. L., 1956, Current Anthropology; Chicago

Thompson, L., 1950, Culture in Crisis; New York

Thurnwald, R., 1928: Ethnologie und Psychologie; in: Prinzhorn, H. und K. Mittenzwey (Hrsg.), Krisis in der Psychoanalyse; Leipzig

—, 1931—1935, Die menschliche Gesellschaft und ihre ethnosoziologischen Grundlagen (5 Bde.); Berlin. Bd. 5: Werden, Wandel und Gestaltung des Rechts

—, 1932, The Psychology of Acculturation; in: American Anthropologist, 34: 557—569

—, 1933, Die Persönlichkeit als Schlüssel zur Gesellschaftsordnung; in: Sociologus, 9 (3): 300—302

—, 1936, Gegenseitigkeit im Aufbau von Gesellungen; in: Reine und angewandte Soziologie. Tönnies Festschrift (275—297); Leipzig

—, 1936a, Culture and Civilization; in: American Sociological Review, 1: 387

—, 1938, Zur persönlichen Abwehr; in: Archiv für Anthropologie und Völkerforschung, 24: 300—302

—, 1950, Der Mensch geringerer Naturbeherrschung. Sein Aufstieg zwischen Vernunft und Wahn; Berlin

—, 1957, Grundfragen menschlicher Gesellung; Berlin

—, 1967, Analyse von „Entwicklung" und „Zyklus" (1932); in: Schmitz, C. A., Historische Völkerkunde (199—219); Frankfurt a. M.

Tibi, B., 1979, Internationale Politik und Entwicklungsländerforschung; Frankfurt a. M.

Toynbee, A. J., 1947, Civilization on Trial; New York

Trimmborn, H., 1928, Die Methode der ethnologischen Rechtsforschung; in: Zeitschrift für vergleichende Rechtswissenschaft; 43: 416—464

—, 1950, Die Privatrechte und der Eingriff des Staates, in: Deutsche Landesreferate zum III. Int. Kongreß f. Rechtsvergleichung in London, 133—148

—, 1958, Von den Aufgaben und Verfahren der Völkerkunde, in: Adam, L. und H. Trimmborn (Hrsg.), Lehrbuch der Völkerkunde; Stuttgart

Turgot, A. R. J., 1750, Plan de Deux Discours sur l'Historie Universelle; Paris

Turner, P. R., 1983, Anthropologische Wertvorstellungen; in: Research 2

Turner, R. (ed.), 1974, Ethnomethodology, Selected Readings; Harmondworth

Turner, V. W., 1964, Betwixt and Between. The Liminal Period in Rites de Passage; in: Proceedings of the American Ethnological Society, 4—10

Tylor, E. B., 1865, Researches into Early History of Mankind and the Development of Civilization (Neuaufl. 1964, Chicago)

—, 1871, Primitive Culture; London (Neuauflage 1958, New York

—, 1881, Anthropology; An Introduction to the Study of Man and Civilization; New York

—, 1889, On a Method of Investigation the Development of Institutions. Applied to the Law of Descent; in: Journal of the Royal Anthropological Institute of Great Britain and Ireland, 8: 116—129

Tylor, St. (ed.), 1969, Cognitive Anthropology; New York

Vestergaard, T. A., 1981, On Kinship, Clocks and Steam Engines; in: Oosten, J. und A. de Ruijter (eds.), 1983, The Future of Structuralism; Göttingen

Vico, G., 1725, The New Science of Giambatista Vico (Neuaufl. 1961; Garden City, N. Y.

Vidyarthi, L. (ed.), 1968, Applied Anthropology in India; Allahabad

Vierkandt, A., 1908, Die Stetigkeit im Kulturwandel; Leipzig

—, 1911, Die historische Richtung in der Völkerkunde; in: Historische Zeitschrift, 107: 70—80

—, 1967, Der Mechanismus des Kulturwandels, in: Schmitz, C. A. (Hrsg.), Historische Völkerkunde (358—394); Frankfurt a. M.

Voegelin, E. B. W., 1942, Culture Element Distributions XX: North East California; in: Anthropological Records, 7: 47–251

–, 1945, Linguistics in Ethnology; in: Southwestern Journal of Anthropology; 1: 455–456

–, 1949, Linguistics without Meaning and Culture without Words; in: Word, 5, 36–45

Vries, E. de (Hrsg.), 1962, Essays on Unbalanced Growth: A Century of Disparity and Convergence; Den Hague: Publications of the Institute of Social Statistics, Series Major Vol. X

Waitz, Th., 1859–72, Anthropologie der Naturvölker (6 Bde.); Leipzig

Wallace, A. F. C., 1956, Revitalization Movements; in: American Anthropologist, 58: 761–774

–, 1957, Mazeway Disintegration: The Individual 's Perception of Socio-Cultural Disorganization; in: Human Organization, 16: 23–27

– (ed.), 1960, Men and Cultures; Philadelphia

Ward, L. F., 1883, Dynamic Sociology; New York

–, 1893, The Psychic Factors of Civilization, New York

Ward, L., 1903, Pure Sociology, New York

–, 1906, Applied Sociology; Boston

Wassner, A., 1973, Auswärtige Kulturpolitik als Teil internationaler Gesellschaftspolitik; in: Freund, W. S. und U. Simson (Hrsg.), Aspekte der Auswärtigen Kulturpolitik in Entwicklungsländern; Meiseinheim

Wauchope, R., 1962, Lost Trives and Sunken Continents; Chicago

Wax, R., 1971, Doing Fieldwork, Warnings and Advice; Chicago/London

Weber, A., 1920/21, Prinzipielles zur Kultursoziologie (Gesellschaftsprozeß, Zivilisationsprozeß, Kulturbewegung), in: Archiv für Sozialwissenschaft und Sozialpolitik, Bd. 47

–, 1927, Ideen zur Staats- und Kultursoziologie; Karlsruhe

–, 1931, Kultursoziologie; in: Vierkandt, A. (Hrsg.), Wörterbuch der Soziologie; Stuttgart

–, 1935, Kulturgeschichte als Kultursoziologie; (1950, 2. verb. Auflage, München)

–, 1946, Abschied von der bisherigen Geschichte; Hamburg

–, 1951, Prinzipien der Geschichts- und Kultursoziologie; München

Weber, M., 1921, Gesammelte Aufsätze zur Religionssoziologie (3 Bde.); Tübingen

–, 1923, Wirtschaftsgeschichte. Abriß der universalen Sozial- und Wirtschaftsgeschichte; München

–, 1924, Gesammelte Aufsätze zur Sozial- und Wirtschaftsgeschichte; Tübingen

Weiner, M. (ed.), 1966, Modernization: The Dynamics of Growth; New York

Weingarten, A., F. Sack und J. Schenkenstein (Hrsg.), 1976, Ethnomethodologie. Beiträge zu einer Soziologie des Alltagshandelns; Frankfurt a. M.

Westphal-Hellbusch, S., 1958, Akkulturationsvorgänge als Gegenstand ethnologischer Forschung; in: Sociologus, 8 (2): 97–112

White, L. A., 1943, Energy and the Evolution of Culture; in: American Anthropologist, 54: 335–356

–, 1944, The Symbol: The Origin and Basis of Human Behaviour; in: Philosophy of Science, 7: 151–463

–, 1949, The Science of Culture; New York

–, 1959, The Concept of Culture; in: American Anthropologist, 61: 227–251

–, 1966, The Social Organization of Ethnological Theory; in: Rice University Studies 52 (4), Monographs in Cultural Anthropology

Wiese, L. von, 1924, Allgemeine Soziologie; München

Wilbrandt, H., 1965, Die Rolle der Landwirtschaft im wirtschaftlichen Wachstum der Entwicklungsländer; in: Offene Welt 88

Wilson, M., 1936, Reaction to Conquest; London

Wilson, G. und M., 1945, The Analysis of Social Change, Based on Observations in Central Africa; Cambridge

Winick, Ch., 1977, Dictionary of Anthropology; Totowa, New Jersey

Wirsing, R., 1975, Probleme des interkulturellen Vergleichs in der Ethnologie; in: Sociologus, 25/2

Wissler, C., 1916, Psychological and Historical Interpretations for Culture; in: Science XLIII

–, 1917, The American Indian: An Introduction to the Anthropology of the New World; New York, D. C.

–, 1923, Man and Culture; New York

Wolf, G., 1957, Der wissenschaftliche Film. Methoden – Probleme – Aufgaben; in: Die Naturwissenschaften 44 (18): 477–482

–, 1961, Das Institut für den Wissenschaftlichen Film; in: Inst. f. d. wiss. Film, 1961: 5–16

–, 1962, Zur systematischen filmischen Bewegungsdokumentation; in: Der Film im Dienste der Wissenschaft, Festschrift zur Einweihung des Neubaues für IWF; Göttingen

–, 1967, Der wissenschaftliche Dokumentationsfilm und die Encyclopaedia Cinematographica; München

– (Hrsg.), 1952–1972, EC: Encyclopaedia Cinematograpahica Broschüren (deutsch, englisch, französisch); Göttingen

Wolff, K. H., 1974, This is the Time for Radical Anthropology; in: Hymes, D. (ed.), Reinventing Anthropology; New York

Woodard, J. W., 1934, Critical Notes on the culture lag concept, in: Social Forces, 12: 388 ff.

Wundt, W., 1911, Probleme der Völkerpsychologie; Leipzig

—, 1912, Elemente der Völkerpsychologie. Grundlinien einer psychologischen Entwicklungsgeschichte der Menschheit; Leipzig

Wurzbacher, G., 1963, Der Mensch als soziale und personale Wesen; Stuttgart

Young, F. W. und R. C. Young, 1961, Key Informant Reliability in Rural Mexican Villages; in: Human Organization 20

6. Personenregister

Aberle, S. 107
Adam, L. 164
Adelung, J. Ch. 26
Alland, A. 89
Ankermann, B. 58, 133
Aristoteles 62
Arnold, M. 27

Baal, J. van 177
Bachofen, J. 121
Balandier, G. 171
Banton, M. 79
Barnes, H. E. 79
Barnes, J. A. 82
Barth, H. 27
Bastian, A. 20, 55, 56, 97, 98
Baumann, H. 133
Beals, R. L. 30
Becker, H. 78
Behrendt, R. F. 179, 205
Benedict, R. 60, 86
Bennet, W. C. 60
Berreman, G. D. 7, 20
Birnbaum, N. 160
Boas, F. 46, 84, 85, 96, 170, 174
Bogaart, N. C. R. 193, 196
Broom, L. 177
Brosses, C. de 161
Brown, C. W. 73

Caneiro, R. 47, 54
Chagnon, N. 70
Chapin, F. St. 111
Charbonier, G. 69
Chekki, D. A. 42
Chowdhury, K. 180
Clastres, P. 71
Cohen, R. 103

Comte, A. 53, 62
Condorcet, J. M. de 47
Coutu, W. 80

Dahrendorf, R. 79
Darwin, Ch. 53
Dauer, A. M. 197
Devisch, R. 74
Dilthey, W. 101
Dreitzel, H. P. 79, 82
Durkheim, E. 106

Ehrenreich, P. 174
Eichhorn, I. 23
Eisenstadt, S. N. 42
Eisermann, G. 181
Emerson, R. W. 27
Emmet, D. 80
Engels, F. 49, 121
Epskamp, K. P. 199
Epstein, A. L. 82
Evans-Pritchard, E. 24, 65, 77

Faris, J. C. 80
Firth, R. 65, 76, 82f., 134
Fischer, H. 100, 102
Fleising, U. 103
Forster, M. L. 73
Frazer, J. 52, 96
Freedman, M. 82
Freire, P. 198
Freilich, M. 73, 79, 80, 99
Freud, S. 62, 133
Fried, M. 54
Fröhlich, W. 156

Garbett, G. K. 103
Geertz, C. 65, 160, 179, 180

Gehlen, A. 25, 102, 170
Geirnaert-Martin, D. 74
Gennep, A. van 96, 143, 161
Gerbrands, A. A. 194
Giersch, H. 203
Gifford, E. W. 60
Gillin, J. P. 180
Giltrow, D. 200
Girtler, R. 58
Gluckmann, M. 24, 83, 103
Godelier, M. 73
Goldberg, H. E. 73
Goldschmidt, W. 96, 104
Goldweiser, A. A. 84
Gough, K. 118
Goudner, A. 15
Graebner, F. 16, 57, 58, 133
Grijp, P. van der 73
Grosse, E. 147
Gruber, J. 102
Guindi, F. el 73
Gulliver, P. H. 166

Habermas, J. 23
Häckel, J. 133
Haenen, P. 73
Hahn, E. 153
Hall, E. T. 89
Hallowell, A. I. 60, 175, 206
Harris, M. 84
Hautmann, K. 201
Hegel, W. F. 50
Heller, G. 190
Henny, L. M. 198
Heraklit 36
Herder, G. 26
Herodot 45, 62, 156
Herskovitz, M. 41, 175
Higgins, B. 203
Hinderling, P. 186
Hirschberg, W. 16, 128
Hobbes, T. 62
Hoijer, H. 30
Hoppál, M. 73

Hoselitz, B. F. 203
Humboldt, W. v. 27
Hunter, M. 82
Husmann, R. 192
Hymes, D. 7, 201

Jacobson, R. 67
Jahn, S. 210
Jarvie, J. C. 99
Jong J. de 74

Kaberry, Ph. 103
Kaiser, A. 89
Kant, E. 26
Kardiner, A. 86, 87
Karve, I. 137
Keesing, F. M. 31
Keller, A. 79
Kleimann, A. M. 190
Klemm, G. E. 25
Kliem, O. 174
Klimek, St. 60
Kluckhohn, C. 30, 86, 88
Koepping, K. P. 99
Koloss, H. J. 192, 197
Kraft, V. 95
Krischke Ramaswamy, M. 86, 88, 99
Kroeber, A. L. 30, 59, 60, 85, 86, 87

Lamarck, J. B. de 53
Lang, A. 158
Leach, E. 65, 79, 123, 162
Lee, D. 90, 158
Lerner, D. 42
Levï-Strauss, C. 21, 69, 125, 127, 134
Linton, R. 41, 80, 85, 86, 87, 175, 178
Lips, J. 149
Locke, J. 62
Lowie, R. H. 29
Lynd, R. S. 103

Maciver, R. M. 29
Maine, H. S. 51, 52, 95, 121
Malinowski, B. 61, 62, 64, 74, 99,
    102, 110, 119, 164
Mandelbaum, C. D. 206
Martindalme, D. 110, 111
Marx, K. 49, 204
Mauss, M. 66, 157
McClelland, D. C. 42
McGhee, W. J. 174
McLennan, J. S. 52, 53, 95, 112,
    115, 121
Mead, G. H. 80, 110
Mead, M. 36
Merleau-Ponty, M. 25
Merton, R. 29, 62, 99
Mitchell, J. C. 82
Molenaar, H. A. 73, 74
Moles, J. A. 103
Mooney, L. 44, 178
Montesquieu, Ch. de 62
Morgan, L. H. 48, 52, 121, 126,
    127
Moyer, D. S. 73
Mühlmann, W. E. 8, 16, 51
Murdock, G. P. 31, 98, 102, 104,
    119, 126, 127, 119

Nadel, S. F. 45, 76, 77, 78, 79, 80,
    81
Nuttini, H. G. 73

Ogburn, W. F. 29, 33
Oosten, J. G. 73
Oppitz, M. 73

Panoff, M./Perrin, M. 129
Pareto, V. 80
Parsons, T. 64, 79, 107, 110
Pawlow, I. P. 62
Pelto, J. P. 99, 102
Perry, W. J. 56
Piddington, R. 75
Pinxten, R. 74
Plato 62

Pospichil, L. 165
Pouwer, J. 73
Powell, J. W. 41, 174

Radcliffe-Brown, R. A. 24, 64, 75,
    76, 96, 99, 166
Radin, P. 103
Ratzel, F. 20, 54, 57
Ray, V. F. 60
Redfield, R. 41, 174
Richards, A. L. 82
Riehl, A. P. 24
Riesman, D. 171
Rivers, H. R. 56, 211
Robers, A. 166
Rosman, A. 73
Ross, E. A. 78
Rossi, I. 73
Rubel, P. G. 73, 190
Rubinstein, R. A. 73
Rudolph, W. 15

Sahlins, M. 54
Saint-Simon, C. L. de 53
Salin, E. 203
Salomone, F. A. 99
Sapir, E. 84, 206
Schaeffle, A. 27, 62
Scheler, M. 97
Schlesier, E. 13, 192, 193, 199
Schmidt, W. 57, 133, 158
Schmiedbauer, W. 89
Schmitz, H. W. 99, 103
Schmoller, G. 208
Schott, R. 19
Service, E. R. 54
Shils, E. A. 107
Simmons, B. 33
Small, A. 29
Smelser, N. J. 42
Smith, G. E. 56, 178
Spencer, H. 47, 48, 49, 55
Spicer, E. H. 177
Spiegelberg, H. 102
Spier, L. 60

Spindler, G. D. 175
Spiro, M. E. 159
Sprengler, O. 28
Stagl, J. 97, 98, 99
Steward, J. 54
Steward, O. C. 60
Stocking, G. W. 100
Stout, D. B. 60
Sumner, W. G. 79
Szalay, M. 99

Taureg, M. 192, 195
Thurnwald, R. 28, 66, 112, 135,
   137, 264, 174
Toynbee, A. J. 171
Trimmborn, H. 20
Troubetzky, N. 67
Turgot, A. R. J. 50, 51, 55
Turner, P. R. 94
Tylor, E. B. 25, 29, 46, 48, 52, 84,
   95, 127, 158, 160
Tylor, St. 127

Vestergaard, T. A. 70, 73
Vico, G. 48, 50
Vives, J. L. 48
Voegelin, E. B. W. 60

Waitz, Th. 50, 51, 160
Wallace, A. F. C. 43, 87, 178
Ward, L. 28
Wax, R. 99
Weber, A. 28, 29
Weber, M. 80
Weiner, M. 42
Westermarck, E. A. 121
White, L. A. 30, 54, 84
Wiese, L. v. 78
Wilson, M. 83, 174
Wissler, C. 58, 59, 60, 84, 85, 87
Wolf, G. 195
Wundt, W. 28, 62
Wurzbacher, G. 176

Young, F. W. 103
Young, M. 106

7. Sachregister

Abgrenzungsmechanismus 177
Abhängigkeit 203
Abstammung 119
Abstammungsrechnung 122
Ackerbau 151
Ältestenrat 129
Affinalverwandte 122
Affinität 125
agnatisch 122
Ahnen 145
Ahnenkult 129, 160
Akkulturation 40f., 170, 173
Akkulturationsdruck 177
Akkulturationsforschung 174, 176
Akkulturationsprozesse 177
Akupunktur 192
Allianzbeziehung 125
Allianztheorie 127
Alphabetisierung 184
alternierende Wohnfolge 177
Altersherrschaft 136
Altersklasse 132
amitalokal 117
Amulett 161
Anbau 150
Anbauwirtschaft 149
Animismus 52, 160
Anpassung 207
Anthropologie 22, 23
Anthropology 17, 24, 84, 176
Arbeitsteilung 137
Armut 204
Assimilation 175
audiovisuelle Medien 197
Auslese 53
Außenlenkung 172
avunkular 117
Ayurveda 197

Barbarei 48, 92
basic needs 63
basic pattern 86
basic personality type 88
Bedürfnistheorie 110
Behausungsformen 139, 140
Bemalung 131
Beschneidung 191
Besessenheit 178
Besitz, -recht 137
Besuchsehe 116
Bevorratung 139
Bewußtseinsbildung 197, 198
Beziehungsformen 83
Bikulturismus 176
bilateral 117
bilinear 117
Bildungshilfe 184, 199
Bildungswesen 184
Blutrache 164
Blutsbrüderschaft 124
Blutsverwandte 113
Bodennutzung 147
Bodenverschlechterung 151
boundary maintaining mechanism 177
Brandrodung 147, 150, 204
Brauchtum 8, 144, 171, 181
Brautkauf 112
Brautpreis 112
Brautschatz 113
bridewalth 112
Bruderschaft 130
Buddhismus 159
Buße 166

civilization 27
Clan 128

cross-cultural survey 104
cultural anthropology 22, 24, 84,
 173
cultural response 63
cultural survivals 95
culture 29
culture area 56, 58, 60
culture centre 59

Dämon 161, 169
Dachform 140
Daseinsform 96
Daseinsgestaltung 202
Daseinsinterpretation 202
Daseinszustand 162
Dekolonisation 179
Depothandel 155
Desintegration, kulturelle 42, 44,
 178
Desorientierung, kulturelle 44, 178
Deszendenz 117, 122, 123
Deszendenztheorie 127
Detribalisierung 177
Dienstheirat 133
Diffusion 40, 54, 55, 56, 175
Diskriminierung 45
Divinator 187
Dokumentarfilm 195
Dorf 141
Dorfplatz 141
Dritte Welt 10, 12, 13, 19, 94,
 193, 197
duolokal 117
Durkheimische Dichotomie 160
Dynamik 85, 179, 181
Dynamismus 160, 161
dysfunktional 207

egalitär 135
Ego-Begriff 123
Ehe 111
Eheform 115
Ehevertrag 112
Eigentum 124, 129, 137, 138
Ekstase 187

ekstatische Praktiken 162
Elementargedanke 56
Elementarstruktur 125
Eltern-Kind-Beziehung 125
emisch 98
etisch 101
Encyclopaedia cinematographica
 (EC) 196
endogam 115, 132
endogen 38
endo-skeletal 70
Enkulturation 11, 34, 92, 134,
 172, 175
Entgelt 66
Entkolonisierung 181, 184
Entwicklung 201
Entwicklungshilfe 13, 201, 210
Entwicklungsländer 185, 191, 201
Entwicklungsplan 201
Entwicklungspolitik 13, 202, 204
Entwicklungspotential 202
Entwicklungsphasen, -stufen 48
Entwicklungszyklus 48
eponym 129
Equilibrium model 64, 84
Ergologie 164
Erntevölker 149
erring acculturation 177
Erzählgut 8
Erziehung 32, 110, 111
Erziehungskonzept 184
Erziehungswesen 63
Ethnographie 46, 74, 97
Ethnolinguistik 17
Ethnologie 7ff., 10ff., 18, 45f.
Ethnology 22, 74
Ethnomedizin 184ff.
Ethnoscience 74
ethnos 15, 86
Ethnozentrismus 50, 97
etisch 101
Eurozentrismus 10
Evolution 49, 50
—, kulturelle 46
Evolutionismus 121, 158

Erwachsenenbildung 197
exogam 115, 128, 131
exogen 38
exo-skeltal 71
Exorzist 186, 187

Familie 110, 111, 118, 119, 120,
   122
Familienorganisation 63, 118ff.
Familienverband 121
Familienvorstand 136
Feldforschung 11, 46, 76, 98ff.,
   192
Fehlanpassung 42, 180
Feldbau 145, 149
Feldbeuter 149
Felsdach 139
Fernhandel 156
Feuer 147
Feuerprobe 168
Fetisch 161
Feste, Feiern 142
Filiation 123
Filiationsbeziehung 125
Filiationsregelung 123
Film, ethnologischer 10, 103, 192
Filmbibliothek 196
Filmsprache 200
Fischen 47, 155
Folklorisierung 181
Formgedanke 57
Fortschritt 29, 26, 49f., 181, 202
Frauentausch 116
free borrowing 173
fremd 100
Fremde 15
Fremdbestimmung 177
Fruchtbarkeit, -symbol 169
Fürstentum 130
Funktion 65
Funktionalismus 61, 64
−, britischer 74
Funktionszusammenhang 108
funktionale Inkonsistenz 65

Ganzheitsdenken 66
Gebräuche 45, 166
Gebrauchsrecht 165
Geburt 143
Geburtsfamilie 116
Gegeninformation 197
Gegenkultur 207
Gegenseitigkeit 66
Geisterglaube 160, 161
Geisterwesen 52, 187
Gemeinschaft 137
Gemeinschaftseigentum 129
Gemeinschaftsfeste 143
Geräte, -herstellung 147
Gerontokratie 129, 136
Geschichte 24
Geschlechtsantagonismus 141
Gesellschaft 17, 34f., 63, 70, 72,
   75f., 83, 106, 128, 163, 202,
   206
−, marginale 21
−, egalitäre 135
−, hierarchische 137
−, segmentäre 132
−, traditionale 171
−, vorindustrielle 192
Gesellschaftsstruktur 137
Gesellschaftssystem 134
−, komplexes 136
Gesellschaftsvertrag 63
Gesellung 66
Gestaltung 86
Gesundheitsbedürfnis 190
Gesundheitssystem 185
Glaube 52
Glaubensformen 160
Glaubenspraktiken 108
Glaubensvorstellung 158
Gleichgewicht, kulturelles 64, 67,
   83
Gleichrecht 136
Goethe-Institut 183
Gottesbegriff 158
Gottesidee 57

Gottesurteil 186
Grabstock 150
Großfamilie 119
Grubenhaus 140
Grundbedürfnisse 63, 209
Grundbedürfnisstrategie 209
Gruppenbindung 181
Gruppenehe 117
Gruppensolidarität 61, 62, 164
Gruppenzugehörigkeit 123

Handel 155, 156
Handlungsmuster 77
Handwerk 154
Häuptling 130
Häuptlingstum 129
Hausformen 139
Hauswerk 155
Heiler 184
Heilmethoden, traditionale 191
Heilmittel 185
Heilpraktiken 186, <89, <90
Heiligtum 141
Heirat 110
Heiratsklassen(system) 132
Heiratsordnung 113, 125
Heiratsverbot 124
Heiratsverkettung 125
Heiratswohnfolge 117
Heliozentrismus 56
Herbalist 188
Herdenwesen 47, 153
Hermeneutik 101
Hexendoktor 188
h'ilol 189
Hirtenwesen/-nomadismus 152
historischer Materialismus 49, 157
Holismus 97
Holistik 18
Hüttenform 139, 140
H.R.A.F. Human Relations Area
    Files 105
Hypogamie 137

Identität, kulturelle 175, 181
Identitätsfindung 11
Individualeigentum 137
Individualität 87, 88
Individualtotemismus 133
industrial anthropology 17
Industriegesellschaft 24, 111
Industriekultur 147, 172, 179
Industrieländer 10, 199
Information 182
Initiation 142
Inkonsistenz, funktionale 65
Innenlenkung 172
Innovation 55
Institut für den Wissenschaftlichen
    Film (IWF) 196
Institution 61, 66, 76f., 95f.,
    109ff., 128
Integration, gesellschaftliche 199
Integrationsritual 143
Intensivanbau 151
Interaktionsmuster 79
interkulturell, intrakulturell 176
Inzest 113

Jagd, Jäger 47, 136, 139, 155,
    169
Jagdwirtschaft 147
joint family 118, 119, 120
Jugendschlafhaus 142

Kaste 136, 171
Kastenordnung 137
Kazike 130
Kernfamilie 118
Kinderehe 117
kindred 122
Klan 128
Klasse 136
Klassensystem 157
Knabenhaus 141
Kollateritätsbeziehung 125
Kolonialherrschaft 11, 175, 177

Kolonialismus 19, 82
komparative Methode 95
Komponentenanalyse 127
Kommunikationstheorie 199
Konflikt 65, 165
Konfliktbewältigung 167
Konfliktlösung 168
Konformität 166
Konjugalfamilie 115, 118
Kontrastpaar 69
Krankheit (Diagnose) 187
Kreuzbasenheirat 114
Kult 132, 162, 169
Kulthandlung 159
Kultstätte 141
Kultur 8, 25, 30ff., 33, 70, 76,
    87, 91
—, autochthone 82
—, konfigurativ 37
—, materielle 24, 33, 59, 193
—, postfigurativ 36
—, präfigurativ 38
Kulturanthropologie 23
Kulturaustausch 170f., 183, 191
Kulturbegriff 25f.
Kulturbruch 42
Kulturelemente 54, 85
Kulturerneuerung 43
Kultur- und Persönlichkeitsfor-
    schung 86, 89
Kulturhistorie 54, 58
Kulturkontakt 41, 55, 175
Kulturkreislehre 54, 56
Kulturmuster 60, 85
Kulturpolitik 170, 178, 181
Kulturschock 89, 175
Kulturrelativismus 92f.
Kultursystem 55
Kulturübernahme 55
Kulturübertragung 175
Kulturwandel 36, 38ff., 170, 172
—, gelenkter/gesteuerter 204
Kulturweitergabe 55
kulturelle Desintegration 42

kulturelle Merkmale 174
kulturelle Überbleibsel 95
Kulturvolk 10

Lebensform 108
Lebensgestaltung 34
Lebensraum 151
Lebenswirklichkeit 180
Legende 76, 170
Leitgedanke 86
Levirat 114
Lineage 128

Männerhaus 141
Magie 63, 158, 188
Magismus 160
Manang 189
Manismus 160
Maritalresidenz 117
Marktwesen 156
material civilization 24
Matriarchat 121
Matrillineage 128
matrilokal 117
Matrimoity 131
Medienethnologie 152
Medizinmann 186, 188
Meidung 124
Menschenbild 186
Menstruationshütte 141
Merkmale, kulturelle 52, 59, 174
Methode, quantifizierende 104
Migration 55, 56
Mischkultur 82
Mitelternschaft 124
Mitgift 113
Mobilität 172
Modernisierung 42, 173, 181
Moity 131
Monogamie 115
Monotheismus 57, 160
Mutterrecht 121
Mythen 76, 169
Mythologie 63

Nahrungsmittelbeschaffung 136
Nahrungsmittelgewinnung 141
Nahrungszubereitung 147
Nation 16
Nationalismus 179
Nativismus 178
natolokal 117
Naturbeherrschung 8, 118
Naturerscheinungen 160
Naturismus 160
Naturvolk 8, 15, 50, 116, 158
needs (basic needs) 63
needs, derived 75
—, integrative 75
—, primary 75
Neo-Evolutionismus 54
network 79
Neuerung 179
nganga 188
Nirwana 159
Nötigung 168
Nord-Süd-Konflikt 202
Normen 87, 108, 175, 205
Nutzungsrecht 137

Okkultismus 162
operativ 78
Opfer 160, 169
Opfergabe 187
Orakel 187
Orakelsteller 186, 187
Ordnungsmuster 205
Organismus, gesellschaftlicher 106
Orientierungsfamilie 119, 122

Parallelen, qualitative 57
Parallel-Vettern-Basen-Heirat 114
Partnerwahl 112, 115, 125
Patriarchat 121
Patrilineage 128
patrilinear 117
patrilokal 117
pattern 86, 79
Persönlichkeitstypus 87
Persönlichkeitsgrundtypus 88

Persönlichkeitsprägung 175, 206
Persönlichkeitsstruktur 181
Phänomenologie 101
phänomenologische Betrachtungs-
    weise 160
Phratrie 130
plastic force 53
Polyandrie 115
Polydämonismus 160
Polygamie 115
Polygynie 115
Polytheismus 160
Positivismus 158, 202
Präferenzheirat 114
prätotemistisch 133
Primitive, primitiv 10, 14, 29, 49,
    51, 71, 74, 77, 84, 95
Privatrecht 164
Privilegien 129, 136, 145
Probe—Ehe 112
Prokreationsfamilie 119
Promiskuität 117
Prophezeihung 43
prototemistisch 133
Provinz, geographische 56
Proxemics, 89
Pubertätsbräuche 141

Quantitätskriterium 57
Quasi-Gruppe 124
Quasi-Moity 131

Rangordnung 129, 138
Rasse 16, 45
Raubheirat 112
Raumstrukturierung 89
Realität, soziale 79
Recht 163f.
Rechtsbegriff 165
Rechtsbruch 164
Rechtsordnung 163
Rechtspluralismus 165
Rechtsprechung 167
Rechtsverständnis 163
Regierung 110

regulativ 78
Reihendorf 141
Rekonstruktionsmodelle 95
Religion 48, 63, 110, 111, 158,
 159, 171
Restudy 103, 104
Revitalisierung, kulturelle 43, 177
Revivalismus 178
Riten, Ritual 108, 143, 144, 171
Riten, kalendarische 162
rites de passage 143
Rolle 79, 80, 109, 110, 128
Rollenanalyse 77
Rollenschema 81
Rollentaxonomie 80
Rollenverhalten 80
Rückzugsgebiete 149
Runddorf 141

Sachem 130
Sage 170
Salvage Anthropology 17
Sammelwirtschaft 147
Sammler 136, 139, 155
Sanktionen 165, 167
Schamane 186, 188
Schamanismus 162
Scheich 130
Schenkung 137
Scherzbeziehung 125
Schichtung 67, 136
Schichtung, ethnische 137
Schiedsspruch 168
Schlafgrube 139
Schlafhäuser 142
Schmuck 189
Schrift 8
schriftlos 16
Schwendwirtschaft 150
Seele 160, 161, 187
Seelenvorstellung 169
Seelenwesen 182
Sehen, übersinnliches 187
Seher 186
Sekundärsozialisation 100, 108

Seßhaftigkeit 148, 153
Sexualerziehung 142
Sexualverbot 124
sib 129
Siedlungsform 139, 140, 141
Siedlungsgemeinschaft 128, 130,
 137Sippe 129, 171
Sippenverband 129
Sitte 45, 166
Social Anthropology 24, 74, 76
– arithmetics 96
– behaviour 77
– conduction/convection 84
– matrices 87
– structure 64
Sociology 74
Solidarität 181
somatisch 78
Sororat 114
Sozialanthropologie 24
Sozialdarwinismus 52
soziale Realität 79
Sozialgebilde 8, 180
Sozialisation 111, 134, 172
Sozialorganisation 135
–, bilaterale 136
Sozialphänomen, totales 157
Sozialstruktur 13, 64, 79, 134
Sozialverhalten 77, 84
sozio-kultureller Wandel 83
Sozio-Ökonomie 106
Sprache 8
Staat 16
Stamm 16
Stammesgesellschaft 130
Stammesmonographie 97
Status 80, 88, 128, 143
Statusmerkmale 123
Statuspersönlichkeit 88
Strafe 166
Straßendorf 141
Stratifikation 136
Struktur 64, 67
Strukturalismus 67, 68
Subsistenzwirtschaft 155

Sühnehandlung 187
survivals 53, 95
Symbol 62, 88, 169
Symbolsprache (Film) 199

Tabu 132, 133, 164
Tabuierung 131
Talisman 161
Tanz 61, 144
Tauschhandel 156
Tauschheirat 116
Technologie 55, 146, 173, 199
Technologie-Transfer 201
Territorium 106
theme 86
Therapeut 187
Tod 143
Toldo 139
Totem 133
Totemismus 133
Totemismus 133
Totenkult 129
Tradition 12, 35, 45, 63, 144,
    172, 179, 181
Trail List 59
Trance 162
Transformation, kodierte 69
Transzendenz 159
Traum 187, 189

Übergangsriten 143, 162
Umgehung (avoidance) 168
Umwelt 13
Umweltzerstörung 149
Unsterblichkeit 169
Urban Anthropology 17
Urgent Anthropology 17
Urkulturen 57
Ursprungstheorie 158
Urteil 168
uxorilokal 116

Vaterrecht 121
Verdienstadel 145
Verdienstfest 144, 152

Vererbung 137
Vergeltung 66
Vergesellschaftung 88, 100
Verhalten 9, 30, 77, 78
Verhaltenskonformität 171
Verhaltensmuster 45, 82, 109,
    172, 175, 205
Verhaltensnormen 13, 167
Verhaltensregelung 111
Verhandlung 167
Vermittlung 162
Versammlungsort 141
Versorgung 145, 148
Verstehen 13, 100, 199
Verwandtschaft 63, 8, 111
−, fiktive, künstliche 124
Verwandtschaftsatom 125
Verwandtschaftsbeziehung 123
Verwandtschaftsrechnung 117, 122
Verwandtschaftssystem 126
Verwandtschaftsterminologie 126
Verweigerung 207
Verzahnung 66
Videotechnik 103
Viehhaltung 152
Vielehe 115
virilokal 116
Vision 43, 162, 187
visual literacy 200
Vitalismus 178
Völkergedanke 56
Völkerkunde 46
−, historische 54, 58
Volk 8, 16
Volkskrankheit 190
Volkskunde 8, 23
Volksmedizin 185
Vorratshaltung 149
Vorrecht 129, 136
Vorurteil 182

Wachstum 50, 203
Wahrheitsfindung 164
Wandel, kultureller 36, 202
−, sozialer 83, 84

—, soziokultureller 83
Wanderwirtschaft 204
Wandlungsprozesse 9, 40, 170, 174
Weissagung 168
Weltbild 186
Weltgeist 50
Werkzeug 59, 154
Wertbegriff 91
Werte 9, 13, 87, 88, 175, 205, 206
Werthaltungen 55
Wertmaßstab 181, 201
Wertorientierung 99, 179
Wertuniversalismus 94
Werturteil 9
Wertverständnis 34, 181, 186
Wertsymbol 137
Wettspiele 144
Widerstand, kultureller 43, 177, 180
Wiederholungsuntersuchung 103
Wildbeuter 147, 148, 149, 155
Wilde, Wildheit 10, 48, 92, 95

Windschirm 139
Wirklichkeit 11, 97, 101
Wirklichkeitsgehalt 195
Wirtschaft 110
Wirtschaftsdeterminismus 157
Wirtschaftsethnologie 157
Wirtschaftsformen 48, 49, 146
Wirtschaftsführung 145
Wirtschaftshorizonte 147
Wirtschaftsprozesse 147
Wirtschaftssystem 63, 70
Wirtschaftswachstum 203
Wohnen 139
Wohnfolge 117
Wohnformen 8, 139, 140

Zauber, Zauberei, Zauberer 184, 186
Zauberpraktiken 159
Zelt 139
Zeremonie 143, 144, 162
Zivilisation 26, 27, 48, 56, 71, 92
Zusammenarbeit 12, 13, 21
Zusammenleben 34, 48, 107
Zwangsmittel 164

Ernst-Wilhelm Müller / René König / Klaus Peter Koepping /
Paul Drechsel (Hrsg.)
Ethnologie als Sozialwissenschaft
1984. 515 S. 15,5 X 23,5 cm.
(Kölner Zeitschrift für Soziologie und Sozialpsychologie,
Sonderheft 26.) Br.

Dieses Sonderheft bietet einen weitgespannten Überblick über
die internationale Entwicklung, die Arbeitsfelder und die Perspektiven einer sozialwissenschaftlich orientierten Ethnologie.
Die Autoren beschreiben die Geschichte des Fachs, stellen die
theoretischen Grundlagen dar und untersuchen einzelne Spe-
zialgebiete ethnologischer Forschung in materialreichen Einzel-
studien.

Inhalt und Autoren der Beiträge: Einleitung (E. W. Müller, R.
König) — Wissenschaftstheorie (P. Drechsel, E. Berg, H. Zinser,
G. Tyrnauer, D. Forsythe) — Literaturethnologie (R. Willis,
U. Luig, K.-P. Koepping) — Sozialanthropologie und Ethno-
logie (K.-P. Koepping, E. W. Müller, M. Oppitz, F. W. Kramer)
— Die Herausforderung der Dritten Welt (S. W. Chilungu, T.
Diallo, C. Rothfuchs-Schulz, R. König, G. Elwert, R. Apthorpe,
E. Willems) — Bilanz der Gegenwart und eine Dimension (F.
Valjavec, P. Chiozzi).

Westdeutscher Verlag

Rudolf Wendorff

Dritte Welt und westliche Zivilisation

Grundprobleme der Entwicklungspolitik

1984. 504 S. 15,5 X 22,6 cm. Gbd.

Erfolgreiche Entwicklungspolitik in der Dritten Welt ist nicht möglich ohne einen gewissen Kulturwandel. Wieweit kann dabei die westliche Zivilisation als Vorbild dienen? Wo wird die kulturelle Identität der Entwicklungsländer gefährdet? Die in diesem Buch vorgelegte umfassende Analyse der wirtschaftlichen Notwendigkeiten einerseits und der wichtigsten Zivilisationsfaktoren andererseits zeigt das Dilemma und versucht, den realistischen Spielraum für jene Veränderungen einzugrenzen, die für eine dauerhafte Wirtschaftsentwicklung der Dritten Welt unerläßlich sind.

Erich Weede

Entwicklungsländer in der Weltgesellschaft

1985. 235 S. 12,5 X 19 cm. (WV studium, Bd. 137.) Pb.

Der Titel „Entwicklungsländer in der Weltgesellschaft" soll eine international vergleichende Perspektive bei der Diskussion der Probleme der Entwicklungsländer anzeigen und zugleich auf die prekäre Position der Entwicklungsländer in der Weltgesellschaft verweisen. Sozial-psychologische, sozialstrukturelle, ökonomische, politische und weltpolitische Aspekte werden dabei gleichzeitig in die Analyse einbezogen. Ziel des Buches ist es, Studenten und anderen Interessenten einen einführenden Überblick in die sozialwissenschaftliche Fachliteratur zu geben, wobei jede künstliche Verengung auf einzelne sozialwissenschaftliche Teildisziplinen (z. B. Ökonomie, Soziologie, Politikwissenschaft) oder auf einzelne Erklärungsansätze (z. B. Modernisierungs- oder Dependenztheorie) oder nur auf die deutschsprachige Diskussion vermieden wird.

Westdeutscher Verlag